网络安全与管理

实验与实训 微课视频版

石磊 赵慧然 肖建良◎编著

清華大学出版社
北京

内容简介

本书是《网络安全与管理》(第3版)教材的配套实验与实训教材，与《网络安全与管理》(第3版)教材的主要内容紧密结合，相互关联，所有的实验内容都是教材对应章节的配套实践，根据教学内容以及针对学生的实际情况，精选出8组相关实验及实训内容。实验内容是理论知识和实际应用紧密结合的典型实例，具有较强的应用性和可操作性。本书配有实验安装程序和操作视频讲解等电子资源。

本书可作为高等学校计算机类、网络安全类、电子信息类、信息管理类专业的实验参考书，也可供网络管理人员、网络工程技术人员、信息安全管理人员和电子信息技术人员参考。

图书在版编目(CIP)数据

网络安全与管理实验与实训：微课视频版/石磊，赵慧然，肖建良编著. —北京：清华大学出版社，2021.7 (2024.8重印)
(清华科技大讲堂丛书)
ISBN 978-7-302-58659-3

Ⅰ. ①网… Ⅱ. ①石… ②赵… ③肖… Ⅲ. ①计算机网络－网络安全－高等学校－教材 Ⅳ. ①TP393.08

中国版本图书馆CIP数据核字(2021)第142445号

策划编辑：魏江江
责任编辑：王冰飞 吴彤云
封面设计：刘 键
责任校对：焦丽丽
责任印制：刘 菲

出版发行：清华大学出版社
网 址：https://www.tup.com.cn，https://www.wqxuetang.com
地 址：北京清华大学学研大厦A座 **邮 编：**100084
社 总 机：010-83470000 **邮 购：**010-62786544
投稿与读者服务：010-62776969，c-service@tup.tsinghua.edu.cn
质量反馈：010-62772015，zhiliang@tup.tsinghua.edu.cn
课件下载：https://www.tup.com.cn,010-83470236
印 装 者：天津鑫丰华印务有限公司
经 销：全国新华书店
开 本：185mm×260mm **印 张：**17.25 **字 数：**416千字
版 次：2021年9月第1版 **印 次：**2024年8月第3次印刷
印 数：2001～2300
定 价：45.00元

产品编号：093985-01

前　言

党的二十大报告指出：教育、科技、人才是全面建设社会主义现代化国家的基础性、战略性支撑。必须坚持科技是第一生产力、人才是第一资源、创新是第一动力，深入实施科教兴国战略、人才强国战略、创新驱动发展战略，开辟发展新领域新赛道，不断塑造发展新动能新优势。高等教育与经济社会发展紧密相连，对促进就业创业、助力经济社会发展、增进人民福祉具有重要意义。

对于应用型人才，理论联系实际，增强动手操作能力，是感受网络安全问题的重要途径。复杂烦琐的理论往往是学生最大的困扰和阻力，所以注重应用能力和操作能力的培养，以案例为导向，淡化理论知识的实验与实践教学，可以提高学生的学习兴趣，使学习目的更明确，能更好地理论结合实际，学以致用。

本书是《网络安全与管理》(第 3 版)的配套实验教材，全书共有两大部分。

第 1 部分为实验实训，分为 8 个实验，分别为 Sniffer 软件的使用、网路岗软件的使用、Windows 操作系统的安全设置、PGP 软件的安装与使用、火绒安全软件的使用、VPN 服务的配置与使用、网络空间搜索引擎的使用、MBSA 软件的安装与使用等，实验内容的主要特点是“教、学、练、做、用一体化”，注重科学性、先进性、操作性、实用性。坚持“规范、实用、易用”原则，突出技能和素质能力的培养，运用大量实操案例，将理论知识与实际应用有机结合。

第 2 部分为附录。附录 A 的网络安全知识手册，是配套国家网络安全宣传周的学习资料，是宣传网络安全知识、传播网络安全意识的重点内容，内容通俗易懂，使学生乐于接受、易于掌握。知识手册主要包括计算机安全、上网安全、移动终端安全、个人信息安全、网络安全中用到的法律知识五大内容，生动、详细地阐述了针对青少年、上班族、老年人等不同人群的网络安全防范知识，具有很强的指导性和针对性。针对常见的网络安全问题，提供了一些简便实用的措施和方法，帮助大家提升网络安全防范意识、提高网络安全防护技能、遵守国家网络安全法律和法规，共同维护、营造和谐的网络环境。附录 B 的《信息安全技术网络安全等级保护基本要求》(GB/T 22239—2019)(主要内容节选)是 2019 年正式实施的。该标准根据信息技术发展应用和网络安全态势，不断丰富制度内涵、拓展保护范围、完善监管措施，逐步健全网络安全等级保护制度政策、标准和支撑体系。《信息安全技术网络安全等级保护基本要求》GB/T 22239—2019 分为 5 级安全要求，包括安全通用要求、云计算安全扩展要求、移动互联安全扩展要求、物联网安全扩展要求和工业控制系统安全扩展要求。安全通用要求包括物理和环境安全、网络和通信安全、设备和计算安全、应用和数据安全、安全策略和管理制度、安全管理机构和人员、安全建设管理、安全运维管理；云计算、移动互联、物联网、工业控制系统安全扩展要求包括物理和环境安全、网络和通信安全、设备和计算安全、应用和数据安全以及管理要求组成。GB/T 22239—2019 在结构上和内容上相较于 GB/T 22239—2008 均发生了较大变化，这些变化给网络安全等级保护的建设整改、等级测评等工作均带来了一定的影响。如何基于新标准形成安全解决方案、如何基于新标准开展等级保护测评等，都需要仔细研读新标准，基于新标准找到开展网络安全等级保护工作的新思路和新方法。所以，作为学习网络安全知识的学生非常有必要了解国家的最新标准的内容，也为将来的工作打下良好的理论基础。

本书在编写过程中，计算机工程学院李彤院长和张坤副院长、网络工程系肖建良主任给予编者深切的关怀与鼓励，对于本书的编写提供了帮助与指导；本书的出版得到了清华大学出版社的大力支持，在此表示衷心的感谢。

本书实验 1、实验 2、实验 5、实验 6、附录 B 由石磊编写；实验 3、实验 4、附录 A 由赵慧然编写；实验 7、实验 8 由肖建良编写，由于编者水平有限，书中如有疏漏之处，敬请读者提出宝贵意见。

编　者

目 录

随书资源

实验1 Sniffer软件的使用

视频讲解

1.1 实验目的及要求

1.1.1 实验目的

通过实验操作掌握Sniffer软件的安装与基本功能，对于监控软件原理有一定的了解，能够熟练使用Sniffer软件实现常用的监控功能。

1.1.2 实验要求

根据教材中介绍的Sniffer软件的功能和步骤完成实验，在掌握基本功能的基础上，实现日常监控应用，给出实验总结报告。

1.1.3 实验设备及软件

两台磁盘格式配置为NTFS(New Technology File System)的Windows XP操作系统的计算机，局域网环境，文件传输协议(File Transfer Protocol，FTP)服务器，Sniffer Pro 4.7.5软件。

1.1.4 实验拓扑

实验拓扑如图1.1所示。

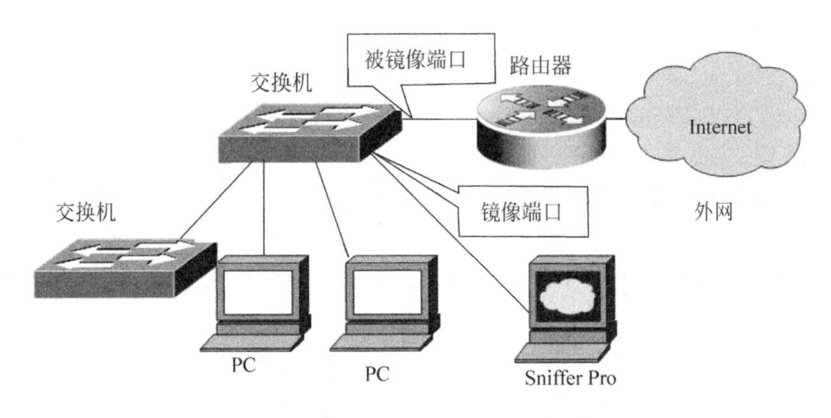

图1.1 实验拓扑

1.1.5 交换机端口镜像配置

以锐捷交换机为例,fa0/2 端口监控 fa0/10 端口的步骤如下。

```
Switch > en
Switch #conf t                                    !进入全局配置模式
Switch(config)# monitor session 1 source interface fastEthernet 0/10 both
!设置被监控口
Switch(config)# monitor session 1 destination interface fastEthernet 0/2
!设置监控口
Switch(config)# end
Switch# wr
Switch# show monitor session 1                    !查看当前配置
Switch(config)# no monitor session 1              !清除当前配置
```

1.2 Sniffer Pro 软件概述

Sniffer Pro 软件是 NAI 公司推出的功能强大的协议分析软件。本实验利用 Sniffer Pro 软件的强大功能解决网络中的一系列故障问题。

1.2.1 功能简介

下面列出了 Sniffer Pro 软件的一部分功能介绍,更多功能的详细介绍可以参考 Sniffer Pro 软件的在线帮助。

(1) 捕获网络流量进行详细分析。

(2) 利用专家分析系统诊断问题。

(3) 实时监控网络活动。

(4) 收集网络利用率和错误。

Sniffer Pro 的安装非常简单,运行安装程序后一直单击"确定"按钮即可。第 1 次运行时需要选择网卡,确定从计算机的哪个网卡上接收数据。执行"文件"→"选择设置"命令,如图 1.2 所示。

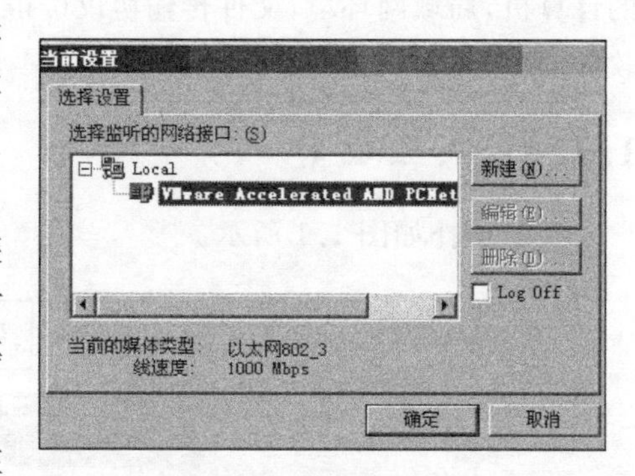

图 1.2 选择捕获网卡

选择网卡后才能正常工作。该软件如果安装在 Windows 操作系统上,可以选择拨号适配器对窄带拨号进行操作。如果安装了 EnterNet500 等 PPPoE(Point to Point Protocol over Ethernet)软件,还可以选择虚拟出的 PPPoE 网卡。安装在 Windows 2000/XP 上则无上述功能,这和操作系统有关。

图 1.3 所示为 Sniffer Pro 中的快捷按钮。上面为捕获报文快捷按钮,下面为网络性能监视快捷按钮。

图 1.3 快捷按钮

1.2.2 报文捕获解析

1. 捕获面板

报文捕获功能可以在报文捕获面板中进行设置，图 1.4 所示为捕获面板的功能。按钮的功能从左到右分别为捕获开始、捕获暂停、捕获停止、停止并显示、显示、定义/选择过滤器等。

图 1.4 捕获面板快捷按钮

2. 捕获过程报文统计

在捕获过程中可以通过捕获面板查看捕获报文的数量和缓冲区的利用率，如图 1.5 所示。

3. 捕获报文查看

Sniffer Pro 提供了强大的分析能力和解码功能。如图 1.6 所示，对于捕获的报文提供了一个 Expert 专家分析系统进行查看分析，还有解码选项及图形和表格的统计信息。

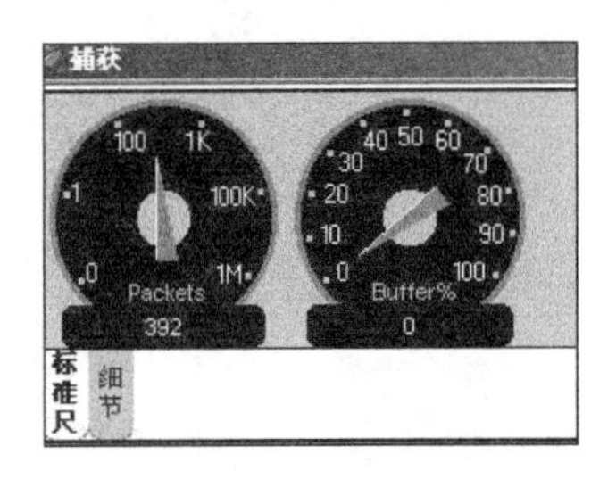

图 1.5 捕获过程报文统计

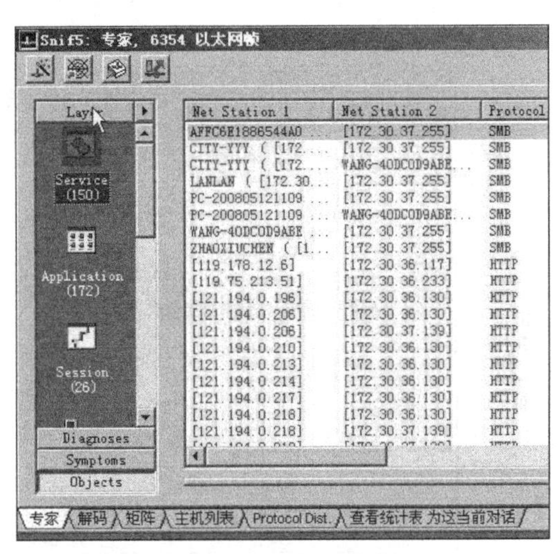

图 1.6 专家分析系统

4. 专家分析系统

专家分析系统提供了一个分析平台，对网络上的流量进行一些分析，对于分析出的诊断结果可以通过查看在线帮助获得。

在图 1.7 中显示出在网络中 WINS(Windows Internet Name Server)查询失败的次数和 TCP 重传的次数等内容，可以方便了解网络中高层协议出现故障的可能点。

对于某项统计分析，可以通过双击该记录查看其详细信息，也可以对详细信息中的每项做进一步查看。

5. 解码分析

图 1.8 是对捕获报文进行解码的显示，通常分为 3 部分，目前大部分此类软件都采用这种结构显示。对于解码，主要要求分析人员对协议比较熟悉，这样才能看懂解析出来的报文。使用该软件是很简单的事情，利用软件解码分析解决问题的关键是要对各种层次的协议了解得比较透彻。工具软件仅能提供一个辅助分析的手段。

对于 MAC(Media Access Control)地址，Sniffer Pro 进行了头部的替换，如 00e0fc 开头的就替换成 Huawei，这样有利于了解网络上各种相关设备的制造厂商信息。

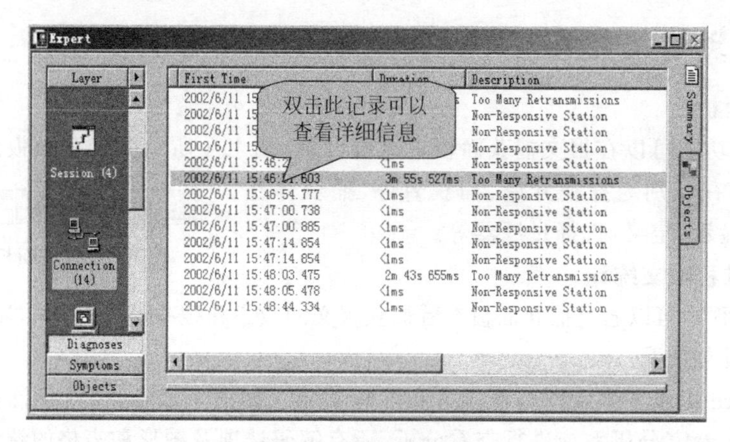

图 1.7　分析出的结果

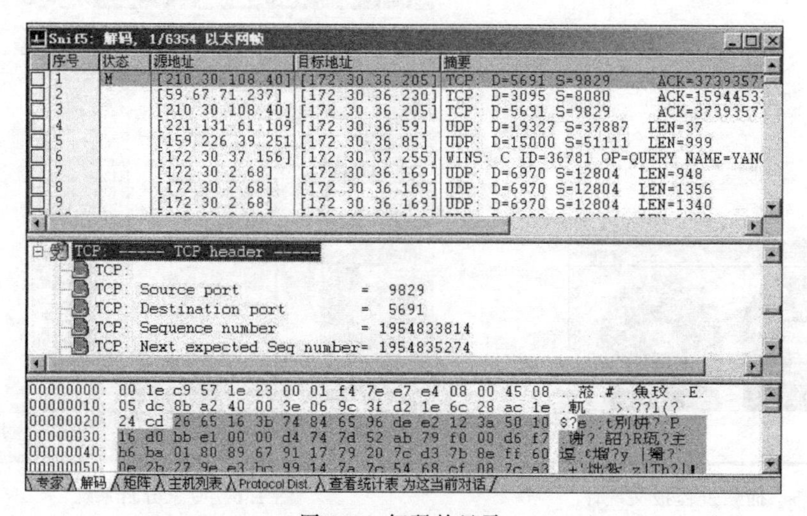

图 1.8　解码的显示

“定义过滤器”功能是按照设置的过滤规则进行数据的捕获或显示。在菜单上的位置为“捕获”→“定义过滤器和显示”→“定义过滤器”。

过滤器可以根据物理地址、IP(Internet Protocol)地址和协议的选择进行组合筛选。

统计分析功能对于矩阵、主机列表、协议分类、统计表等提供了丰富的组合统计,操作起来比较简单,可以很快掌握,这里就不再详细介绍了。

1.2.3　设置捕获条件

1. 基本捕获条件

基本捕获条件有以下两种。

(1) 链路层捕获。按源 MAC 和目的 MAC 地址进行捕获,输入方式为十六进制连续输入,如 00E0FC123456,如图 1.9 所示。

(2) IP 层捕获。按源 IP 和目的 IP 进行捕获,输入方式为点间隔方式,如 10.107.11.1。如果选择 IP 层捕获条件,则 ARP(Address Resolution Protocol)等报文将被过滤掉。

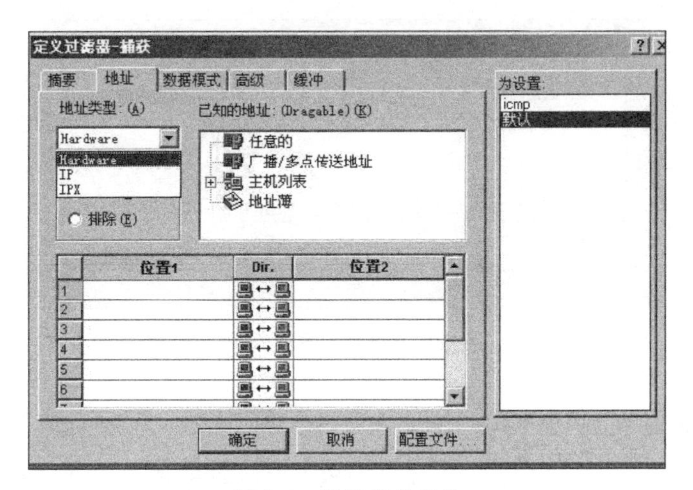

图 1.9　设置捕获条件

2. 高级捕获条件

在“高级”选项卡中可以编辑协议捕获条件,如图 1.10 所示。

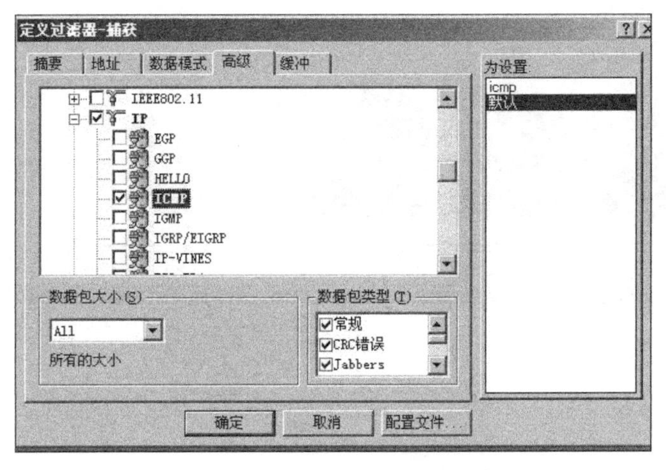

图 1.10　设置高级捕获条件

在协议选择树中可以选择需要捕获的协议条件,如果什么都不选,则表示忽略该条件,捕获所有协议。

在“数据包大小”下拉列表中,可以选择捕获等于、小于、大于某个值的报文。

在“数据包类型”选项框中,可以选择捕获网络上哪些种类的数据包。

单击“配置文件”按钮,可以将当前设置的过滤规则进行保存,然后在捕获主面板中就可以选择保存的捕获条件了。

3. 任意捕获条件

在“数据模式”选项卡中,可以编辑任意捕获条件,如图 1.11 所示。

用这种方法可以实现复杂的报文过滤,但很多时候得不偿失,有时截获的报文本就不多,还不如自己看看来得快。

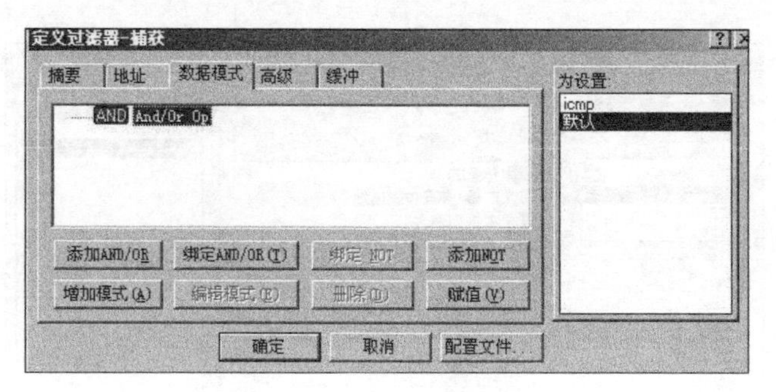

图 1.11　编辑任意捕获条件

1.2.4　网络监视功能

网络监视功能能够时刻监视网络,统计网络上资源的利用率,并能够监视网络流量的异常状况。这里只介绍一下仪表盘和应用响应时间,直接使用即可,比较简单。

1. 仪表盘

仪表盘可以监控网络的利用率、流量及错误报文等内容。通过应用软件可以清楚地看到此功能,如图 1.12 所示。

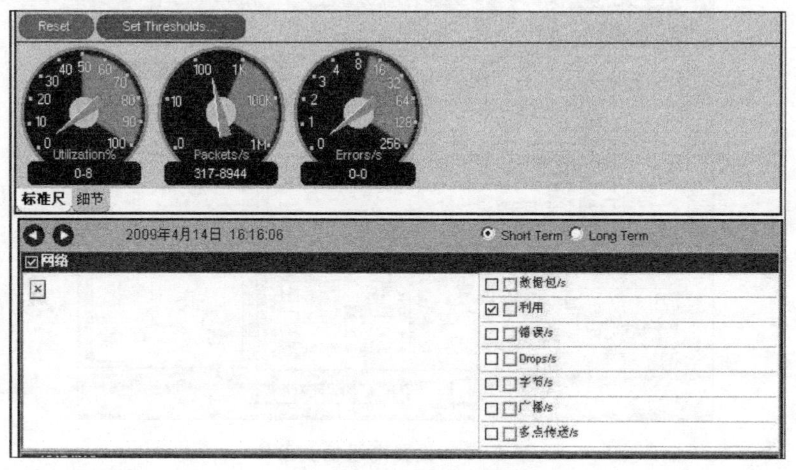

图 1.12　仪表盘界面

2. 应用响应时间

应用响应时间(Application Response Time,ART)可以监视 TCP/UDP(User Datagram Protocol)应用层程序在客户端和服务器的响应时间,如 HTTP(Hyper Text Transfer Protocol)、FTP、DNS(Domain Name System)等应用,如图 1.13 所示。

服务器地址	客户地址	AvgRsp	90%Rsp	MinRsp	MaxRsp	TotRsp	0-25	26-50
119.75.213.50	PC-200811211103	17	15	16	19	4	4	0
125.46.1.226	PC-200811211103	128	126	127	129	2	0	0
202.108.23.61	PC-200811211103	115	118	113	120	6	0	0
202.112.28.153	PC-200811211103	42	46	37	49	78	0	78
202.116.160.92	PC-200811211103	50	54	48	55	124	0	49
222.73.207.132	PC-200811211103	319	323	296	337	4	0	0
222.73.207.136	PC-200811211103	285	279	281	288	2	0	0
60.28.22.61	PC-200811211103	140	136	140	140	2	0	0
74.125.153.100	PC-200811211103	81	87	75	92	5	0	0

图 1.13　ART 界面

1.3 数据报文解码详解

本节主要对数据报文分层、以太报文结构、IP 协议解码分析进行简单的描述，目的在于介绍 Sniffer Pro 在协议分析中的功能和作用，并通过解码分析对协议进一步了解。

1.3.1 数据报文分层

如图 1.14 所示，对于 4 层网络结构，其不同层完成不同功能，每层由众多协议组成。

如图 1.15 所示，在 Sniffer Pro 的解码表中分别对每个层次协议进行解码分析。链路层对应 DLC(Data Link Control)；网络层对应 IP；传输层对应 UDP；应用层对应 NETB 等高层协议。Sniffer Pro 可以针对众多协议进行详细结构化解码分析，并利用树形结构良好地表现出来。

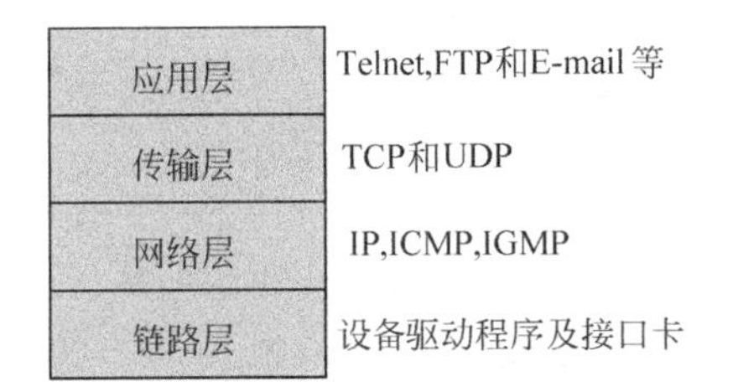

图 1.14　4 层网络结构

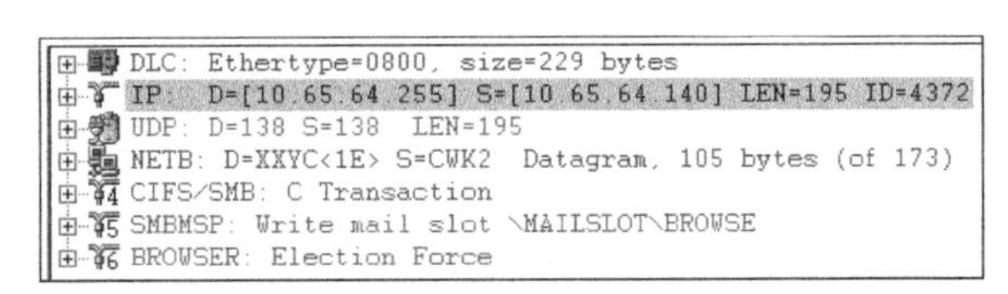

图 1.15　分层协议解码分析

1.3.2 以太网帧结构

如图 1.16 所示，Ethernet_II 以太网帧类型报文结构为：目的 MAC 地址(DMAC,6B)+源 MAC 地址(SMAC,6B)+上层协议类型(Type,2B)+数据字段(DATA/PAD,46～1500B)+校验(FCS,4B)。图 1.17 所示为以太网帧结构的显示。

Ethernet_II

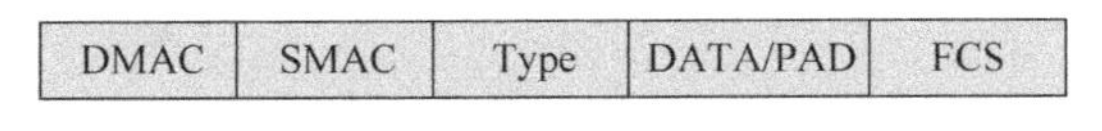

图 1.16　以太网帧结构

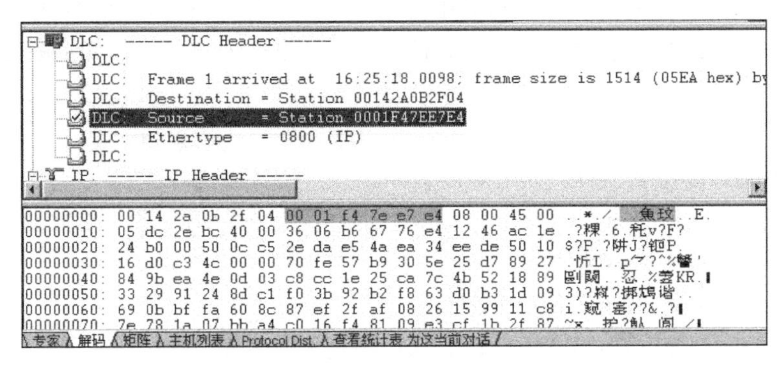

图 1.17　以太网帧结构的显示

Sniffer Pro 会在捕获报文时自动记录捕获的时间，在解码显示时显示出来，在分析问题时提供了很好的时间记录。

源目的 MAC 地址在解码框中可以将前 3 字节代表厂商的字段翻译出来，方便定位问题。例如，网络上两台设备 IP 地址设置冲突，可以通过解码翻译出厂商信息方便地将故障设备找到，如 00e0fc 为华为、010042 为 Cisco 等。如果需要查看详细的 MAC 地址，在解码框中单击 MAC 地址，在下面的表格中会突出显示该地址的十六进制编码。

对于 IP 网络，Type 字段承载的是上层协议的类型，主要包括 0x800(IP 协议)、0x806(ARP 协议)。

IEEE 802.3 以太网帧结构如图 1.18 所示。

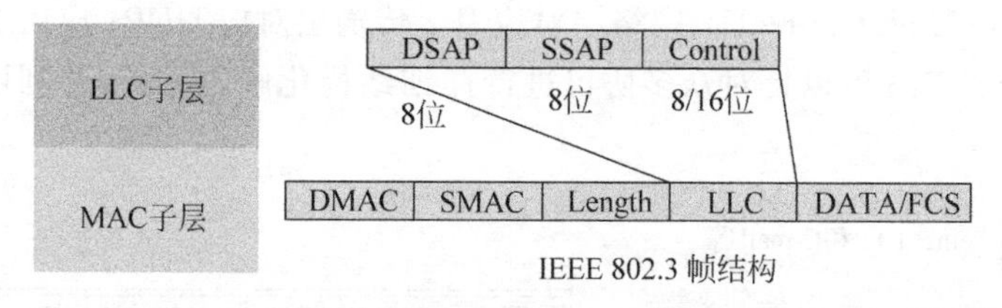

图 1.18　IEEE 802.3 以太网帧结构

图 1.19 为 IEEE 802.3SSAP 帧结构，与 Ethernet_Ⅱ不同的是目的地址和源地址后面的字段代表的不是上层协议类型，而是报文长度，并多了 LLC(Logical Link Control)子层。

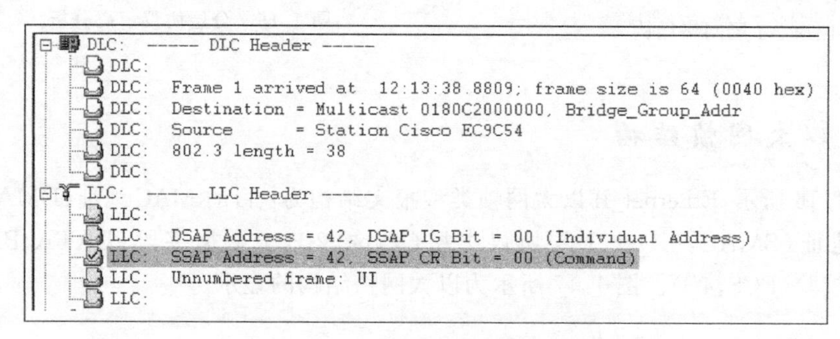

图 1.19　IEEE 802.3SSAP 帧结构

1.3.3　IP 协议

IP 报文结构为 IP 协议头＋载荷，其中对 IP 协议头部的分析是分析 IP 报文的主要内容之一，关于 IP 报文详细信息请参考相关资料。下面给出了 IP 协议头部的一个结构。

(1) 版本：4——IPv4。

(2) 首部长度：单位为 4B，最大 60B。

(3) TOS：IP 优先级字段。

(4) 总长度：最大 65 535B。

(5) 标识：IP 报文标识字段。

(6) 标志：占 3 位，只用到低位的两位。

- MF(More Fragment)：MF＝1，表示后面还有分片的数据包；MF＝0，表示分片数据包的最后一个。

• DF(Don't Fragment)：DF=1,表示不允许分片；DF=0,表示允许分片。

(7) 分片偏移：分片后的分组在原分组中的相对位置,总共13位,单位为8B。

(8) 生存时间(Time To Live,TTL)：丢弃TTL=0的报文。

(9) 协议：携带的是何种协议报文。1为ICMP(Internet Control Message Protocol)；6为TCP；17为UDP；89为OSPF(Open Shortest Path First)。

(10) 头部校验和：对IP协议首部的校验和。

(11) 源IP地址：IP报文的源地址。

(12) 目的IP地址：IP报文的目的地址。

图1.20所示为Sniffer Pro对IP协议首部的解码分析结构,和IP首部各个字段相对应,并给出了各个字段值所表示含义的英文解释。报文协议字段(Protocol)的编码为6,代表TCP协议。其他字段的解码含义与此类似,只要对协议理解得比较清楚,对解码内容的理解将会变得容易。

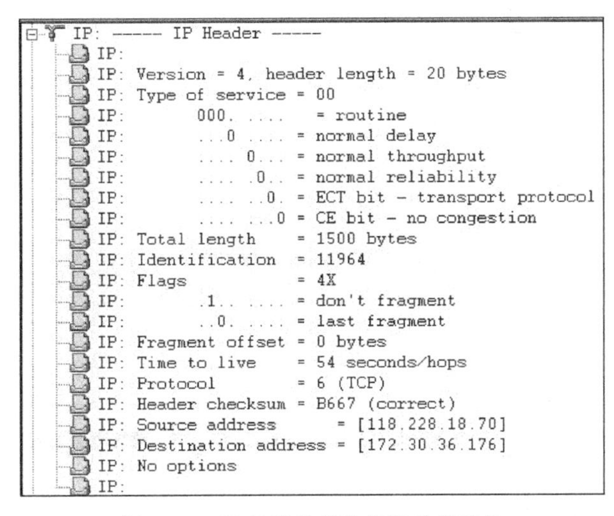

图1.20 IP协议首部的解码分析结构

1.4 使用Sniffer Pro监控网络流量

1.4.1 设置地址簿

查询网关流量是最常用、重要的查询之一。

扫描IP-MAC对应关系。这样做是为了在查询流量时方便判断具体流量终端的位置,MAC地址不如IP地址方便。

执行菜单栏中的"工具"→"地址簿"命令,单击左侧的放大镜按钮,在弹出的对话框中输入要扫描的IP地址段,本实验输入172.30.37.1～172.30.37.255,单击"好"按钮,如图1.21所示,系统会自动扫描IP-MAC对应关系。扫描完毕后,执行"数据库"→"保存地址簿"命令,系统会自动保存对应关系,以备以后使用。

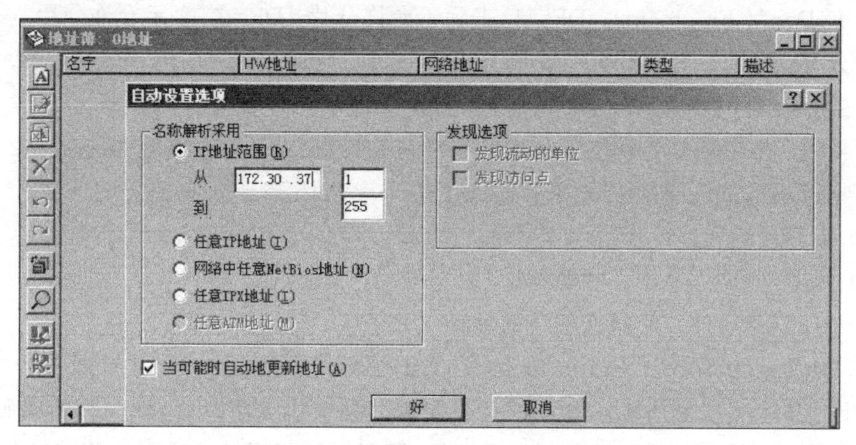

图 1.21 扫描的 IP 地址段选项

1.4.2 查看网关流量

执行“网络性能监视快捷键”→“主机列表”命令,然后选择“主机列表”界面的 MAC 选项卡(为什么选择 MAC? 在网络中,所有终端的对外数据,如使用 QQ、浏览网站、上传、下载等行为都是各终端与网关在数据链路层中进行的),如图 1.22 所示。其中数据流量最大的加深部分就是网关。

主机列表: 96位置

Hw地址	入埠数据包	出埠数据包	字节	出埠字节	广播	多点传送
0001F4464DC8	0	2	0	294	0	
0001F4603A00	0	1	0	64	0	
000BD4014202	0	6	0	384	6	
000E0C4BA447	0	81	0	5,184	81	
00105CE95AB0	7	0	838	0	0	
00105CE96D21	24	0	3,946	0	0	
00105CEA25BC	334	0	215,704	0	0	
0011091B4885	0	5	0	647	5	
0011091D449E	78,426	0	110,273,179	0	0	
0011091D44C0	345	0	28,594	0	0	
0011091D44F8	0	23	0	2,092	22	
0011091D450B	0	1	0	247	1	
0011091D4A1D	37	0	4,973	0	0	
0011091D4ABF	0	99	0	9,504	99	
0011091D4B1E	2,615	0	1,752,746	0	0	
0011091D4B20	178	0	12,570	0	0	
0011091D4B69	2	0	279	0	0	
0011091DC249	1,438	0	787,771	0	0	
0011093DE403	46	0	5,351	0	0	

MAC IP IPX

图 1.22 查看流量

1.4.3 找到网关的 IP 地址

单击“柱状图”按钮(本例中网关 IP 为 172.30.37.1),可以显示实时流量图。172.30.37.1(网关)流量在 Top10 图中为最高的,如图 1.23 所示。右侧以网卡物理地址方式显示,很容易定位终端所在位置。流量以 3D 柱形图的方式动态显示。图 1.23 中 MAC 地址 0011091D449E 的网关流量最大,且与其他终端流量差距悬殊,如果这个时候网络出现问题,可以重点检查此 MAC 地址是否有大流量相关的操作。

172.30.37.1(网关)与内部所有流量通信图如图 1.24 所示,网关与内网间的所有流量都在这里动态显示。

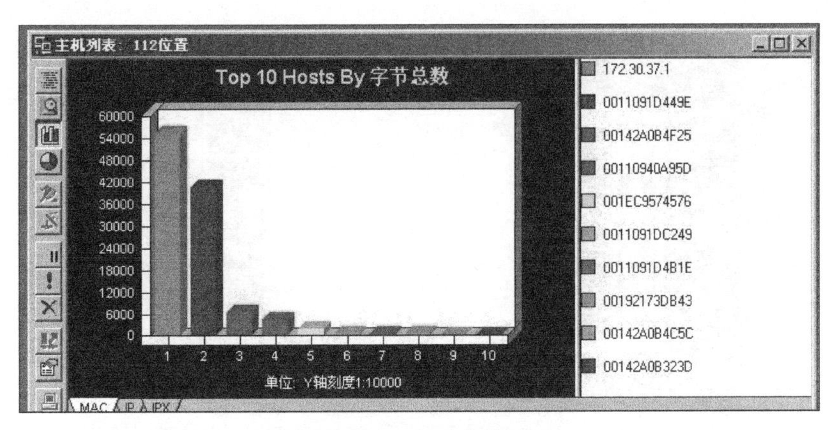

图 1.23　实时流量图

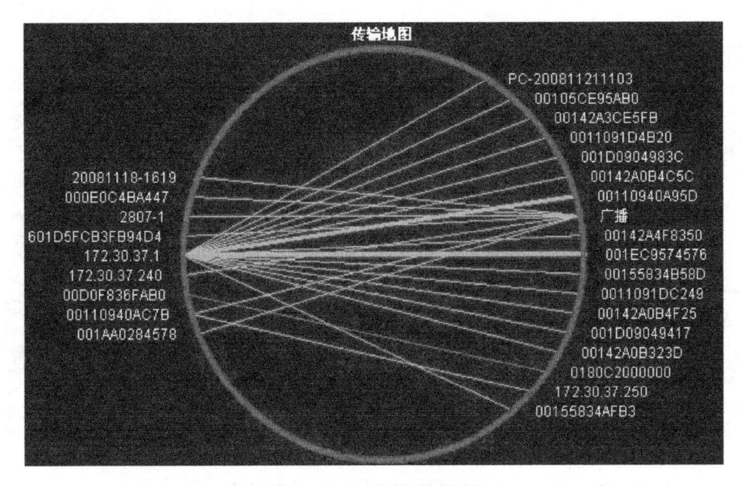

图 1.24　流量通信图

图 1.24 彩图

流量通信图中，绿色线条状态为正在通信中；暗绿色线条状态为通信中断。线条的粗细与流量的大小成正比。

如果将鼠标移动至线条处，程序显示出流量双方位置、通信流量的大小（包括接收、发送），并自动计算流量占当前网络的百分比。

1.4.4　基于 IP 层流量

（1）为了进一步分析 IP 的异常情况，切换至基于 IP 层的流量统计图。执行菜单栏中的"网络性能监视快捷键"→"主机列表"命令，然后切换至"主机列表"界面中的 IP 选项卡。

（2）找到数据量比较大的 IP 地址 172.30.36.84（可以单击数据包排序，以方便查找），查看其流量统计图，如图 1.25 所示。

（3）单击"矩阵"按钮，查看该 IP 地址与所有 IP 的通信流量图，如图 1.26 所示。

从 172.30.36.84 的通信流量图中可以看到与它建立 IP 连接的情况。图 1.25 中 IP 连接数据量非常大，这对于普通应用终端显然不是一种正常的业务连接。可以猜测，该终端可能正在进行观看 P2P(Point to Point)类在线视频的操作。

为了进一步证明这种猜测，可以去看看 172.30.36.84 的流量协议分布情况。

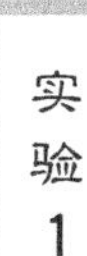

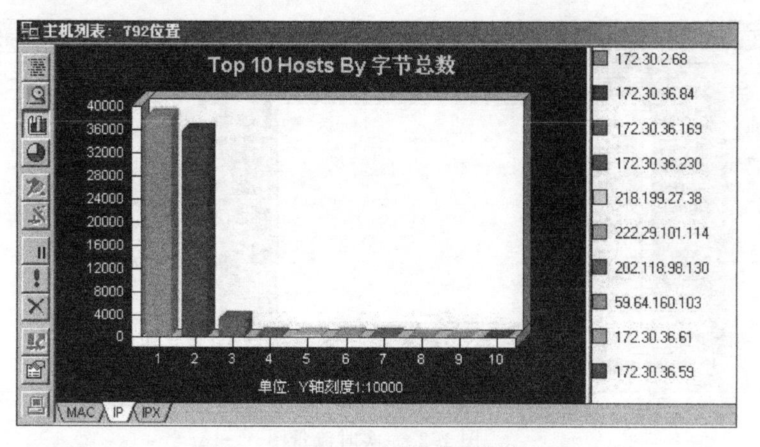

图 1.25　基于 IP 层的流量统计图

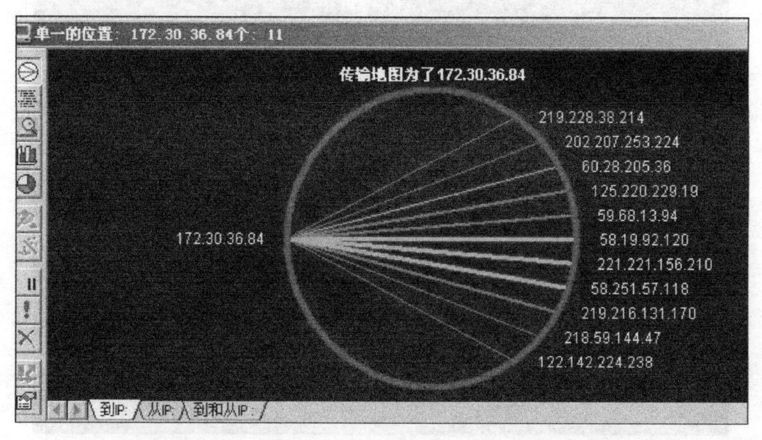

图 1.26　172.30.36.84 与所有 IP 的通信流量图

(4) 如图 1.27 所示，Protocol 类型绝大部分为其他。在 Sniffer Pro 中，其他表示未能识别出来的协议，如果提前定义了协议类型，这里将直接显现出来。

通过执行“工具”→“选项”→“协议”命令，在第 19 行定义 14405 端口(BT 的默认监听端口)，取名为 bt，如图 1.28 所示。

主机列表：1000位置

协议	地址	入埠数据包	入埠字节	出埠数据包	出埠字节
其他	172.30.36.84	359,302	506,596,367	0	0
	172.30.36.169	141,230	128,748,665	0	0
	172.30.36.230	23,155	26,813,924	0	0
HTTP	172.30.36.92	21,888	31,161,022	0	0
其他	172.30.36.59	10,614	1,852,925	0	0
HTTP	172.30.36.61	13,857	15,981,800	0	0
NetBIOS_NS_U	172.30.37.255	5,863	564,702	0	0
其他	172.30.36.208	6,216	512,578	0	0
	172.30.36.117	5,849	587,395	0	0
HTTP	172.30.36.120	5,266	6,464,039	0	0
	172.30.36.59	4,918	2,208,690	0	0
其他	172.30.36.121	4,207	2,758,087	0	0
	172.30.36.85	3,903	909,030	0	0
HTTP	172.30.36.83	3,819	4,252,664	0	0
	172.30.36.121	2,153	1,767,718	0	0
	172.30.36.132	1,952	1,632,877	0	0

MAC　IP　IPX

图 1.27　查看协议类型

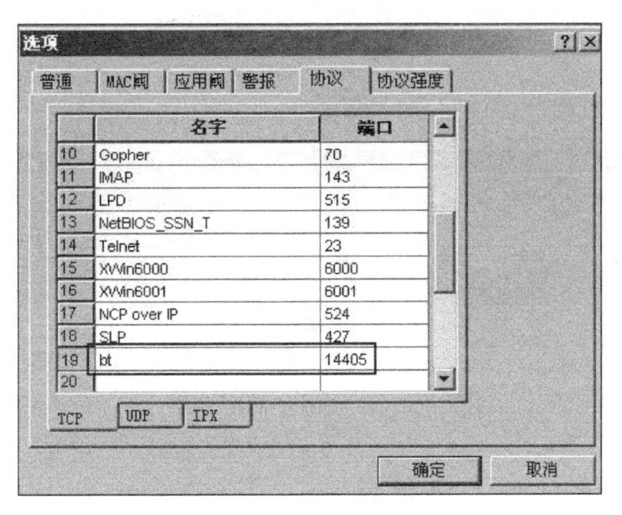

图 1.28　定义监听端口

注意：很多 P2P 类软件并没有固定的使用端口，且端口也可以自定义，因此使用本方法虽然不失为一种检测 P2P 流量的好方法，但并不能完全保证其准确性。具体端口号可根据实际情况进行调整。

1.5　使用 Sniffer Pro 监控“广播风暴”

1.5.1　设置广播过滤器

打开 Sniffer Pro 后，执行“监视器”→“定义过滤器”命令。首先新建过滤器，并将其名定义为 broadcast。定义好名称后，在“地址”选项卡中的“已知的地址：(Dragable)”列表框中展开“主机地址”，将其下的 FFFFFFFFFFFF(广播)拖入位置 1 中或直接输入，如图 1.29 所示。

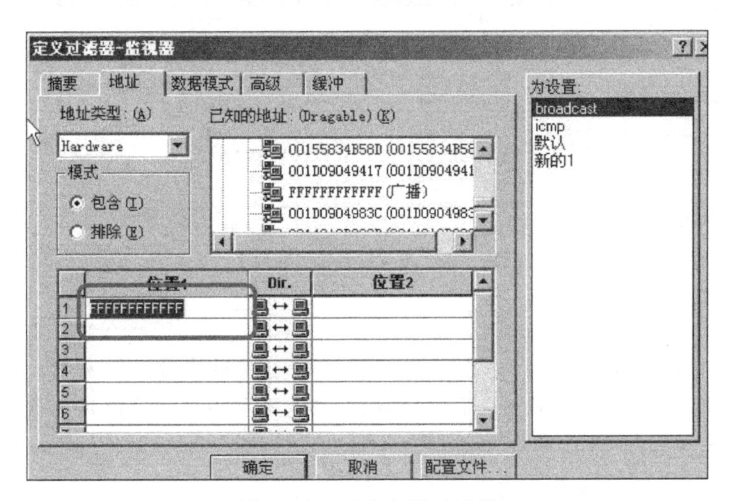

图 1.29　新建广播过滤器

1.5.2 选择广播过滤器

选择 broadcast 过滤器,如图 1.30 所示。

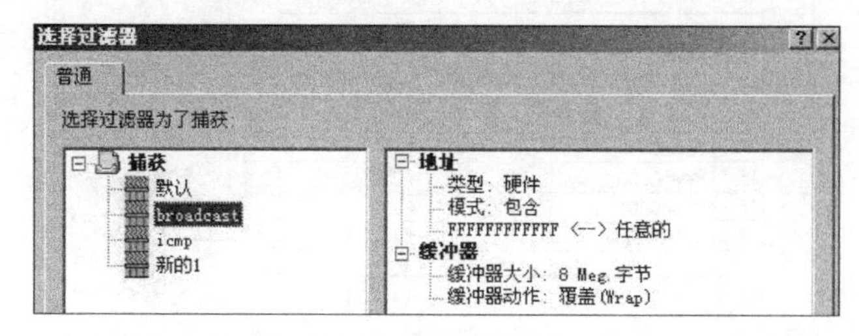

图 1.30 选择广播过滤器

1.5.3 网络正常时的广播数据

首先通过 Sniffer Pro 提供的“仪表盘”→“细节”功能进行查看,以下分别是广播包合计统计(见图 1.31)和广播包平均数统计(见图 1.32)。

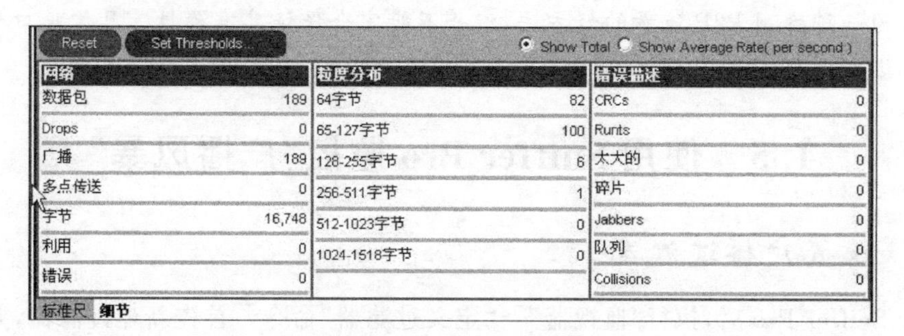

图 1.31 广播包合计统计

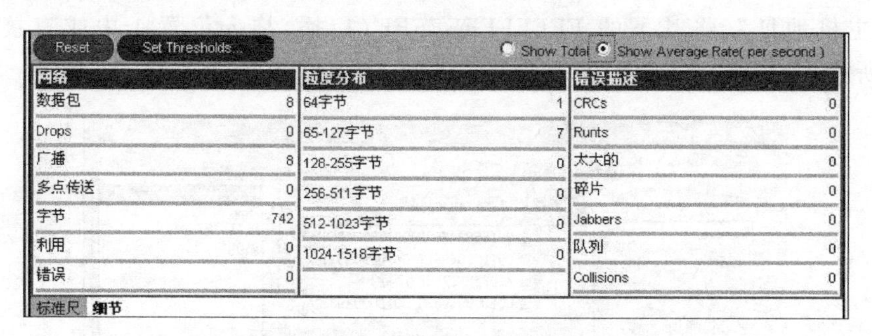

图 1.32 广播包平均数统计

说明:

(1) 由于之前定义好了过滤器,因此现在所统计的数据均为广播数据。

(2) 在仪表盘详细统计界面,除了统计网络相关数据外,还对数据包大小分布、错误数据包进行详细的分类,以供查看。

(3) 错误数据包捕获和查看需要专用网卡的支持。

(4) 图 1.31 中,截至当前时间,广播数据包合计为 189 个。

(5) 图 1.32 中,显示当前每秒平均广播数据包 8 个。

1.5.4 出现广播风暴时仪表盘变化

下面来看图 1.33 所示拓扑的情况，当虚线的网线连接时就会形成网络环路，在“环路”出现时就会形成“广播风暴”。

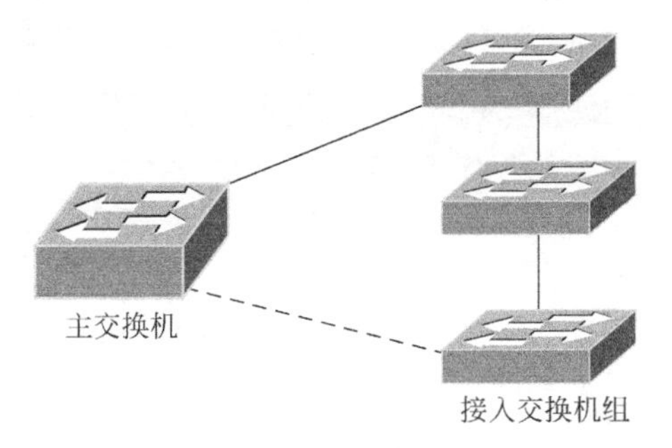

图 1.33 网络环路拓扑

注意：如图 1.34 所示，平均广播数据包的统计由刚才的每秒 8 个猛增至每秒 2568 个，广播数据包中的字节数也由 742B 增长至 255 742B，带宽占用提高了 1000 倍，已经影响了网络的正常运行，应及时查找数据包的来源并排除故障。

Reset　Set Thresholds...　○ Show Total ⦿ Show Average Rate(per second)

网络		粒度分布		错误描述	
数据包	2568	64字节	1	CRCs	0
Drops	0	65-127字节	7	Runts	0
广播	2568	128-255字节	0	太大的	0
多点传送	0	256-511字节	0	碎片	0
字节	255742	512-1023字节	0	Jabbers	0
利用	0	1024-1518字节	0	队列	0
错误	0			Collisions	0

标准尺　细节

图 1.34 网络流量统计

1.5.5 通过 Sniffer Pro 提供的警告日志系统查看“广播风暴”

图 1.35 所示为 Sniffer Pro 在“广播风暴”时的警告日志。可以通过执行“监视器”→“警告日志”命令查看。软件默认 Multicasts/s 阈值为 2000，超过该阈值软件会报警。

Status	Type	Log Time	Severity	Description
	Stat	2015-06-09 10:39:45	Critical	Multicasts/s: current value = 6,981, High Threshold = 2,000
	Stat	2015-06-09 10:39:35	Critical	Multicasts/s: current value = 6,741, High Threshold = 2,000
	Stat	2015-06-09 10:39:25	Critical	Multicasts/s: current value = 6,987, High Threshold = 2,000
	Stat	2015-06-09 10:39:15	Critical	Multicasts/s: current value = 7,014, High Threshold = 2,000
	Stat	2015-06-09 10:39:05	Critical	Multicasts/s: current value = 6,850, High Threshold = 2,000
	Stat	2015-06-09 10:38:55	Critical	Multicasts/s: current value = 6,900, High Threshold = 2,000
	Stat	2015-06-09 10:38:45	Critical	Multicasts/s: current value = 7,031, High Threshold = 2,000
	Stat	2015-06-09 10:38:35	Critical	Multicasts/s: current value = 6,442, High Threshold = 2,000
	Stat	2015-06-09 10:38:25	Critical	Multicasts/s: current value = 6,995, High Threshold = 2,000
	Stat	2015-06-09 10:38:05	Critical	Multicasts/s: current value = 7,204, High Threshold = 2,000
	Stat	2015-06-09 10:37:55	Critical	Multicasts/s: current value = 7,246, High Threshold = 2,000
	Stat	2015-06-09 10:37:45	Critical	Multicasts/s: current value = 7,056, High Threshold = 2,000
	Stat	2015-06-09 10:37:35	Critical	Multicasts/s: current value = 5,643, High Threshold = 2,000
	Stat	2015-06-09 10:37:25	Critical	Multicasts/s: current value = 7,105, High Threshold = 2,000
	Stat	2015-06-09 10:37:15	Critical	Multicasts/s: current value = 5,749, High Threshold = 2,000
	Stat	2015-06-09 10:37:05	Critical	Multicasts/s: current value = 7,077, High Threshold = 2,000
	Stat	2015-06-09 10:36:55	Critical	Multicasts/s: current value = 7,156, High Threshold = 2,000
	Stat	2015-06-09 10:36:45	Critical	Multicasts/s: current value = 7,091, High Threshold = 2,000
	Stat	2015-06-09 10:07:25	Critical	Multicasts/s: current value = 145,077, High Threshold = 2,000

图 1.35 警告日志

1.5.6 警告日志系统修改

警告日志系统默认阈值都可以修改,执行“工具”→“选项”命令,选择“MAC 阈”选项卡,如图 1.36 所示。软件提供了 20 个可以修改的项目,如果觉得利用率在现有网络上为 50%显得太小,可以将其更改为 80%(快速以太网一般利用率不超过 80%)。

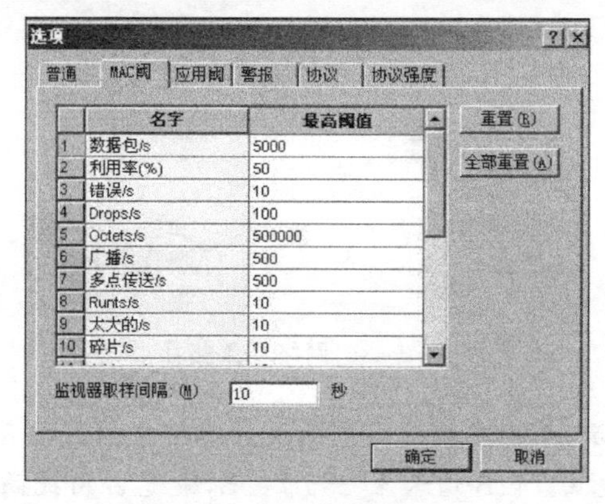

图 1.36 修改阈值

除了可以修改默认阈值外,在系统出现警告时可以选择通知方式,甚至可以使用 VB(Visual Basic)程序自定义动作打开第三方程序,如设置告警音,或者通过发送电子邮件等方式通知网络管理员。Sniffer Pro 将警告日志划分为不同级别:严重、重要、次要、警告、通知,可以在 Alarm 选项卡中进行调整。

1.6 使用 Sniffer Pro 获取 FTP 的账号和密码

使用 Sniffer Pro 软件的数据包分析功能可以方便、迅速地帮助定位 FTP 的账号和密码。由于 FTP 的账号和密码是以明文的形式在网络中传输的,因此可以直接查询到结果。

(1) 执行菜单栏中的“监视器”→“定义过滤器”命令,定义需要的过滤器。在弹出的“定义过滤器-监视器”对话框中,单击“配置文件”按钮,然后单击“新建”按钮,新建一个过滤器,在这里取名为 ftp,如图 1.37 所示。选择“高级”选项卡中 IP 协议下的 TCP 协议下的 FTP 协议作为监控。

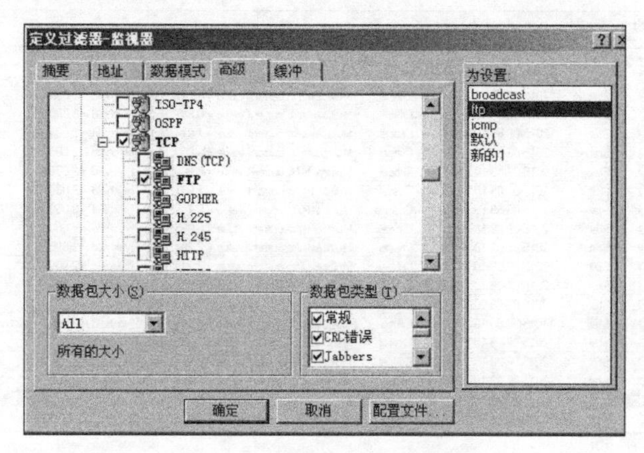

图 1.37 新建一个过滤器

(2) 单击捕获面板上的“开始”按钮进行捕获，这时用客户端进行 FTP 登录，如图 1.38 所示，选择使用用户名为 bob，密码为 123 的用户登录。登录成功后就可以停止捕获了。

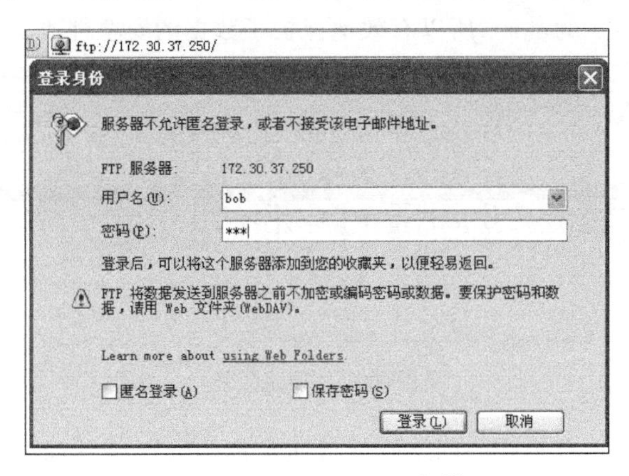

图 1.38　登录 FTP 服务器

(3) 打开捕获的数据，在左下角的标签上选择解码，并在显示的数据上右击，在弹出的快捷菜单中选择“查找帧”命令，如图 1.39 所示。

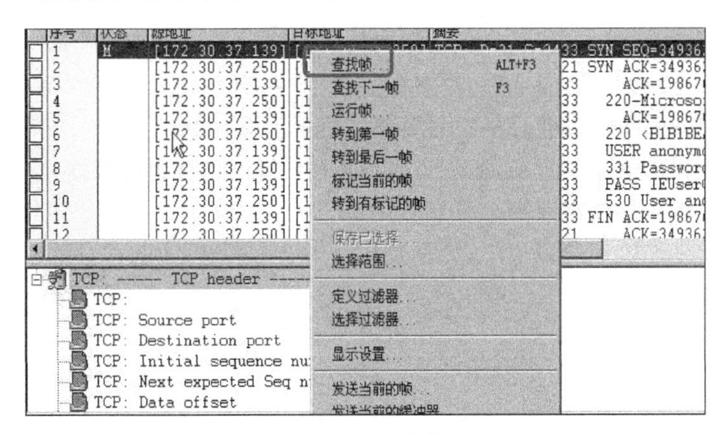

图 1.39　查找帧

(4) 在弹出的“查找帧”对话框中的“搜寻文本”下拉列表中选择 USER，并选择“摘要文本”单选按钮，如图 1.40 所示。

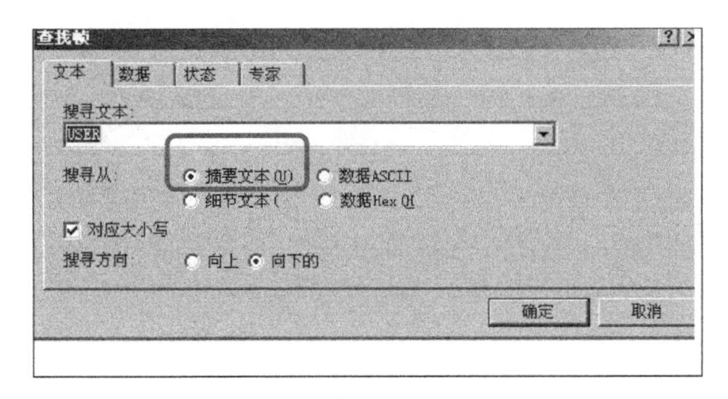

图 1.40　搜寻 USER 文本

(5) 如果搜索到了匹配的结果,就会看到图 1.41 所示的 USER bob 和 PASS 123。

通过以上几步就可以搜索到网上发布的所有明文的用户名和密码,对于加密的数据,虽然能够捕获到,但会显示为乱码,所以有效地保护了数据的安全性。

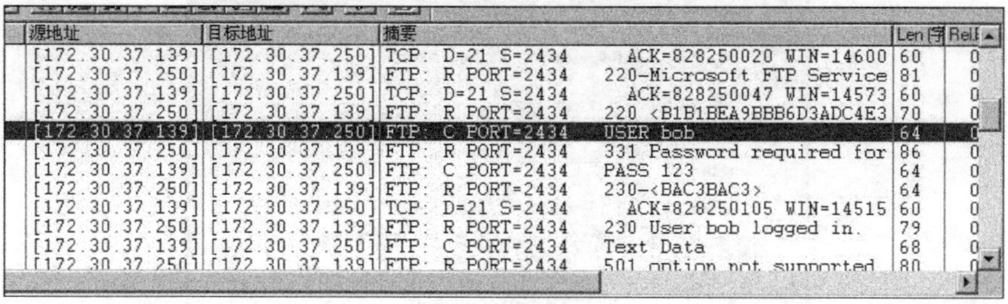

源地址	目标地址	摘要		Len(字	Rel
[172.30.37.139]	[172.30.37.250]	TCP: D=21 S=2434	ACK=828250020 WIN=14600	60	0
[172.30.37.250]	[172.30.37.139]	FTP: R PORT=2434	220-Microsoft FTP Service	81	0
[172.30.37.139]	[172.30.37.250]	TCP: D=21 S=2434	ACK=828250047 WIN=14573	60	0
[172.30.37.250]	[172.30.37.139]	FTP: R PORT=2434	220 <B1B1BEA9BBB6D3ADC4E3	70	0
[172.30.37.139]	[172.30.37.250]	FTP: C PORT=2434	USER bob	64	0
[172.30.37.250]	[172.30.37.139]	FTP: R PORT=2434	331 Password required for	86	0
[172.30.37.139]	[172.30.37.250]	FTP: C PORT=2434	PASS 123	64	0
[172.30.37.250]	[172.30.37.139]	FTP: R PORT=2434	230-<BAC3BAC3>	64	0
[172.30.37.139]	[172.30.37.250]	TCP: D=21 S=2434	ACK=828250105 WIN=14515	60	0
[172.30.37.250]	[172.30.37.139]	FTP: R PORT=2434	230 User bob logged in.	79	0
[172.30.37.139]	[172.30.37.250]	FTP: C PORT=2434	Text Data	68	0
[172.30.37.250]	[172.30.37.139]	FTP: R PORT=2434	501 option not supported	80	0

图 1.41 搜索结果

在网络出现故障时,有经验的网络管理员通常都能够迅速发现故障并加以排除。但是在网络日益发展的今天,网络应用、规模、手段都在急速膨胀,仅仅依靠对环境的了解和经验显然是不够的。因此,使用 Sniffer Pro 软件处理各类网络问题不失为一种快速有效的手段。

实验思考题

1. Sniffer Pro 对于网络管理员在日常网络维护上有什么好处?
2. 选择什么样的安装位置有助于 Sniffer Pro 获得更加有用的数据?
3. Sniffer Pro 对于加密数据有没有作用?
4. Sniffer Pro 能监控的协议中,数据量比较大的有哪些?

实验 2　网路岗软件的使用

视频讲解

2.1　实验目的及要求

2.1.1　实验目的

通过实验操作掌握网路岗软件的安装与基本功能使用，对监控软件的原理有一定的了解，能够实现常用的监控功能。

2.1.2　实验要求

根据教材中介绍的网路岗软件的功能和步骤完成实验，在掌握基本功能的基础上，实现日常监控应用，给出实验操作报告。

2.1.3　实验设备及软件

两台安装 Windows 2000/XP 操作系统的计算机，磁盘格式配置为 NTFS，局域网环境，CCProxy 代理服务器，网路岗软件。

2.1.4　实验拓扑

实验用的拓扑结构如图 2.1 所示。

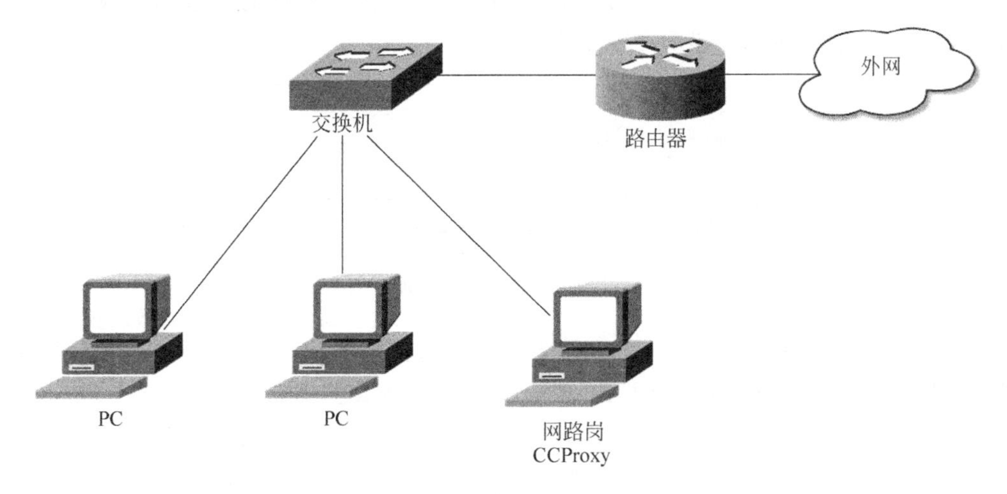

图 2.1　实验拓扑

2.2 软件的安装

2.2.1 系统要求

操作系统：Windows XP/2000/2003。

CPU：Pentium 4 或赛扬。

硬盘空间：建议硬盘空闲空间不低于 10GB。

监控机器越多,网络流量越大,需要的配置越高。根据以往的经验,在 Pentium 4 以上配置的 PC 上运行网路岗,监控的在线机器可达 500 台以上。

打开安装光盘,运行安装主监控程序 Sentry5Corp. exe(企业)或 Sentry5School. exe(学校),主程序安装完毕后,如果是第 1 次在本机上安装"网路岗"产品,还需要安装光盘中的网路岗驱动程序 SentryDrv. exe。

2.2.2 重要子目录

下面介绍安装目录下几个重要的子目录。

ETC\子目录存放与系统有关的所有配置文件,如 PcInfo. map 是"基于网卡"网络监控模式的用户信息；UserInfo. map 是"基于账户"网络监控模式的用户信息；IpInfo. map 是"基于 IP"网络监控模式的用户信息；ShareArea. map 存放的是系统配置数据。

如果用户想备份系统配置,只需要备份 ETC 目录下的所有文件即可。

CapLog\是系统默认的用来存放监控日志的目录(该日志存放目录可由用户自定义)。

CapLog\Activities\存放网络活动日志。

CapLog\WebFiles\存放外发资料日志。

2.2.3 绑定网卡

所谓绑定网卡,就是选择从哪块网卡抓取通信包。如果安装本产品的计算机有多块网卡,那么用户选择时要小心,一旦选错网卡,网路岗不但监视不了任何信息,也不能对目标机器进行任何控制。网卡选择界面如图 2.2 所示。

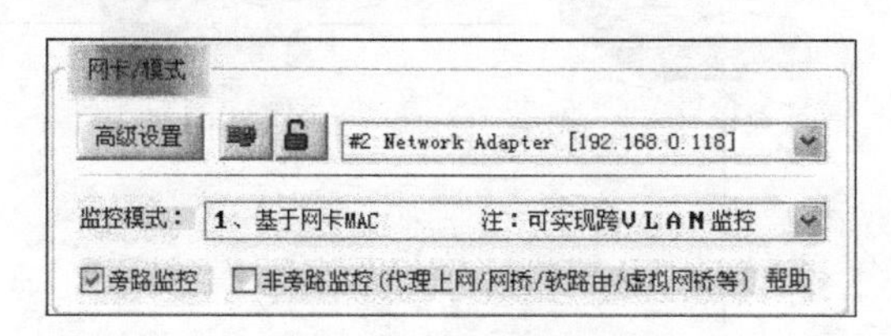

图 2.2 网卡选择界面

选择网卡时,用户应选择内网段的网卡,而不能选择接入 Internet 的网卡。出现多块内网网卡时,可能需要用户逐块选择并在"现场观察"窗口测试监控效果。

默认情况下,系统获取通信数据包的网卡和发送封堵包的网卡是同一块,但用户可以通过设置信息过滤网卡,以便系统通过另外一块网卡发送封堵包以控制目标机器。

有一种情况,用户必须启用信息过滤专用网卡。当用户设置"镜像端口"实现对数据包监视后，发现不能与局域网中其他机器进行通信(假定该机器 IP/网关配置正确)，也就是说所设置的"镜像端口"只能接收通信包，而不能发送数据包，"镜像端口"是单向的。针对这类情况，建议用户再添加一块网卡，作为网路岗的信息过滤专用网卡。

信息过滤网卡在图 2.3 所示的"高级设置"对话框中设置。配置时必须注意，信息过滤网卡、镜像端口和被镜像端口必须在同一交换机的同一虚拟局域网(Virtual Local Area Network，VLAN)中。

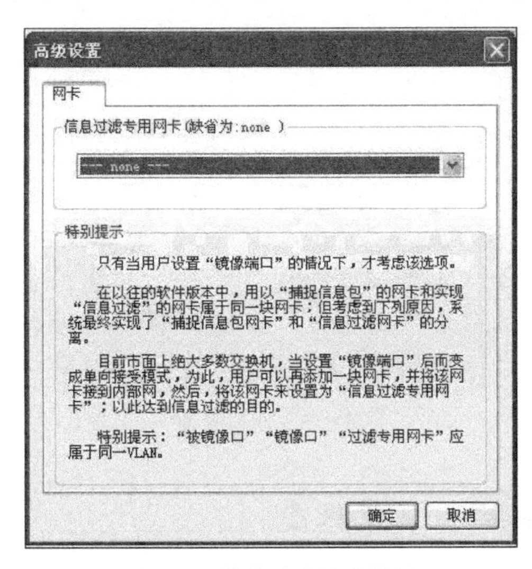

图 2.3　信息过滤网卡设置

2.3　选择网络监控模式

网路岗提供了多种网络监控模式：基于网卡、基于账户和基于 IP，一般建议监控点在 500 台以下的情况下选择基于网卡的网络监控模式。用户测试监控效果时不要急于对被监控机器进行封堵，建议打开"现场观察"窗口，先观察能否实时监控到目标机器上网站页面的情况。

2.3.1　启动监控服务

进入"服务"页面，启动所有的后台监控服务(双击要启动服务的图标)，如图 2.4 所示。

图 2.4　启动监控服务

2.3.2　检查授权状态

如果有"网路岗"并口加密狗，则接到打印机并口(同一并口不能级联多个加密狗)。如果监控机上原来有打印机连线，则需要取下连线，等接好加密狗后，再将打印机线接到加密狗上。如果有"网路岗"USB 加密狗，则在安装软件后再将其插入 USB 插槽，单击"继续安装"按钮，则 USB 加密狗驱动程序自动成功安装。

注意：插入 USB 加密狗前，请先运行网路岗的安装程序。如果先插入 USB 加密狗，再安装网路岗，可能导致无法获取加密狗授权信息。

如果用户有产品注册码，也可以通过注册码获得授权。注册界面如图 2.5 所示。

用注册码注册时，务必不要在多台机器上同时用一个号码注册。如果用户要更换机器注册，必须在原来的机器上“取消本地注册码”，再在新的机器上注册。最后，执行“帮助”→“产品信息”命令，检查授权的用户数和授权状态。

图 2.5　注册界面

2.3.3　检查目标机器的监控状态

选择“监控策略”→“基于网卡”，先看看是否有机器信息，如果没有，用“搜索邻居”功能试着搜索。每台机器的前面可能有一个小图标，直接单击小图标，其状态可循环改变，如图 2.6 所示。

其中，☑ 表示该机器被监控；VIP 表示该机器不被监控；⊗ 表示该机器不被监控，但也不允许上网。计算监控点时，以 ☑ 状态为一个监控点，超过用户购买的监控点时系统自动将多余的机器标记为 VIP 状态。如果被测试的机器是代理服务器，则应该选择其他机器测试。

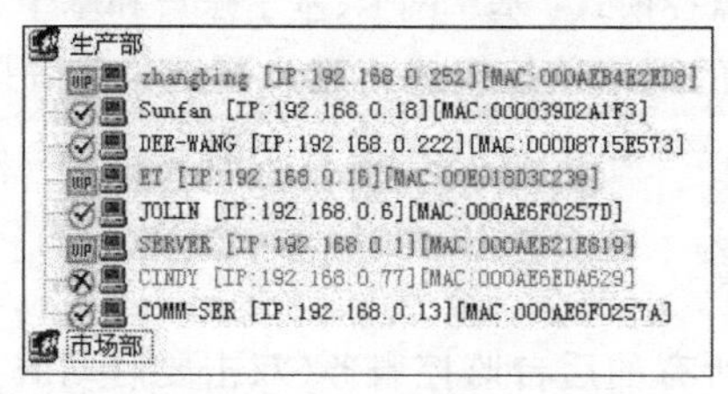

图 2.6　检查目标机器的监控状态

2.3.4　检查被监控机器的上网情况

执行“文件”→“现场观察”命令，在确保被测试的机器处于 ☑ 状态后，让该机器登录网站，如 www.baidu.com，并留意“现场观察”窗口中是否有对应的信息。如果该窗口中能正确显示目标机器的上网情况，那么说明对该机器的监控是正常的，也说明对该机器的封堵将起作用。

2.3.5　封锁目标机器上网

选中被测试的机器，进入“封堵端口”选项卡，在 80 端口上打勾(如果用户网络采用代理上网，则上网端口可能不是 80，需要用户单击“添加”按钮选择新的端口并打勾)，封锁时间段全绿，单击“更新规则＝＞ET”按钮，最后单击“保存设置”按钮使设置生效，如图 2.7 所示。

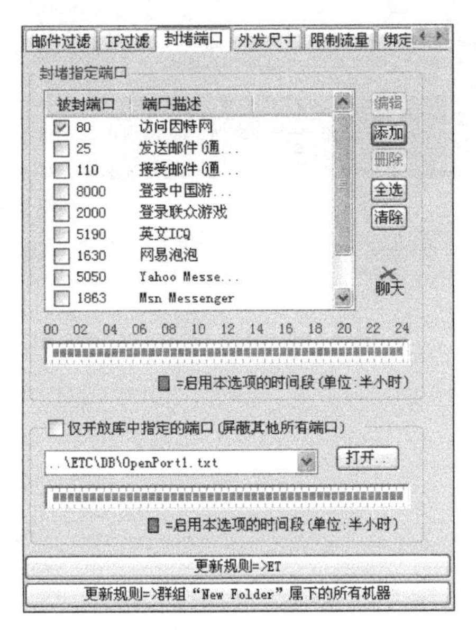

图 2.7　封堵端口

设置完毕后，再次让被测试的机器上网，并检查“现场观察”窗口下半部分的记录显示。通过上述几个步骤的测试，可以有效地检测出产品安装是否成功。

2.4　各种网络监控模式

2.4.1　基于网卡的网络监控模式

1. 基于网卡监控的含义

基于网卡监控就是以网卡 MAC 地址为依据，根据网卡 MAC 地址确定被监控的信息内容的身份。由于每台机器的网卡 MAC 地址相对固定，用户不易修改，因此建议将该网络监控模式列为首选。

在这种网络监控模式下，用户更换新的网卡后，网路岗会重新检测到新的 MAC 地址，因此，新网卡将被当作新加入的机器来处理，在此提醒用户注意。

2. 基于网卡的网络监控模式的实施

(1) 选择网络监控模式，如图 2.8 所示。

图 2.8　网络监控模式

(2) 设置监控对象，如图 2.9 所示。包括以下几方面功能。

- 搜索邻居：自动探测指定 IP 范围内的机器信息(IP 地址/网卡 MAC 地址)。
- 新组：创建新的群组，以便对目标机器进行分组管理。
- 转移：将选中的机器转移到其他部门，用户也可以直接用鼠标将目标机器从一个部门拖到另一个部门。
- 编辑：改变某一选中机器的机器名称或改变群组名称。
- 删除：删除选中的一个或多个目标，也可用来删除空的群组。

图 2.9　设置监控对象

- 查找：如果目标机器太多，可以用此功能找出要找的机器。
- 解析：当新机器被加入时，机器名默认为其 IP 地址，若想将 IP 地址转变成机器名，可使用此功能。
- 导出：将目标机器的信息及其对应的规则配置导出到自定义的文件中。
- 导入：将“导出”的机器及规则配置信息从指定的文件加入到当前机器列表中。
- 保存设置：保存用户对目标机器信息、群组信息、上网规则等信息的改动。
- 改变目标机器的排序方式：单击“搜索邻居”按钮上方的 3 个选项按钮，可分别以机器名、IP 地址 MAC 地址的排序方式显示目标机器。
- 单选/多选：单击目标机器，可以选择单一目标；按下鼠标左键并拖动，可以多选目标，也可用鼠标左键配合 Shift/Ctrl 键进行选择。
- 编辑目标机器：双击目标机器后将弹出编辑窗口。
- 更改目标机器监控状态：在目标机器的状态小图标上单击，可改变其监控状态。

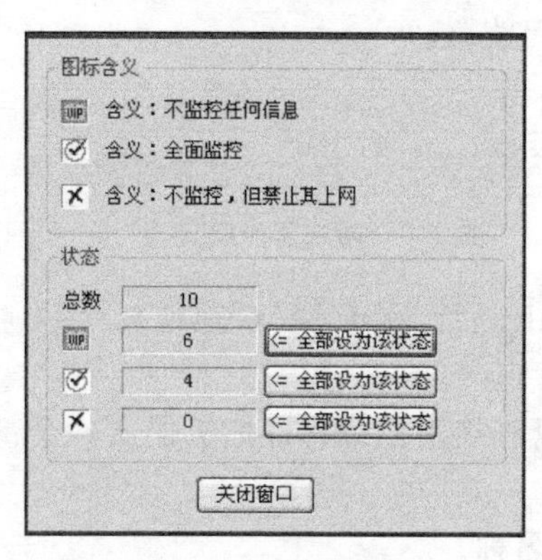

图 2.10　保存设置

如果图 2.9 左侧部分为空，则需要先启动监控服务，选择绑定正确的网卡，然后单击“搜索邻居”按钮，输入正确的 IP 范围，开始搜索。

即使不使用“搜索邻居”功能，如果有机器上网，新发现的机器同样可以自动加入。每个目标机器都有相应的目录，默认情况下新机器都放入 New Folder 目录中。

如图 2.9 右侧部分所示，用户可以设置针对新发现机器的处理方法和默认状态。需要统计所有目标机器的状态，则单击“保存设置”按钮，出现如图 2.10 所示的界面。

2.4.2 基于 IP 的网络监控模式

1. 基于 IP 监控的含义

基于 IP 监控就是以 IP 地址为依据,并以此 IP 确定所监控信息的身份。一个大的网络,如大学校园网,管理人员通常希望装一套网路岗来解决问题,尽管该网络的机器有数千台甚至数万台,且划分的多级 VLAN 多达数十上百个。尽管基于网卡的网络监控模式可以跨 VLAN 监控,但当计算机数量太多,如超过 1000 台时,那么系统会花费较多的资源探测其他 VLAN 下的目标机器 IP 和 MAC 地址对应情况,最终导致监控效率降低。而基于 IP 的监控模式下,用户可定义一个 IP 范围段作为一个管理对象。目前,网路岗的客户如果监控点超过 1000,大多采用这种网络监控模式。

2. 基于 IP 网络监控模式的实施

(1) 选择基于 IP 的网络监控模式,如图 2.11 所示。

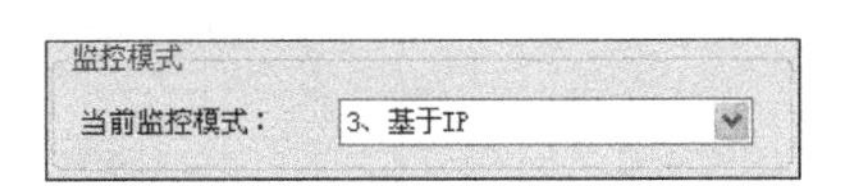

图 2.11 基于 IP 的网络监控模式

(2) 设置监控对象,如图 2.12 所示。

除了"手动添加"之外,其他功能与基于 MAC 地址的网络监控模式基本相同。

"手动添加"是指用户手工加入新的 IP 地址或某一 IP 范围。如果用户希望成批加入 IP 地址,那么可以先创建范围 IP,然后选中"拆散范围 IP"复选框,如图 2.13 所示。

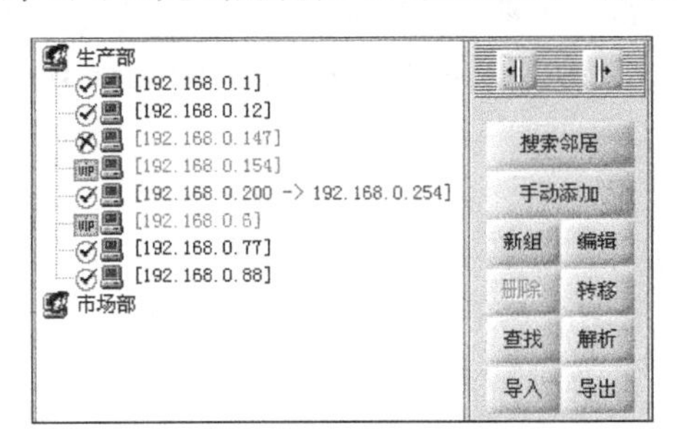

图 2.12 设置监控对象

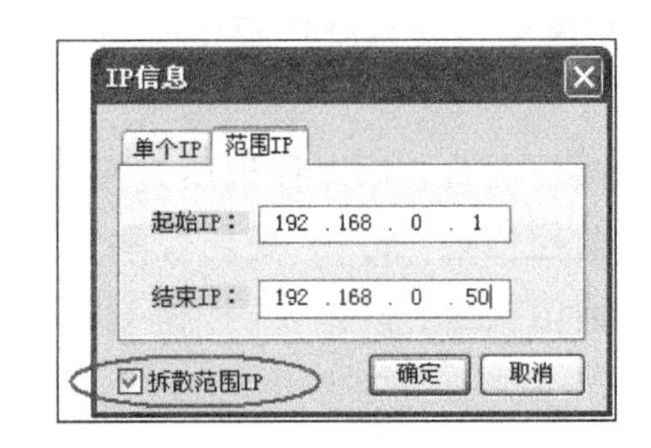

图 2.13 添加监控对象

2.5 常见系统配置

2.5.1 网络定义

(1) 定义内部网段,如图 2.14 所示。

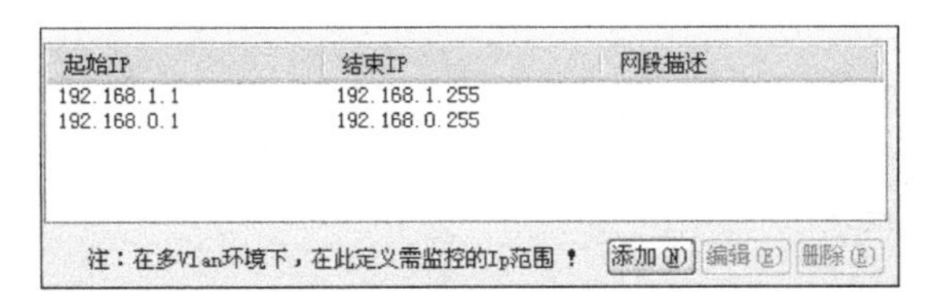

图 2.14 定义内部网段

只有出现多网段/多子网的情况才需要定义内部网段。定义网段时,一般要求用户定义每个需要监控的 IP 段,但是,用户也可采用简化的定义方式,如输入 192.168.0.1~192.168.1.255,

以简化图 2.14 中的输入,这样只需要输入一次。

(2) 设置代理 IP 或内网资源,如图 2.15 所示。

如果用户采用非透明代理服务器软件实现多机共享上网,那么必须在该处输入代理服务器的 IP 地址(内网 IP 范围)。另外,如果网内有邮件服务器等内网资源,也需要输入其 IP 才能监控到内网机器访问内网资源的情况。

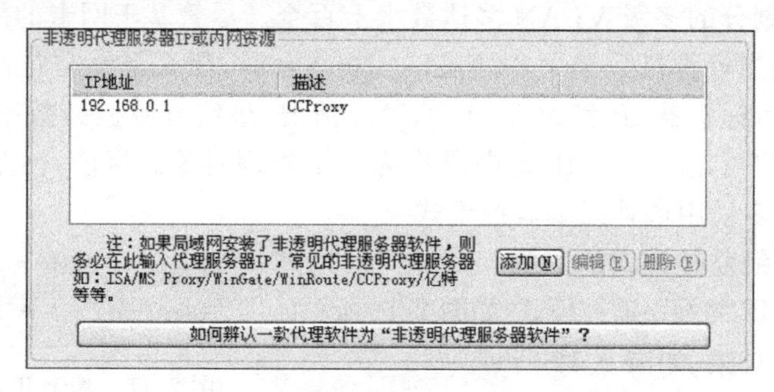

图 2.15　代理 IP 或内网资源的设置

2.5.2　监控项目

默认情况如图 2.16 所示,所有列出的项目都处于被监控状态,用户可以单击项目以"取消/选中"该项目。系统还提供了自定义项目,用户在定义项目时必须对 IP 通信有所了解,如图 2.17 所示。

- 项目名称:用以标识所定义的项目。
- 监控描述:将在"现场观察"窗口中显示并保存到对应的日志文件中。
- 通信类型:提供 TCP 和 UDP 两种,以后的版本中将增加其他通信类型。

图 2.16　监控项目

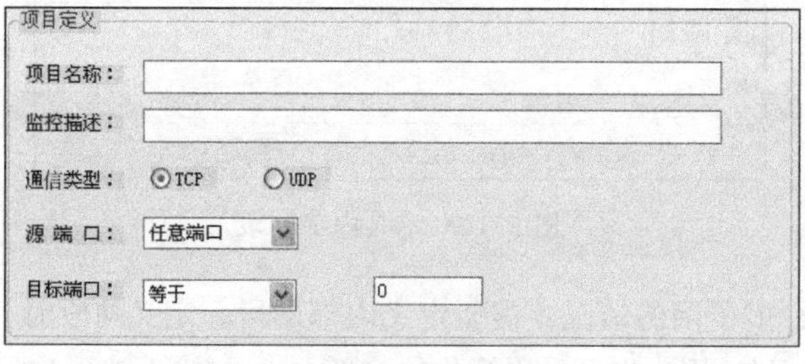

图 2.17　自定义项目

• 源端口：发出通信包的一方所占用的端口值。
• 目标端口：接收通信方所使用的端口值。

如果系统检测到符合上述条件的通信包，将在“现场观察”窗口中显示出来，并记录到日志文件中。如果用户了解某个病毒、游戏或聊天软件的通信包规律，端口比较固定，那么通过自定义项目，以让网路岗提醒用户哪台机器做了什么敏感的事情。

2.5.3 监控时间

显示的监控时间是全局的，在非监控时间段，监控服务不做任何控制，尽管服务还处于运行状态。

2.5.4 端口配置

监控项目和端口是息息相关的，系统通过对特定端口数据的分析实现对特定项目的监控。每个项目可同时配置 3 个端口，如某网络某天也许同时有 80,8080,3128 等访问网站端口的现象出现，这样就需要配置多个端口。

如果用户采用非透明代理服务器软件实现共享上网，且代理端口并非 80，那么就需要在 HTTP 的端口 80 后面再增加一个端口值。

2.5.5 空闲 IP

通常网络管理员在给网内机器分配完 IP 后发现，有些 IP 范围段是空闲的，短期内用不上。同时网管也不想让这些 IP 被使用，那么利用空闲 IP 防止计算机 IP 被私下更改就非常有效。

2.5.6 深层拦截过滤

如果用户采用的是“非旁路”的监控方式，那么“深层拦截过滤”就会起作用。

(1) 过滤时间安排。如图 2.18 所示，用户可根据需要设置过滤启用时间，该时间是针对所有过滤项目的总体控制。

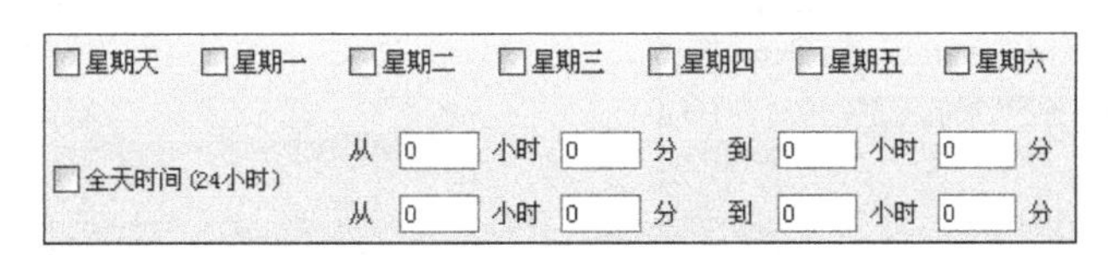

图 2.18 深层拦截过滤设置

(2) 过滤项目定义。以过滤 UDP 登录方式的 QQ 为例，如图 2.19 所示，这里设置的端口 8000 和 8001 是针对每条通信的外网端口的。其他通信端口的过滤设置方式类似。

除了上述过滤项目外，由于考虑到对网络地址转换（Network Address Translation，NAT）性能的影响，系统暂时不提供过多的过滤功能设置。

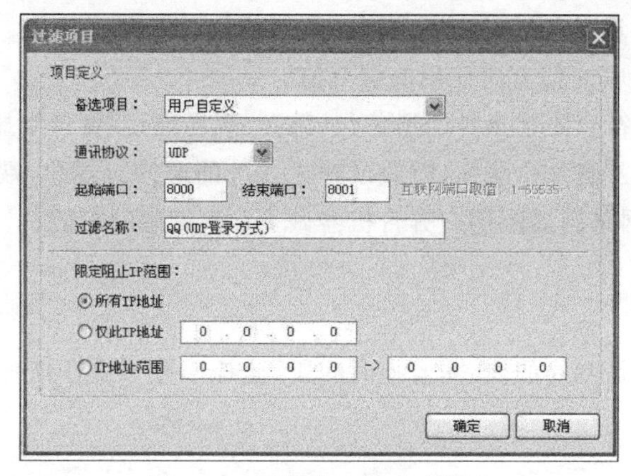

图 2.19　通信端口的过滤设置

2.6 上网规则

2.6.1 上网时间

如图 2.20 所示，如果用户只是简单地控制目标机器的上网行为，在这里设置是最好的。图 2.20 中深色块表示允许，白色块表示禁止。用鼠标控制选择深色/白色。

只有在禁止时间段对 Web 端口的封堵选项才起作用。在允许时间段是不是就一定可以上网还很难说，主要看后面的项目中是否设置了封堵，在如此多的上网规则中，只要有一处封堵就能起到封堵的作用。

如果用 Outlook 收发 Hotmail 邮件，图 2.20 中的选项将不起作用，因为 Hotmail 邮件并非通过收发邮件的端口(110/25)发生通信，而是通过 HTTP 方式。

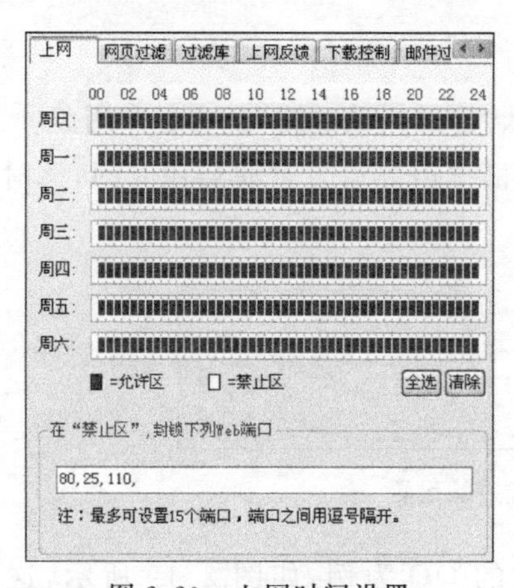

图 2.20　上网时间设置

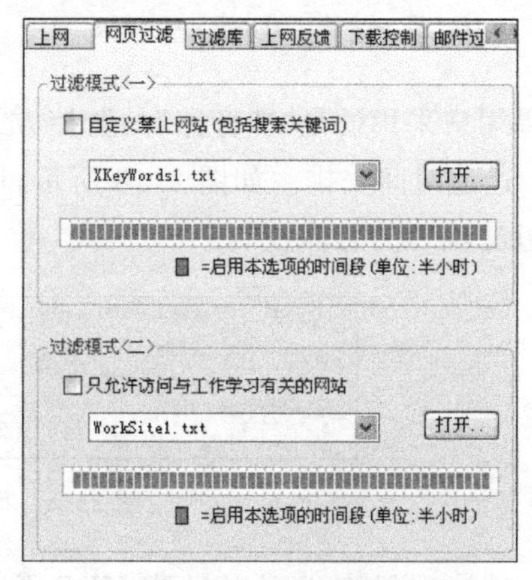

图 2.21　网页过滤

2.6.2 网页过滤

如图 2.21 所示，网页过滤主要是针对统一资源定位符(Uniform Resource Locator，URL)的过滤，对内容不予考虑。定义关键词的时候，建议输入最具代表性的词。针对 google.com， baidu.com 和 3721 等搜索网站，还支持对中文关键词的封堵。

举例说明如下。

(1) 如果要禁止上 www.sina.com.cn 网站，则输入 sina.com.cn 比较合适。若输入 sina.com，则被控机器连同 www.sina.com 和 www.sina.com.cn 都不能上了。

(2) 在禁止网站列表中输入“下载免费音乐”，以防被控机器在搜索网站上以该关键词进行搜索。

(3) 在“只允许访问”列表中输入 sohu，用户只能上 www.sohu.com 网站。

2.6.3 过滤库

如图 2.22 所示，为方便用户控制，网路岗收集了几类网站列表和端口库供选择。针对列表库，用户可单击“进入列表库管理工具”按钮进行添加或删除操作。

列表库管理工具是专门针对网站列表库的工具，用户可以随意添加、删除、查询现有的列表库。如果用户有现成的列表文本文件，则可以导入相应已打开的库，那些被成功导入的网站将被显示出来，通过“导入”与“导出”功能，用户之间可以轻松交流自己收集的网址。

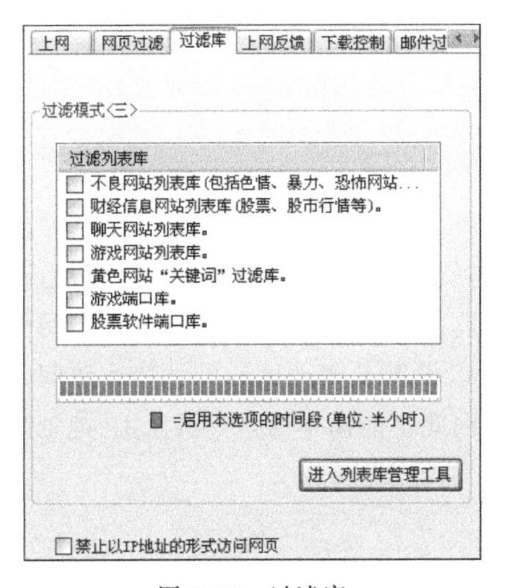

图 2.22 过滤库

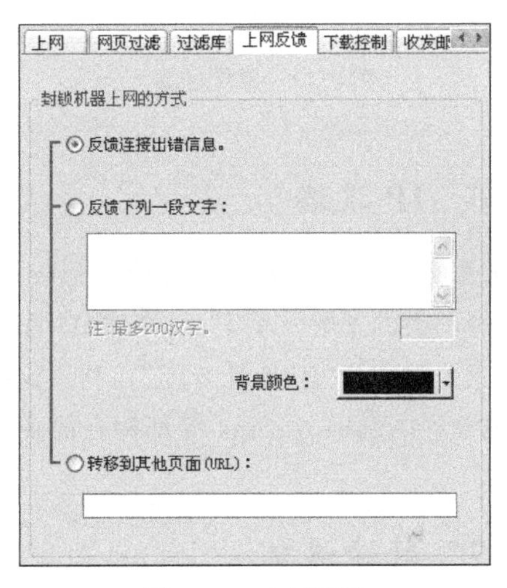

图 2.23 上网反馈

2.6.4 上网反馈

如图 2.23 所示，如果用户通过封堵端口的方式禁止上网，则上述功能无效，必须通过关键词封锁网站才有效。

如图 2.23 中的默认设置所示，根据用户需求，让被封锁的机器显示更明确的信息。另外，如果目标机器上了某个敏感网站，通过设置也可以让其跳转到某个指定的页面(如企业网或校园网)。

2.6.5 邮件过滤

如图 2.24 所示，邮件过滤并非严格过滤，这是因为如果邮件内容太少，甚至没有，那么系统检测到用户有邮件发送迹象时已经太迟，该邮件可能已经发送出去，再去堵截就没有意义了。尽管如此,针对稍大邮件的过滤还是有效的,尤其是带附件的邮件。

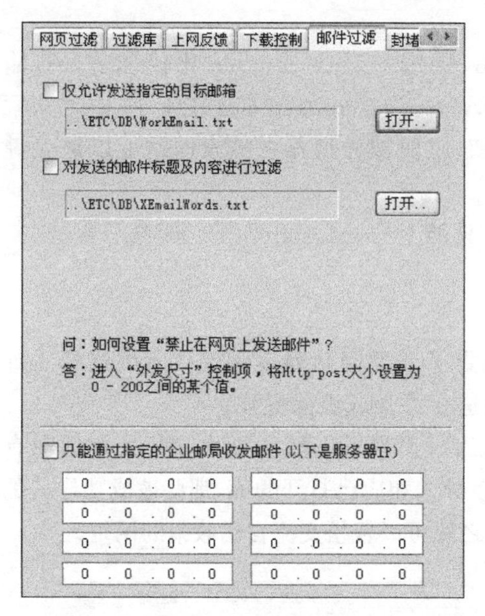

图 2.24 邮件过滤

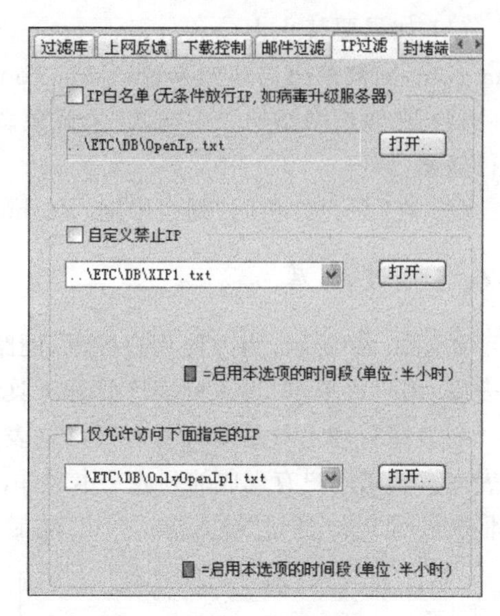

图 2.25 IP 过滤

2.6.6 IP 过滤

如图 2.25 所示,IP 过滤是针对 Internet 上各类资源的 IP 地址的过滤,进行设置时需要对 IP 有全面的了解。事实上,全球 IP 地址的分配是有一定规则的,相关知识可在网上搜索到,搜索关键词为“IP 地址分配”。利用这些规律可以设置某些地区的网站禁止访问。某些大型网站,如 Yahoo!、Sina 等都拥有很多 IP 地址,因此不能简单通过一两个 IP 地址封锁该网站。

2.6.7 封堵端口

如图 2.26 所示,任何一款网络软件,如果它建立在 TCP/IP 通信之上,都会用到“端口”,如股票软件、FTP 软件、收发邮件软件等都具备自己的开放端口。因此,通过端口封锁上网行为是非常有效的。

尽管很多软件的端口是软件开发者自定义的,但用户也不必担心软件改变自身的开放端口,因为开放端口一旦改变,该软件的客户端也必须随之更改,从市场角度看是不现实的。如果了解 IP 包的话,用户可利用本系统提供的“IP 包分析工具”分析端口。

2.6.8 外发尺寸

如图 2.27 所示,这里对外发尺寸的控制是一种模糊控制,并不能精确到字节数,而且上述功能只有在用户购买的版本具备邮件内容的监控功能时才起作用。原因是没有内容监控的话,系统无法及时知道外发文件的大小,也就不能在中途进行堵截。

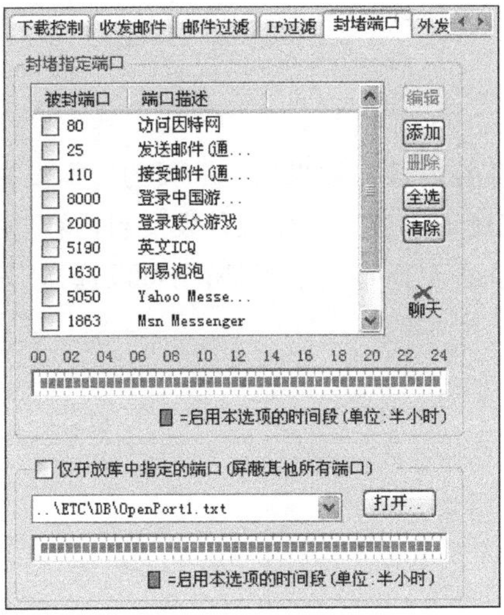

图 2.26　封堵端口

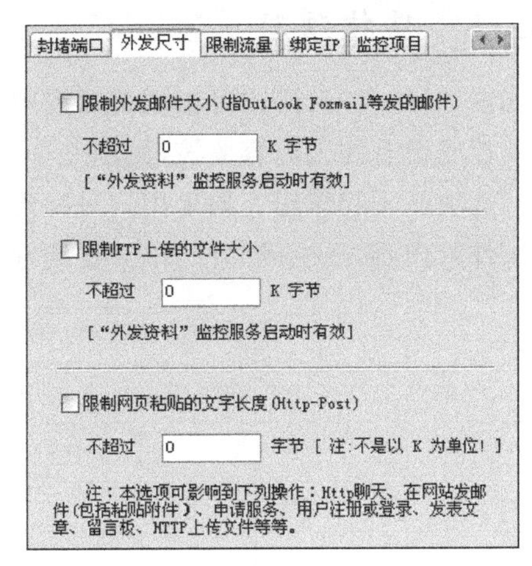

图 2.27　外发尺寸

2.6.9　限制流量

如图 2.28 所示，网路岗软件只能检测到上网带宽数据，而不能实现对带宽的管理和分配。根据需求，提供了对流量的限制功能。例如，限制某台机器每天只能有多少兆字节的上网流量，超过这个数字系统会自动断网。

如图 2.28 所示，累计流量是动态的，便于用户及时观察到客户端的流量。若用户规定该机器每分钟的流量，则每隔 1min 累计流量就会自动变为 0。

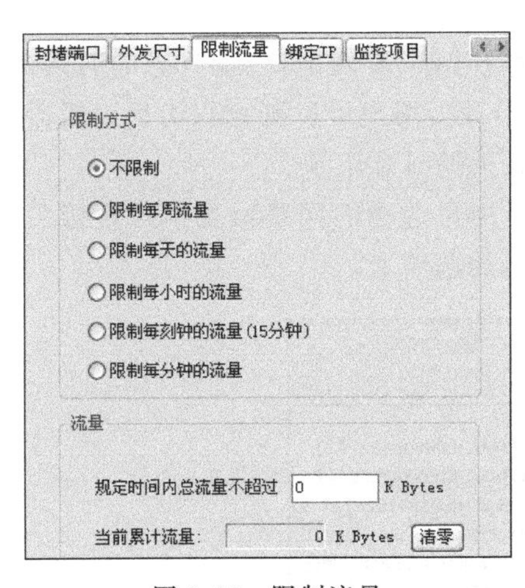

图 2.28　限制流量

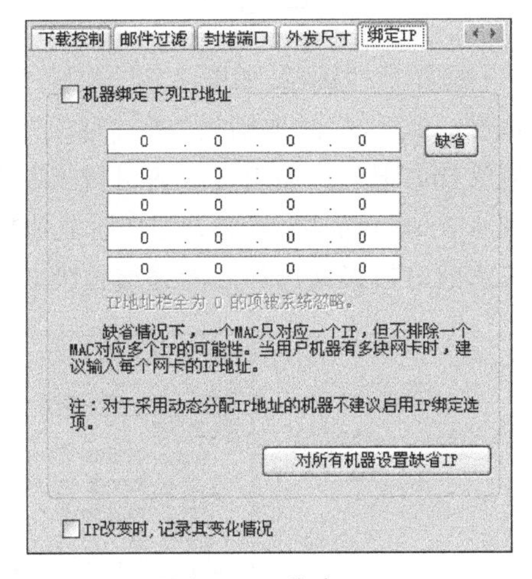

图 2.29　绑定 IP

2.6.10　绑定 IP

如图 2.29 所示，在单网段环境且是基于网卡的网络监控模式下，用户可以通过绑定 IP 的功能防止目标机器私下更改 IP 上网。“IP 改变时，记录其变化情况”复选框被选中时，该网卡更改 IP 地址后会详细记录其更改情况。

2.6.11 监控项目

如图 2.30 所示,用户可根据需要设置目标的监控内容。如果用户购买的版本没有邮件内容监控或没有聊天内容监控,则图 2.30 中"监控聊天内容"和"监控外发资料内容(附件+正文)"选项就不起作用。如果用户只是想过滤邮件正文而不记录邮件,则可以选择"只过滤发送邮件的内容,不生成邮件日志"复选框。

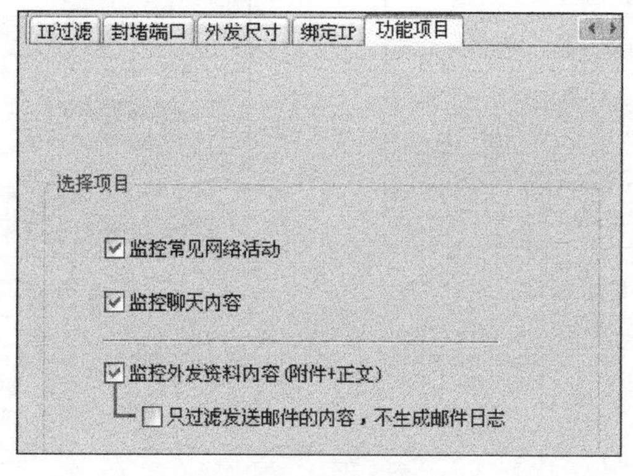

图 2.30 监控项目

2.7 日志查阅及日志报表

2.7.1 查阅网络活动日志

(1) 选择目标机器,如图 2.31 所示。选中"所有对象"复选框,查询日志的时候是针对所有机器;相反,如果取消对"所有对象"复选框的勾选,用户可以随意双击目标机器,以显示对应的日志记录。加粗显示的机器表明有与其相关的日志记录。

图 2.31 显示的机器、账户、IP 地址选项卡是与用户选择的网络监控模式直接关联的,查阅日志的时候根据选择的网络监控模式选择对应的选项卡。

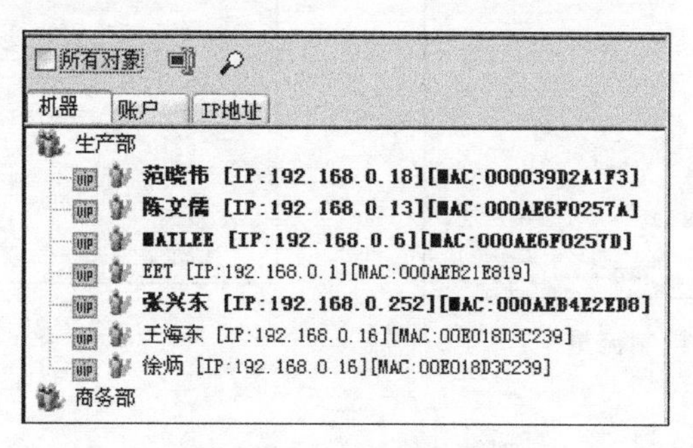

图 2.31 目标机器列表

- 按钮:刷新显示目标机器列表。
- 按钮:在目标机器列表中查找所要找的目标机器。

(2) 选择查询范围,如图 2.32 所示。

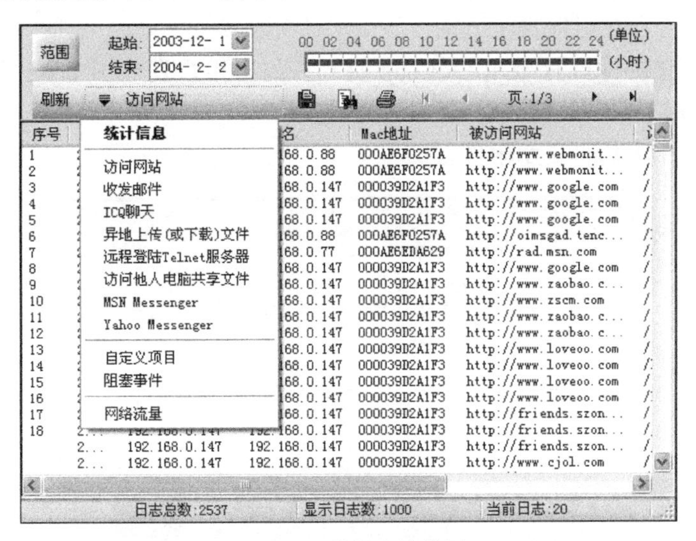

图 2.32 选择查询范围

- 范围：单击“范围”按钮后弹出快速选择日期范围的菜单。
- 刷新：更改范围或要查的目标机器后,重新查找并显示对应的日志记录。
- 按钮：将显示的日志内容导出。
- 按钮：查找匹配的日志记录条目。
- 按钮：打印显示的日志内容。

(3) 设置显示的行数,如图 2.33 所示。

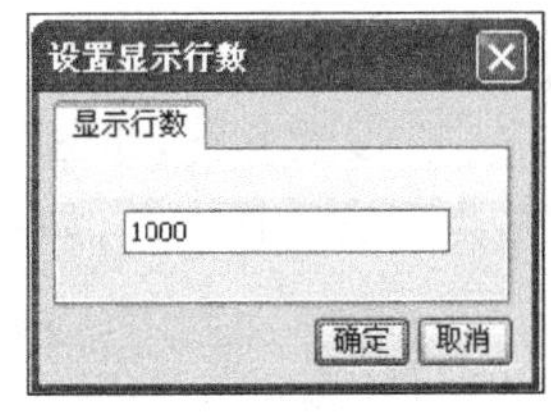

图 2.33 设置显示行数

(4) 统计日志。针对访问网站的日志和收发邮件的日志,提供简单的统计功能。

2.7.2 查阅外发资料日志

(1) 选择目标机器,如图 2.34 所示。机器后面的数字直接表明了该机器的日志数量。

图 2.34 外发资料日志

(2) 显示日志内容,如图 2.35 所示。

- 0栏:是否存在附件。
- 图标:该邮件可直接用 Outlook 打开。如果用户发现图 2.35 下半部分显示乱码,建议用 Outlook 打开。
- 按钮:单击后可显示附件。

图 2.35 显示日志内容

(3) 搜索邮件,如图 2.36 所示。在输入框中输入邮箱或关键词时都必须单行输入,对附件类型进行搜索时,如果同时搜索多个类型,那么用逗号分隔开。

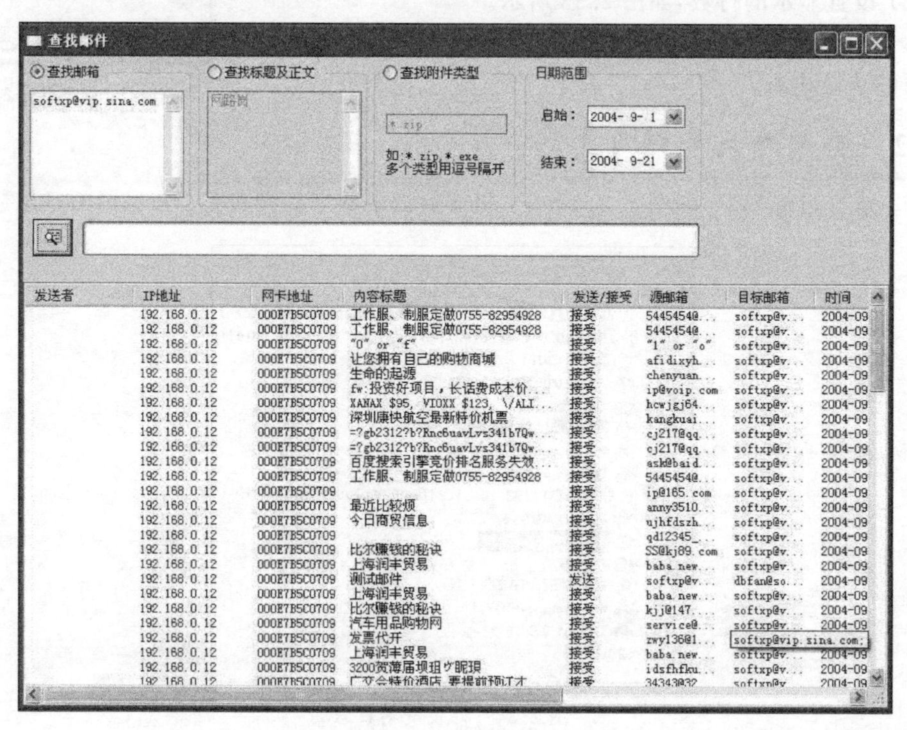

图 2.36 搜索邮件

2.7.3 日志报表分析

日志报表分析能提供多种专业图形化报表，同时在报表结果中用户也可以查阅详细的日志内容，如图 2.37 所示（在统计数据上双击，可弹出要显示的内容）。

图 2.37　日志报表分析

2.8　代理服务器软件 CCProxy 的配置

代理服务器软件支持各类网络代理协议，如 HTTP、SOCKS、FTP、SMTP、POP3、DNS 等，并完全支持 QQ、FTP、MSN、Outlook、Foxmail 等客户端软件代理上网。在实现共享上网的同时可以很方便地对客户端进行严格的账号管理，如 IP＋MAC 认证、限制上网时间、限制 QQ 和 MSN 聊天、过滤网站、连接数、带宽、流量限制等。如果想要实现网路岗的控制功能就必须让所有客户 PC（Personal Computer）都通过网路岗服务器上网，所以安装代理服务器软件是最好的解决方案。

CCProxy 于 2000 年 6 月问世，是最流行的、下载量最大的国产代理服务器软件，主要用于局域网内共享宽带上网，ADSL（Asymmetric Digital Subscriber Line）共享上网、专线代理共享、ISDN（Integrated Services Digital Network）代理共享、卫星代理共享、蓝牙代理共享和二级代理等共享代理上网。

总体来说，CCProxy 可以完成两项大的功能：代理共享上网和客户端代理权限管理。只要局域网内有一台机器能够上网，其他机器就可以通过这台机器上安装的 CCProxy 代理共享上网，最大程度地减少了硬件费用和上网费用。只需要在服务器上的 CCProxy 代理服务器软件中进行账号设置,就可以方便地管理客户端代理上网的权限。在提高员工工作效率和企业信息安全管理方面,CCProxy扮演了重要的角色。全中文界面操作和符合中国用户操作习惯的设计思路,使CCProxy完全可以成为中国用户代理上网首选的代理服务器软件。

2.8.1 CCProxy的基本设置

(1) 打开CCProxy软件,界面非常简洁,演示版只支持3个用户,做实验够用了,如图2.38所示。

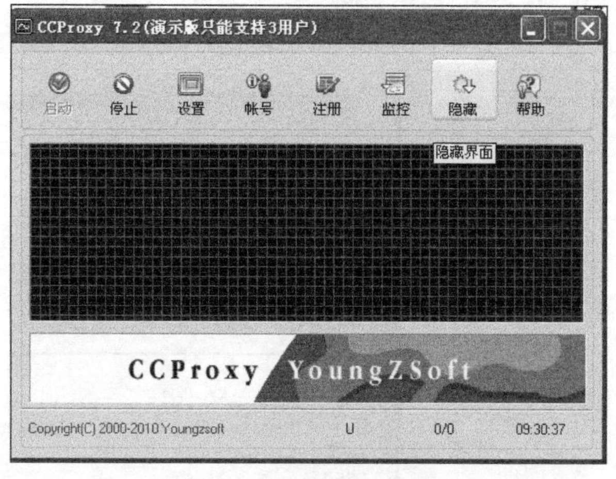

图2.38 CCProxy界面

(2) 打开"设置"对话框,如图2.39所示,进行设置后单击"确定"按钮。在实验中其他设置采用默认设置就可以了,不用限制任何内容,限制功能由网路岗来完成。

图2.39 CCProxy设置界面

2.8.2 客户端的设置

(1) 打开浏览器,执行"工具"→"Internet选项"命令,在打开的"Internet属性"对话框中选择"连接"选项卡,单击"局域网设置"按钮,如图2.40所示。

(2) 在“局域网(LAN)设置”对话框中的“代理服务器”选项区域中选中“为 LAN 使用代理服务器(这些设置不会应用于拨号或 VPN 连接)”复选框，在“地址”文本框中填写 CCProxy 服务器的 IP 地址，在“端口”文本框中填写 808，如图 2.41 所示。单击“确定”按钮，即完成了客户端的设置。

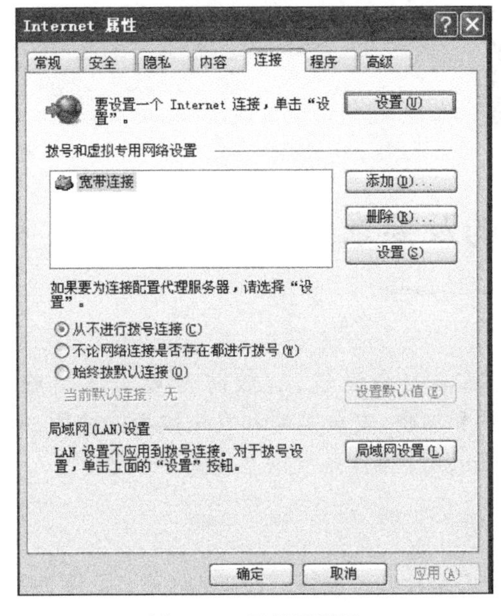

图 2.40　局域网设置

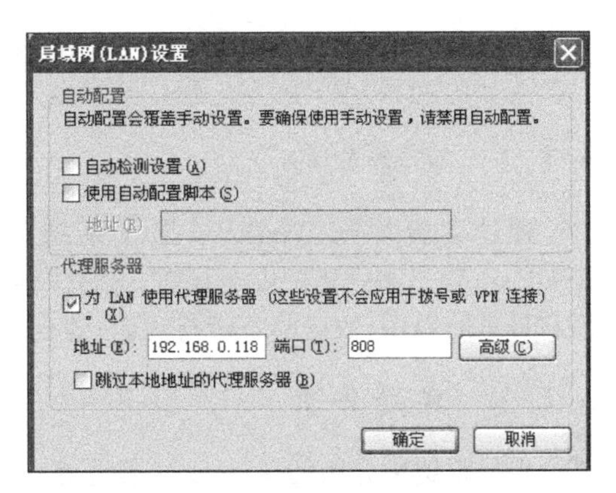

图 2.41　填写代理服务器信息

实验思考题

1. 网路岗软件对于网络管理员在日常网络维护上有什么好处？
2. 选择什么样的安装位置有助于网路岗获得更加有用的数据？
3. 如何查阅并保存监控内容？
4. 网路岗能监控的内容中，用处比较大的是哪些？
5. 代理服务器的功能有哪些？
6. 如何限制用户访问指定网站？
7. 如何限制用户下载指定类型文件？

实验 3 Windows 操作系统的安全设置

视频讲解

3.1 实验目的及要求

3.1.1 实验目的

通过实验掌握 Windows 操作系统的常用基本安全设置、有效防范攻击的措施、Windows 账户和密码的安全设置、文件系统的保护和加密、安全策略和安全模板的使用、审核和日志的启用、数据的备份与还原，建立一个 Windows 操作系统的基本安全框架。

3.1.2 实验要求

根据教材中介绍的 Windows 操作系统的各项安全性实验要求，详细观察并记录设置前后系统的变化，给出分析报告。

3.1.3 实验设备及软件

一台安装 Windows XP 操作系统的计算机，磁盘格式配置为 NTFS。

3.2 禁止默认共享

1. 什么是默认共享

Windows 2000/XP/2003 版本的操作系统提供了默认共享功能，这些默认的共享都有 $ 标志，意为“隐含的”，包括所有的逻辑盘(C $，D $，E $ 等)和系统目录(admin $)。

2. 带来的问题

微软公司的初衷是便于网管进行远程管理，这虽然方便了局域网用户，但对个人用户来说这样的设置是不安全的。如果计算机联网，网络上的任何人都可以通过共享硬盘随意进入别人的计算机，所以有必要关闭这些共享。Windows XP 在默认安装后允许任何用户通过空用户连接(IPC $)得到系统所有账户和共享列表，任何远程用户都可以利用这个空的连接得到目标主机上的用户列表。黑客就利用这项功能查找系统的用户列表，并使用一些字典工具对系统进行攻击。这就是网上较流行的 IPC 攻击。

3. 查看本地共享资源

执行“开始”→“运行”命令，在打开的对话框中输入 cmd，在命令行窗口中输入 net share，如图 3.1 所示，如果看到有异常的共享，那么应该关闭。但是有时关闭共享后，在下次开机的时候又出现了，那么就应该考虑一下，计算机是否已经被黑客控制了，或者中了病毒。

```
C:\WINDOWS\system32\cmd.exe
Microsoft Windows XP [版本 5.1.2600]
(C) 版权所有 1985-2001 Microsoft Corp.

C:\Documents and Settings\Administrator>net share

共享名       资源                            注释

-------------------------------------------------------------------------------
E$           E:\                             默认共享
IPC$                                         远程 IPC
D$           D:\                             默认共享
ADMIN$       C:\WINDOWS                      远程管理
C$           C:\                             默认共享
F$           F:\                             默认共享
001          E:\001
gongxiang    E:\share
share        F:\share
命令成功完成。
```

图 3.1 本地共享资源

4. 删除共享(每次输入一个)

```
net share admin$ /delete
net share c$ /delete
net share d$ /delete
net share e$ /delete
net share f$ /delete
```

注意:如果有 g 和 h,可以继续删除。

5. 注册表改键值法——关闭默认共享漏洞

运行"开始"→"运行"命令,在打开的对话框中输入 regedit,单击"确定"按钮,打开注册表编辑器,找到 HKEY_LOCAL_MACHINE\SYSTEM\CurrentControlSet\Service\lanmanserver\parameters 项,双击右侧窗口中的 AutoShareServer 项将键值设为 0,这样就能关闭硬盘各分区的共享。如果没有 AutoShareServer 项,可自己新建一个类型为 REG_DWORD、键值为 0 的 DWORD 值。然后,还是在这一窗口中找到 AutoShareWks 项,类型为 REG_DWORD,也将键值设为 0,关闭 admin$ 共享,如图 3.2 所示。

名称	类型	数据
(默认)	REG_SZ	(数值未设置)
AdjustedNullSessionPipes	REG_DWORD	0x00000001 (1)
autodisconnect	REG_DWORD	0x0000000f (15)
AutoShareServer	REG_DWORD	0x00000000 (0)
AutoShareWks	REG_DWORD	0x00000000 (0)
DisableDos	REG_DWORD	0x00000000 (0)
enableforcedlogoff	REG_DWORD	0x00000001 (1)
enablesecuritysignature	REG_DWORD	0x00000000 (0)
Guid	REG_BINARY	75 e0 53 27 22 03 67 42 a7 5e 1c f
Lmannounce	REG_DWORD	0x00000000 (0)
NullSessionPipes	REG_MULTI_SZ	COMNAP COMNODE SQL\QUERY SPOOLSS L
NullSessionShares	REG_MULTI_SZ	COMCFG DFS$
requiresecuritysignature	REG_DWORD	0x00000000 (0)
ServiceDll	REG_EXPAND_SZ	%SystemRoot%\System32\srvsvc.dll
Size	REG_DWORD	0x00000002 (2)
srvcomment	REG_SZ	

图 3.2 修改键值(1)

最后到 HKEY_LOCAL_MACHINE\SYSTEM \CurrentControlSet \Control \Lsa 处找到 restrictanonymous 项,将键值设为 1。如果设置为 1,一个匿名用户仍然可以连接到 IPC$ 共享,但限制通过这种连接得到列举 SAM(Security Account Manager)账号和共享等信息。在 Windows 2000 中增加了键值 2,限制所有匿名访问,除非特别授权。如果设置为

2的话，可能会有一些其他问题发生，建议设置为1。如果上面所说的主键不存在，就新建一个修改键值，如图3.3所示。

名称	类型	数据
(默认)	REG_SZ	(数值未设置)
auditbaseobjects	REG_DWORD	0x00000000 (0)
Authentication Packages	REG_MULTI_SZ	msv1_0
Bounds	REG_BINARY	00 30 00 00 00 20 00 00
crashonauditfail	REG_DWORD	0x00000000 (0)
disabledomaincreds	REG_DWORD	0x00000000 (0)
everyoneincludesanonymous	REG_DWORD	0x00000000 (0)
fipsalgorithmpolicy	REG_DWORD	0x00000000 (0)
forceguest	REG_DWORD	0x00000000 (0)
fullprivilegeauditing	REG_BINARY	00
ImpersonatePrivilegeUpgradeT...	REG_DWORD	0x00000001 (1)
limitblankpassworduse	REG_DWORD	0x00000001 (1)
lmcompatibilitylevel	REG_DWORD	0x00000000 (0)
LsaPid	REG_DWORD	0x000002a8 (680)
nodefaultadminowner	REG_DWORD	0x00000001 (1)
nolmhash	REG_DWORD	0x00000000 (0)
Notification Packages	REG_MULTI_SZ	scecli
restrictanonymous	REG_DWORD	0x00000001 (1)
restrictanonymoussam	REG_DWORD	0x00000001 (1)
SecureBoot	REG_DWORD	0x00000001 (1)
Security Packages	REG_MULTI_SZ	kerberos msv1_0 schannel wdigest

图3.3 修改键值(2)

注意：修改注册表后必须重启计算器才能生效，但一经改动就会永远停止共享。

3.3 服务策略

若个人计算机没有特殊用途，基于安全考虑，打开“控制面板”，选择“管理工具”→“服务”，如图3.4所示。

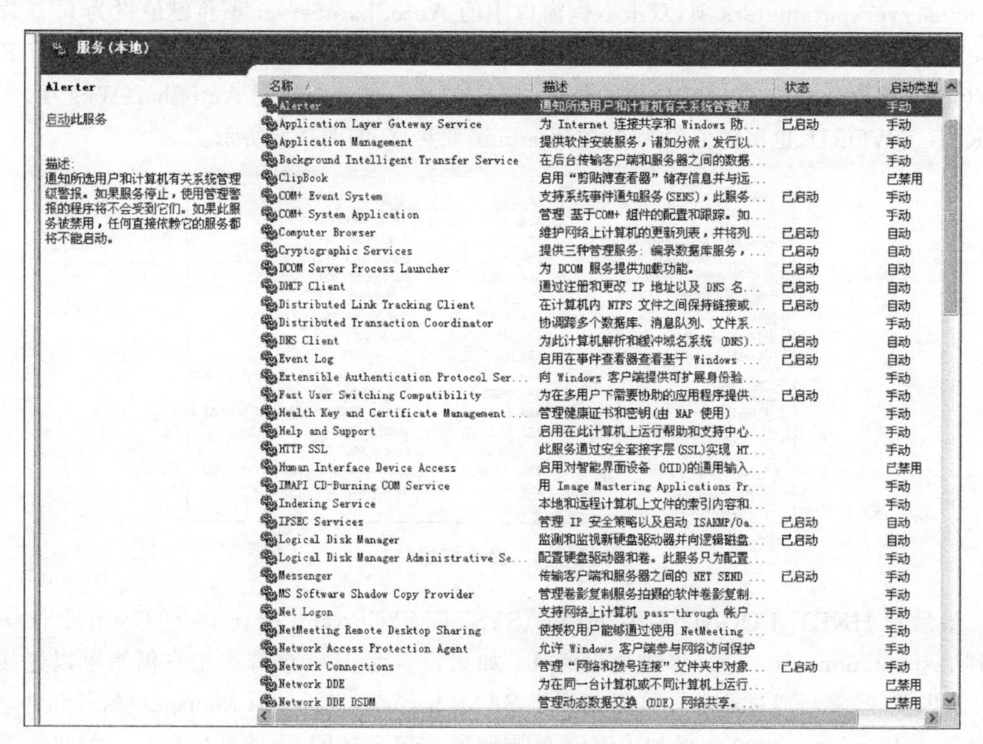

名称	描述	状态	启动类型
Alerter	通知所选用户和计算机有关系统管理级		手动
Application Layer Gateway Service	为 Internet 连接共享和 Windows 防...	已启动	手动
Application Management	提供软件安装服务，诸如分派，发行以...		手动
Background Intelligent Transfer Service	在后台传输客户端和服务器之间的数据...		手动
ClipBook	启用“剪贴簿查看器”储存信息并与远...		已禁用
COM+ Event System	支持系统事件通知服务(SENS)，此服务...	已启动	手动
COM+ System Application	管理 基于COM+ 组件的配置和跟踪。加...		手动
Computer Browser	维护网络上计算机的更新列表，并将列...	已启动	自动
Cryptographic Services	提供三种管理服务: 编录数据库服务，...	已启动	自动
DCOM Server Process Launcher	为 DCOM 服务提供加载功能。	已启动	自动
DHCP Client	通过注册和更改 IP 地址以及 DNS 名...	已启动	自动
Distributed Link Tracking Client	在计算机内 NTFS 文件之间保持链接或...	已启动	自动
Distributed Transaction Coordinator	协调跨多个数据库、消息队列、文件系...		手动
DNS Client	为此计算机解析和缓冲域名系统 (DNS)...	已启动	自动
Event Log	启用在事件查看器查看基于 Windows ...	已启动	自动
Extensible Authentication Protocol Ser...	向 Windows 客户端提供可扩展身份验...		手动
Fast User Switching Compatibility	为在多用户下需要协助的应用程序提供...	已启动	手动
Health Key and Certificate Management ...	管理健康证书和密钥(由 NAP 使用)		手动
Help and Support	启用在此计算机上运行帮助和支持中心...		手动
HTTP SSL	此服务通过安全套接字层(SSL)实现 HT...		手动
Human Interface Device Access	启用对智能界面设备 (HID)的通用输入...		已禁用
IMAPI CD-Burning COM Service	用 Image Mastering Applications Pr...		手动
Indexing Service	本地和远程计算机上文件的索引内容和...		手动
IPSEC Services	管理 IP 安全策略以及启动 ISAKMP/Oa...	已启动	自动
Logical Disk Manager	监测和监视新硬盘驱动器并向逻辑磁盘...	已启动	自动
Logical Disk Manager Administrative Se...	配置硬盘驱动器和卷。此服务只为配置...		手动
Messenger	传输客户端和服务器之间的 NET SEND ...	已启动	手动
MS Software Shadow Copy Provider	管理卷影复制服务拍摄的软件卷影复制...		手动
Net Logon	支持网络上计算机 pass-through 帐户...		手动
NetMeeting Remote Desktop Sharing	使授权用户能够通过使用 NetMeeting ...		手动
Network Access Protection Agent	允许 Windows 客户端参与网络访问保护		手动
Network Connections	管理“网络和拨号连接”文件夹中对象...	已启动	手动
Network DDE	为在同一台计算机或不同计算机上运行...		已禁用
Network DDE DSDM	管理动态数据交换 (DDE) 网络共享。...		已禁用

图3.4 服务选项

禁用以下服务。

- Alerter：通知所选用户和计算机有关系统管理级警报。
- ClipBook：启用“剪贴簿查看器”储存信息并与远程计算机共享。
- Human Interface Device Access：启用对智能界面设备(HID)的通用输入访问，它激活并保存键盘、远程控制和其他多媒体设备上预先定义的热按钮。
- IMAPI CD-Burning COM Service：用 Image Mastering Applications Programming Interface 管理 CD 录制。
- Indexing Service：本地或远程计算机上文件的索引内容和属性，泄露信息。
- Messenger：信使服务。
- NetMeeting Remote Desktop Sharing：使授权用户能够通过使用 NetMeeting 跨企业 Intranet 远程访问此计算机。
- Network DDE：为在同一台计算机或不同计算机上运行的程序提供动态数据交换。
- Network DDE DSDM：管理动态数据交换(DDE)网络共享。
- Print Spooler：将文件加载到内存中以便迟后打印。
- Remote Desktop Help Session Manager：管理并控制远程协助。
- Remote Registry：使远程用户能修改此计算机上的注册表设置。
- Routing and Remote Access：在局域网及广域网环境中为企业提供路由服务。黑客利用路由服务刺探注册信息。
- Server：支持此计算机通过网络的文件、打印和命名管道共享。
- TCP/IP NetBIOS Helper：允许对 TCP/IP 上 NetBIOS(NetBT)服务及 NetBIOS 名称解析的支持。
- Telnet：允许远程用户登录到此计算机并运行程序。
- Terminal Services：允许多位用户连接并控制一台机器，并且在远程计算机上显示桌面和应用程序。
- Windows Image Acquisition(WIA)：为扫描仪和照相机提供图像捕获。

如果发现机器开启了一些很奇怪的服务，如 r_server，则必须马上停止该服务，因为这完全有可能是黑客使用控制程序的服务端。

3.4 关闭端口

先看一下如何查看本机打开的端口和 TCP/IP 端口的过滤。执行“开始”→“运行”命令，在打开的对话框中输入 cmd，然后输入命令 netstat -a，如图 3.5 所示。

1. 关闭自己的 139 端口，IPC 和 RPC 漏洞存在于此

开启 139 端口虽然可以提供共享服务，但是常常被攻击者利用进行攻击，如使用流光、SuperScan 等端口扫描工具可以扫描目标计算机的 139 端口，如果发现有漏洞，可以试图获取用户名和密码，这是非常危险的。关闭 139 端口的方法是在“网络连接”窗口中右击“本地连接”图标，在弹出的“本地连接属性”对话框中选中“Internet 协议(TCP/IP)”选项，单击“属性”按钮，在打开的“Internet 协议(TCP/IP)属性”对话框中单击“高级”按钮，进入“高级 TCP/IP 设置”对话框，在 WINS 选项卡中选中“禁用 TCP/IP 上的 NetBIOS”单选按钮，如图 3.6 所示。

```
C:\Documents and Settings\Administrator>netstat -a

Active Connections

  Proto  Local Address          Foreign Address        State
  TCP    PC-200811211103:epmap  PC-200811211103:0      LISTENING
  TCP    PC-200811211103:microsoft-ds  PC-200811211103:0      LISTENING
  TCP    PC-200811211103:912    PC-200811211103:0      LISTENING
  TCP    PC-200811211103:1025   PC-200811211103:0      LISTENING
  TCP    PC-200811211103:6059   PC-200811211103:0      LISTENING
  TCP    PC-200811211103:9010   PC-200811211103:0      LISTENING
  TCP    PC-200811211103:9011   PC-200811211103:0      LISTENING
  TCP    PC-200811211103:netbios-ssn  PC-200811211103:0      LISTENING
  TCP    PC-200811211103:1025   PC-200811211103:1349   ESTABLISHED
  TCP    PC-200811211103:1026   PC-200811211103:0      LISTENING
  TCP    PC-200811211103:1158   PC-200811211103:1025   CLOSE_WAIT
  TCP    PC-200811211103:1349   PC-200811211103:1025   ESTABLISHED
  TCP    PC-200811211103:netbios-ssn  PC-200811211103:0      LISTENING
  TCP    PC-200811211103:1350   219.238.235.94:http    ESTABLISHED
  TCP    PC-200811211103:netbios-ssn  PC-200811211103:0      LISTENING
  UDP    PC-200811211103:microsoft-ds  *:*
  UDP    PC-200811211103:isakmp  *:*
  UDP    PC-200811211103:4500   *:*
  UDP    PC-200811211103:ntp    *:*
```

图 3.5 开放的端口

2. 445 端口的关闭

445 端口和 139 端口是 IPC $ 入侵的主要通道,通过 445 端口可以偷偷共享硬盘,甚至会在悄无声息中将硬盘格式化。所以关闭 445 端口是非常必要的,可以封堵住 445 端口漏洞。修改注册表,添加一个键值 HKEY_LOCAL_MACHINE\System\Current ControlSet\Services\NetBT\Parameters,在右侧的窗口建立一个名称为 SMBDeviceEnabled 的 DWORD 值,类型为 REG_DWORD,键值为 0,如图 3.7 所示。

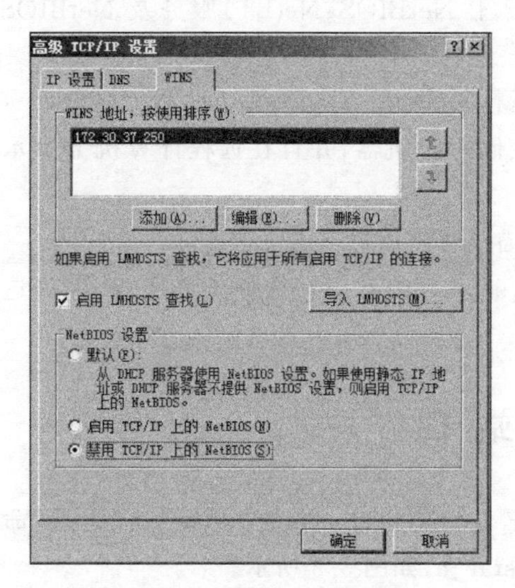

图 3.6 关闭 139 端口

名称	类型	数据
(默认)	REG_SZ	(数值未设置)
BcastNameQueryCount	REG_DWORD	0x00000003 (3)
BcastQueryTimeout	REG_DWORD	0x000002ee (750)
CacheTimeout	REG_DWORD	0x000927c0 (600000)
DhcpNodeType	REG_DWORD	0x00000008 (8)
EnableLMHOSTS	REG_DWORD	0x00000001 (1)
NameServerPort	REG_DWORD	0x00000089 (137)
NameSrvQueryCount	REG_DWORD	0x00000003 (3)
NameSrvQueryTimeout	REG_DWORD	0x000005dc (1500)
NbProvider	REG_SZ	_tcp
SessionKeepAlive	REG_DWORD	0x0036ee80 (3600000)
Size/Small/Medium/Large	REG_DWORD	0x00000001 (1)
TransportBindName	REG_SZ	\Device\
SMBDeviceEnabled	REG_DWORD	0x00000000 (0)

图 3.7 建立键值

3. 禁止终端服务远程控制、远程协助

"终端服务"是 Windows XP 在 Windows 2000 系统(Windows 2000 利用此服务实现远程的服务器托管)上遗留下来的一种服务形式,用户利用终端可以实现远程控制。"终端服务"和"远程协助"是有一定区别的,虽然实现的都是远程控制,但终端服务更注重用户的登录管理权限,它的每次连接都需要当前系统的一个具体登录 ID,且相互隔离,并独立于当前计算机用户的邀请，可以独立、自由登录远程计算机。

在 Windows XP 系统下“终端服务”是默认启用的，也就是说，如果有人知道你计算机上的一个用户登录 ID，并且知道计算机的 IP，它就可以完全控制你的计算机。

在 Windows XP 系统中关闭“终端服务”的方法如下：右击“我的电脑”图标，从弹出的快捷菜单中选择“属性”命令，在“远程”选项卡中取消对“允许用户远程连接到此计算机”复选框的勾选，如图 3.8 所示。

在 Windows XP 上有一项“远程协助”功能，它允许用户在使用计算机发生困难时向 MSN 上的好友发出远程协助邀请帮助自己解决问题。

但是这个“远程协助”功能正是“冲击波”病毒所要攻击的 RPC(Remote Procedure Call) 服务在 Windows XP 上的表现形式，建议用户不要使用该功能，使用前应该安装 Microsoft 提供的 RPC 漏洞工具和“冲击波”免疫程序。禁止“远程协助”的方法如下：右击“我的电脑”图标，在弹出的快捷菜单中选择“属性”命令，在“远程”选项卡中取消对“允许从这台计算机发送远程协助邀请”复选框的勾选。

4. 屏蔽闲置的端口

使用系统自带的“TCP/IP 筛选”服务就能够限制端口，方法如下：右击“网络连接”，从弹出的快捷菜单中选择“属性”命令，打开“网络连接属性”对话框，在“常规”选项卡中选中“Internet 协议(TCP/IP)”选项，然后单击“属性”按钮，在打开的“Internet 协议(TCP/IP)属性”对话框中单击“高级”按钮，在弹出的“高级 TCP/IP 设置”对话框中选择“选项”选项卡，再单击下面的“属性”按钮，最后弹出“TCP/IP 筛选”对话框，通过“只允许”单选按钮，分别添加 TCP、UDP、IP 等网络协议允许的端口，如图 3.9 所示，然后添加需要的 TCP 和 UDP 端口就可以了。如果对端口不是很了解的话，不要轻易进行过滤，不然可能会导致一些程序无法使用。未提供各种服务的情况可以屏蔽掉所有的端口，这是最佳的安全防范形式，但是不适合初学者操作。

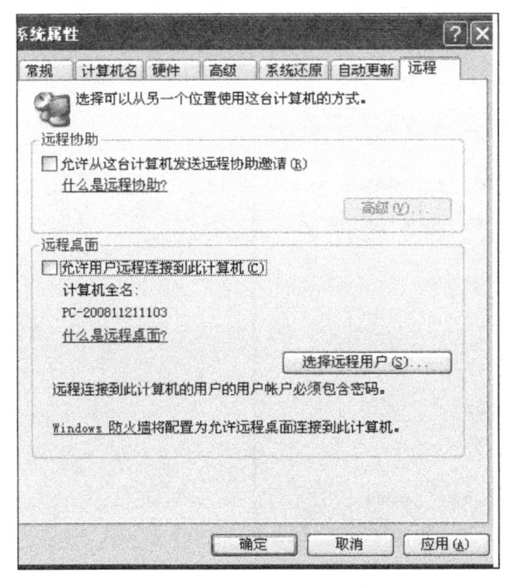

图 3.8　取消远程连接

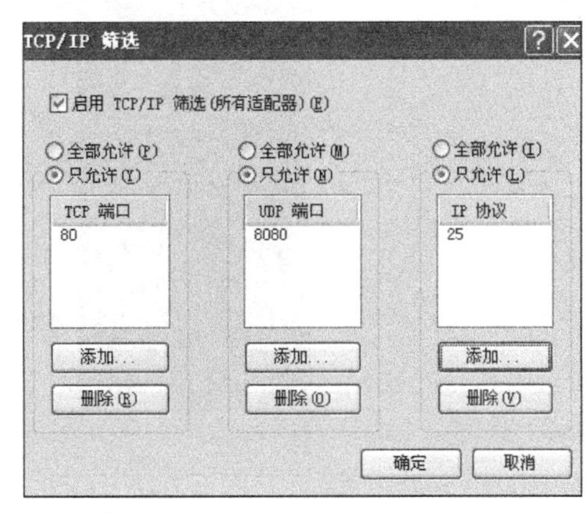

图 3.9　网络协议允许的端口

3.5 使用IP安全策略关闭端口

(1) 打开控制面板,选择"管理工具"→"本地安全策略",找到"IP安全策略",如图3.10所示。

(2) 右击右侧窗格的空白位置,在弹出的快捷菜单中选择"创建IP安全策略"命令,如图3.11所示。

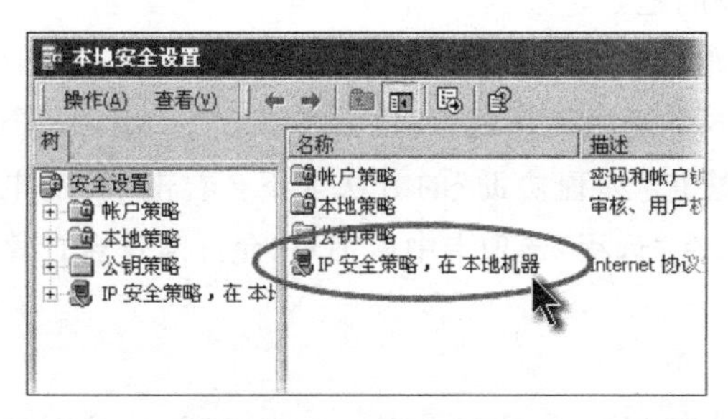

图3.10 找到"本地安全策略"中的"IP安全策略"

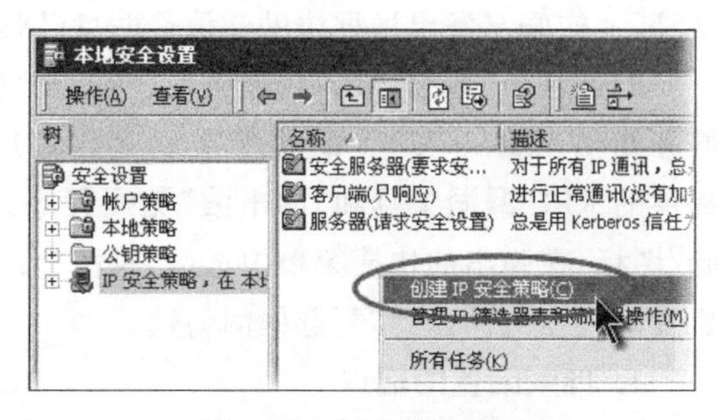

图3.11 创建新的策略

在向导中单击"下一步"按钮,为新的安全策略命名,或者直接单击"下一步"按钮。

(3) 安全通信请求默认选中了"激活默认响应规则"复选框,取消勾选,如图3.12所示,再单击"下一步"按钮。

选中"编辑属性"复选框,单击"完成"按钮,如图3.13所示。

(4) 在"新IP安全策略属性"对话框中查看"使用'添加向导'"复选框有没有被选中,使之保持未选中状态,然后单击"添加"按钮,如图3.14所示。

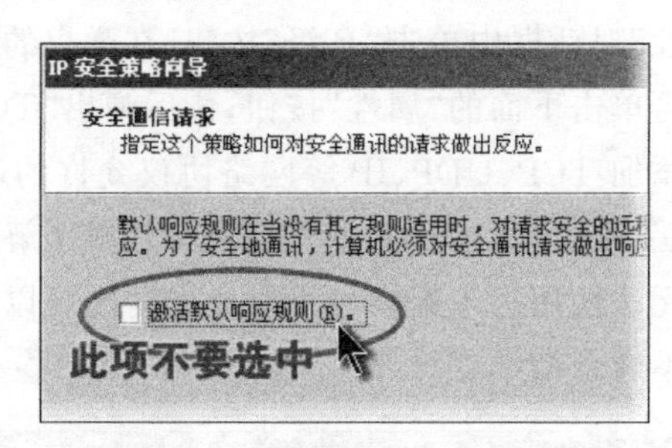

图3.12 不要激活默认选中状态

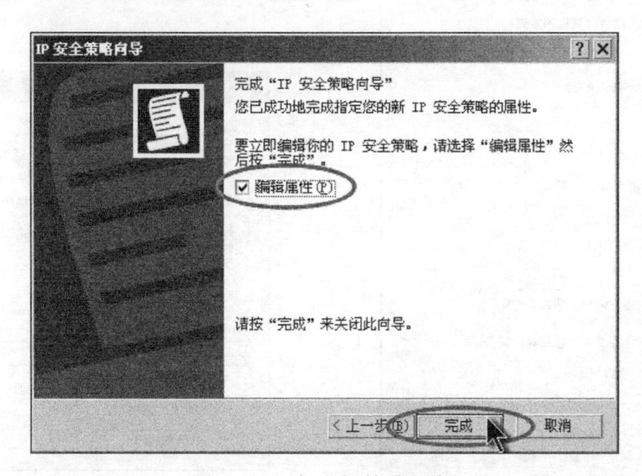

图3.13 完成新策略添加

(5) 在“新规则属性”对话框中单击“添加”按钮,如图 3.15 所示。

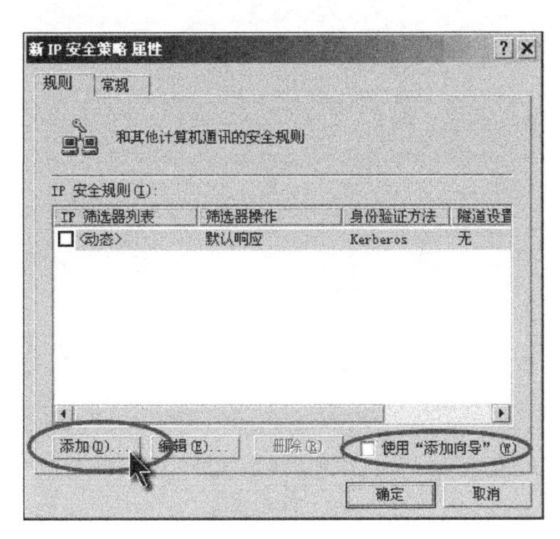

图 3.14　单击“添加”按钮,添加新的连接规则

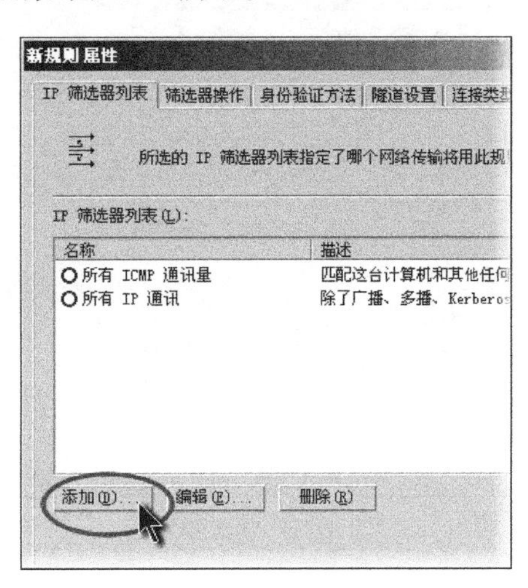

图 3.15　添加新的规则

(6) 在“IP 筛选器列表”对话框中取消“使用‘添加向导’”复选框的勾选,然后单击“添加”按钮,如图 3.16 所示。

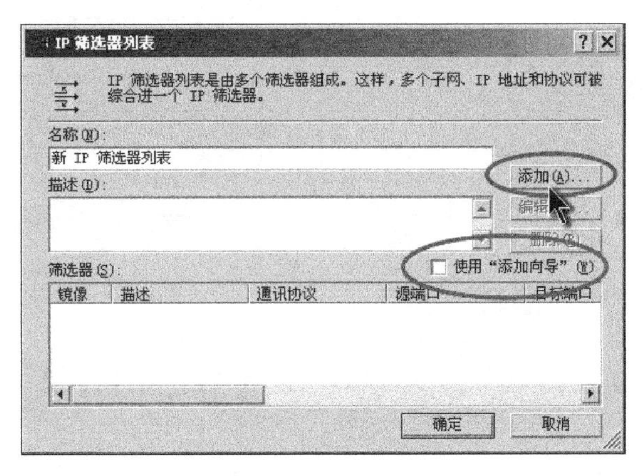

图 3.16　添加新的筛选器

(7) 在“筛选器属性”对话框中,在“源地址”下拉列表中选择“任何 IP 地址”,在“目标地址”下拉列表中选择“我的 IP 地址”,如图 3.17 所示。

(8) 选择“协议”选项卡,在“选择协议类型”下拉列表中选择 TCP,浅色的“设置 IP 协议端口”选项区域会变成可选,选中“到此端口”单选按钮,并在下方的文本框中输入 135,然后单击“确定”按钮,如图 3.18 所示。

(9) 回到“IP 筛选器列表”对话框,可以看到已经添加了一条策略,继续添加 TCP 137,139,445,593 端口和 UDP 135,139,445 端口。由于目前某些蠕虫病毒会扫描计算机的 TCP 1025,2745,3127,6129 端口,因此可以暂时添加这些端口的屏蔽策略,丢弃访问这些端口的数据包,不作响应,减少由此对上网造成的影响。单击“关闭”按钮,如图 3.19 所示。

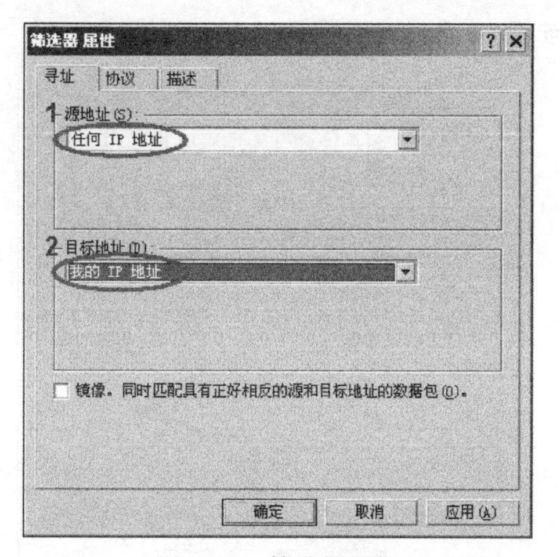

图 3.17　筛选器属性

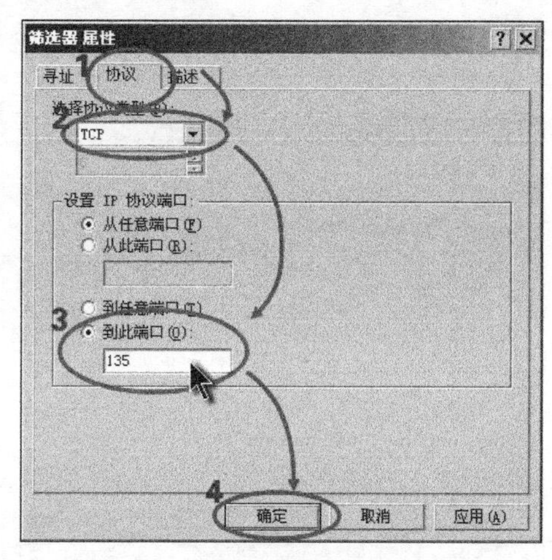

图 3.18　添加屏蔽 TCP 135(RPC)端口的筛选器

(10) 在“新规则属性”对话框中选择“新 IP 筛选器列表”,然后选择“筛选器操作”选项卡,如图 3.20 所示。

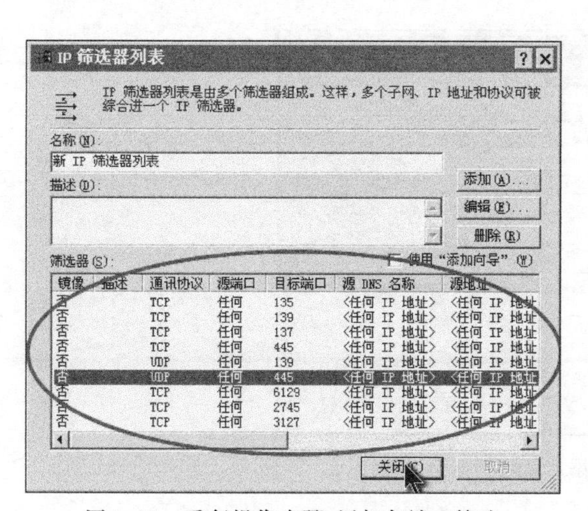

图 3.19　重复操作步骤,添加各端口筛选

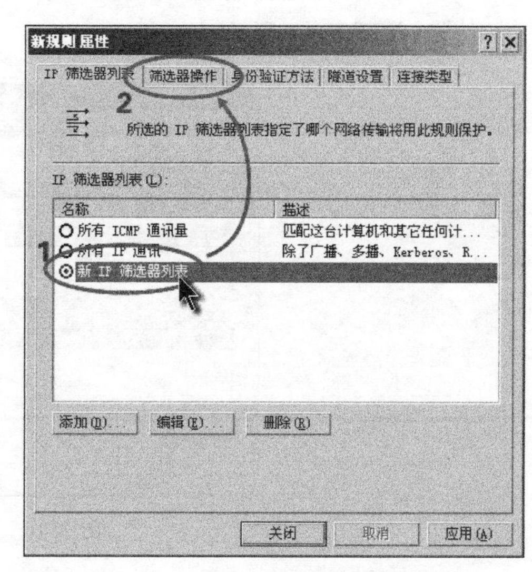

图 3.20　激活“新 IP 筛选器列表”

(11) 在“筛选器操作”选项卡中,取消勾选“使用‘添加向导’”复选框,然后单击“添加”按钮,如图 3.21 所示。

(12) 在“新筛选器操作属性”对话框中的“安全措施”选项卡中选择“阻止”单选按钮,然后单击“确定”按钮,如图 3.22 所示。

(13) 在“新规则属性”对话框中可以看到有一个“新筛选器操作”单选按钮,选中这个单选按钮,然后单击“关闭”按钮,如图 3.23 所示。

(14) 回到“新 IP 安全策略属性”对话框,单击“关闭”按钮,如图 3.24 所示。

(15) 返回到“本地安全设置”窗口,用右击新添加的 IP 安全策略,从弹出的快捷菜单中选择“指派”命令,如图 3.25 所示。

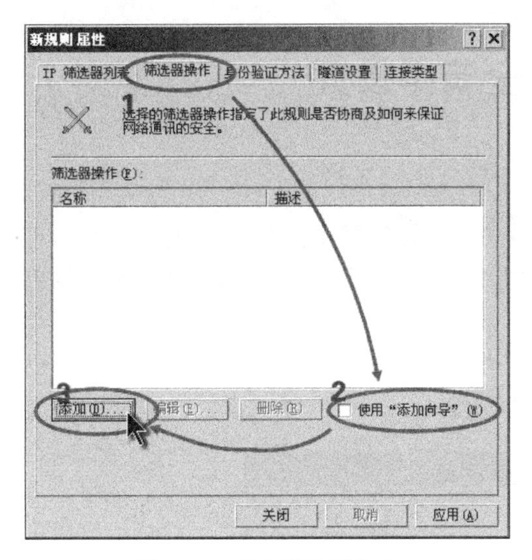

图 3.21　添加筛选器操作

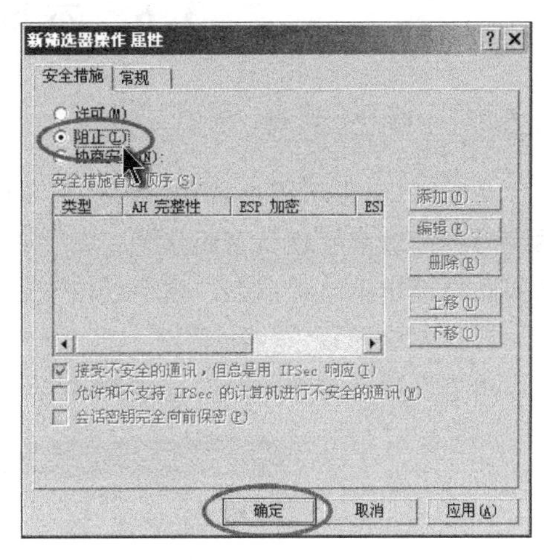

图 3.22　添加"阻止"操作

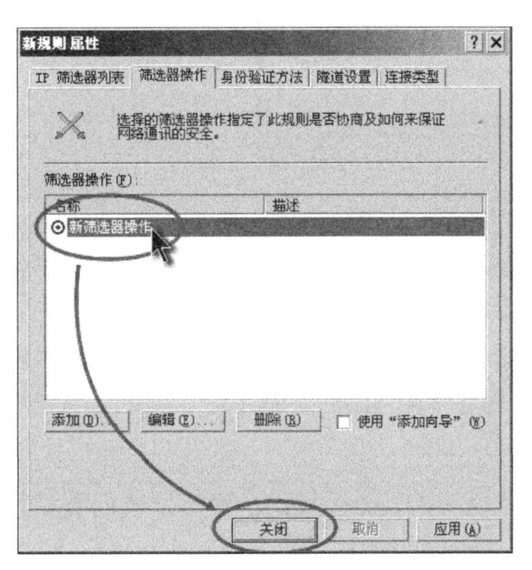

图 3.23　激活"新筛选器操作"

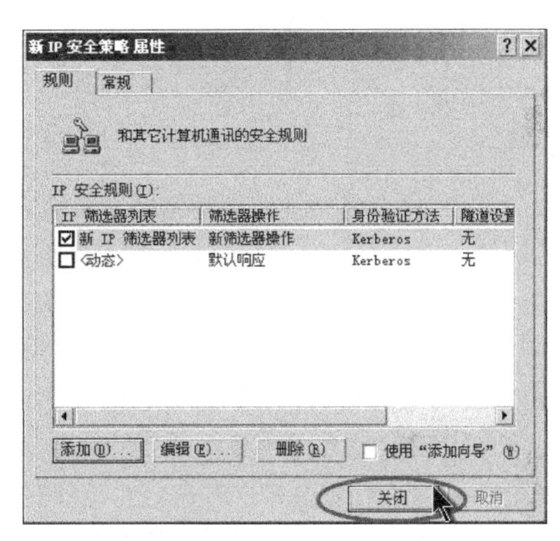

图 3.24　关闭"新 IP 安全策略属性"对话框

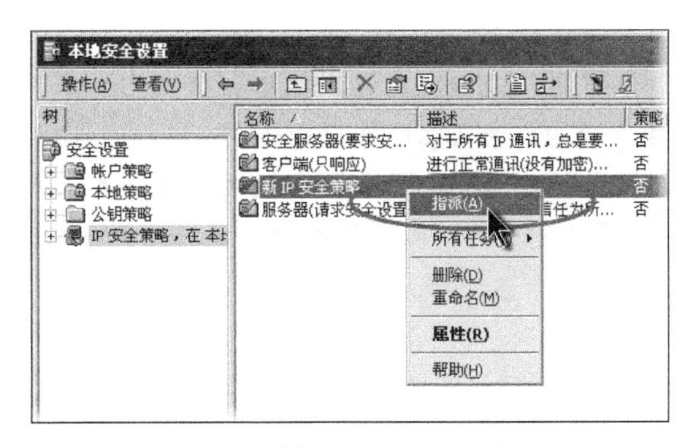

图 3.25　指派新的 IP 安全策略

3.6 本地安全策略设置

3.6.1 账户策略

在网络中,由于用户名和密码过于简单导致的安全性问题比较突出,有些人在攻击网络系统时也把破解管理员密码作为一个主要的攻击目标,关于账户策略,可以通过设置密码策略和账户锁定策略提高账户密码的安全级别。

打开控制面板,选择“管理工具”→“本地安全策略”→“账户策略”,然后双击“密码策略”,用于设置系统密码的安全规则,如图 3.26 所示。

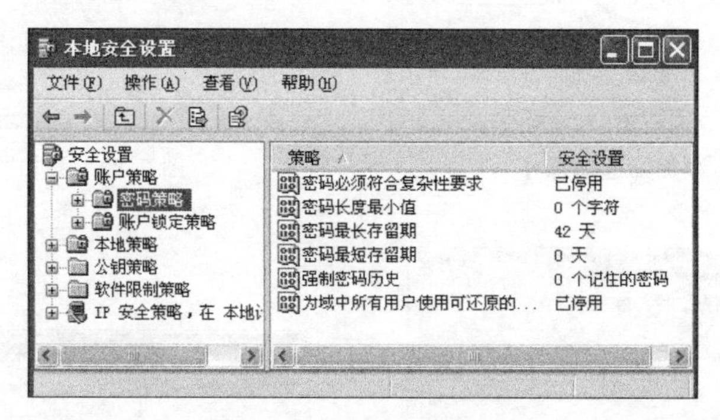

图 3.26 设置密码策略

其中,符合复杂性要求的密码是具有相当长度,同时含有数字、大小写字母和特殊字符的序列。双击其中每项,可按照需要改变密码特殊的设置。

(1) 双击“密码必须符合复杂性要求”策略,选择“启用”。选择控制面板中的“用户账户”选项,在弹出的对话框中选择一个用户,单击“创建密码”按钮,在弹出的设置密码窗口中输入密码,此时密码符合设置的密码要求。

(2) 双击“密码长度最小值”策略,在弹出的对话框中可设置被系统接纳的账户密码长度最小值。一般为达到较高安全性,密码长度最小值为 8。

(3) 双击“密码最长存留期”策略,设置系统要求的账户密码的最长使用期限为 42 天。设置密码自动存留期,用来提醒用户定期修改密码,防止密码使用时间过长带来的安全问题。

(4) 双击“密码最短存留期”策略,设置密码最短存留期为 7 天。在密码最短存留期内用户不能修改密码,避免入侵的攻击者修改账户密码。

(5) 双击“强制密码历史”和“为域中所有用户使用可还原的加密存储密码”策略,在分别弹出的对话框中设置让系统记住的密码数量和是否设置加密存储密码。

3.6.2 账户锁定策略

为了防止他人进入计算机时反复猜测密码进行登录,可以锁定无效登录,当密码输入错误达设定次数后便锁定此账户,在一定时间内不能再以该账户登录。

选择“安全设置”→“账户策略”→“账户锁定策略”节点,打开“账户锁定阈值属性”对话框，设置 3 次无效登录就锁住账号，如图 3.27 所示。

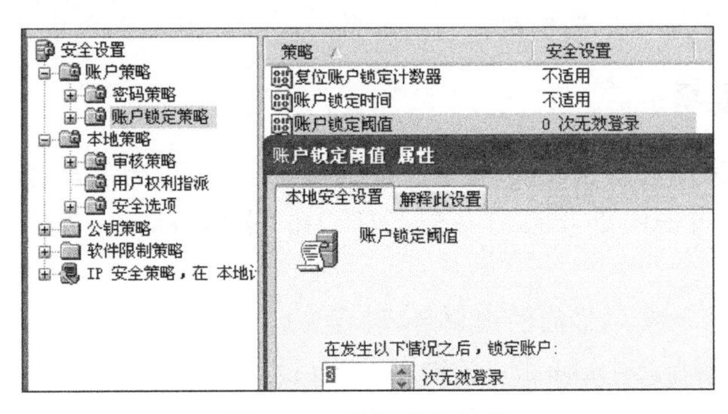

图 3.27　设置锁定阈值

“复位账户锁定计数器”和“账户锁定时间”策略的设置如图 3.28 所示。

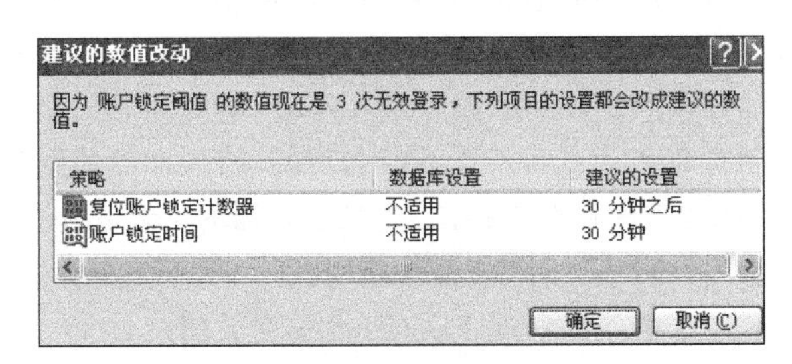

图 3.28　锁定计数器与锁定时间

3.6.3　审核策略

审核策略可以帮助用户发现非法入侵者的一举一动，还可以作为用户将来追查黑客的依据。

选择“管理工具”→“安全设置”→“本地策略”→“审核策略”节点，把审核策略设置为图 3.29 所示内容。

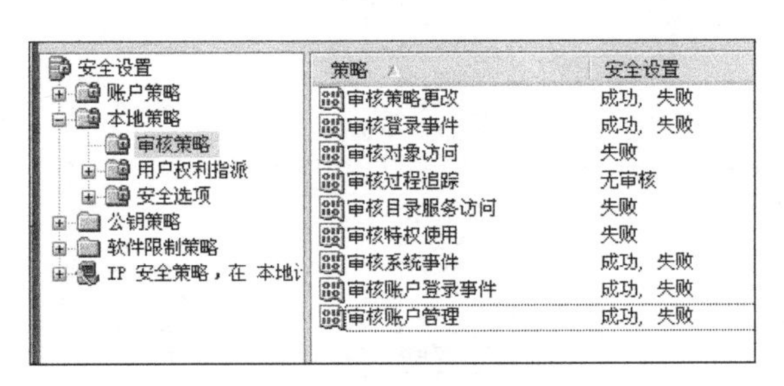

图 3.29　审核策略设置

然后进入控制面板，选择“管理工具”→“事件查看器”。

应用程序设置：右击“应用程序”，从弹出的快捷菜单中选择“属性”命令，将日志大小上限设置为 512KB，选中“不改写事件”单选按钮。

安全性设置：右击“安全性”，从弹出的快捷菜单中选择“属性”命令，将日志大小上限设置为 512KB，选中“不改写事件”单选按钮。

系统设置：右击“系统”，从弹出的快捷菜单中选择“属性”命令，将日志大小上限设置为512KB，选中“不改写事件”单选按钮。

3.6.4 安全选项

安全选项是作为增强 Windows 安全的最佳做法，同时也为攻击者设置更多的障碍，以减少对 Windows 的攻击的重要系统安全工具。在“本地策略”→“安全选项”中进行如下设置。

- 交互式登录：不显示最后的用户名(设置为启用)。
- 网络访问：不允许 SAM 账户的匿名枚举(设置为启用)。
- 网络访问：让 Everyone 权限应用于匿名用户(设置为关闭)。
- 网络访问：可匿名访问的共享(将后面的值删除)。
- 网络访问：可匿名访问的命名管道(将后面的值删除)。
- 网络访问：可远程访问的注册表路径(将后面的值删除)。
- 网络访问：可远程访问的注册表路径和子路径(将后面的值删除)。
- 网络访问：限制对命名管道和共享的匿名访问(将后面的值删除)。
- 网络安全：在下次更改密码时不存储 LAN 管理器的哈希值(设置为启用)。
- 关机：清除虚拟内存页面文件(设置为启用)。
- 关机：允许系统在未登录的情况下关闭(设置为关闭)。
- 账户：重命名系统管理员账户(确定一个新名字)。
- 账户：重命名来宾账户(确定一个新名字)。

3.6.5 用户权利指派策略

选择“管理工具”→“本地安全策略”→“本地策略”→“用户权利指派”节点，如图 3.30 所示。

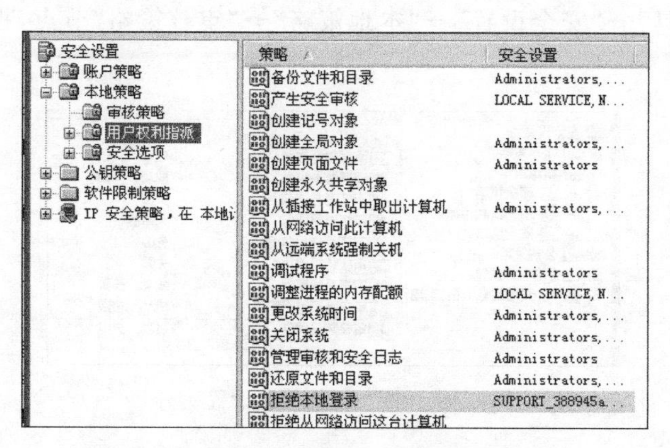

图 3.30 用户权利指派

- 从网络访问此计算机：一般默认有 5 个用户，删除 Administrators 外的其他 4 个。当然，接下来还得创建一个属于自己的 ID。
- 从远端系统强制关机：删除所有账户，一个都不留。
- 拒绝从网络访问这台计算机：将所有账户都删除。

- 从网络访问此计算机：如果不使用类似 3389 服务的话，Administrators 账户也可删除，其他全部账户都删除。
- 允许通过终端服务登录：删除所有账户，一个都不留。

3.7 用户策略

选择"管理工具"→"计算机管理"→"系统工具"→"本地用户和组"→"用户"节点，如图 3.31 所示。

图 3.31 用户策略

1. 停掉 Guest 账号

在"计算机管理"→"系统工具"→"本地用户和组"→"用户"节点中将 Guest 账号停用，任何时候都不允许 Guest 账号登录系统。为了保险起见，最好给 Guest 加一个复杂的密码。如果要启动 Guest 账号，一定要查看该账号的权限，只能以受限权限运行。

打开控制面板，选择"管理工具"→"计算机管理"→"系统工具"→"本地用户和组"→"用户"，右击 Guest 账户，从弹出的快捷菜单中选择"属性"命令，在弹出的对话框中选中"账户已停用"复选框。单击"确定"按钮，观察 Guest 前的图标变化，并再次使用 Guest 账户登录，记录显示的信息。

2. 限制不必要的用户数量

删除所有的 Duplicate User 账户、测试用账户、共享账户、普通部门账户等。用户组策略设置相应权限，并且经常检查系统的账户，删除已经不再使用的账户。这些账户很多时候都是黑客入侵系统的突破口，系统的账户越多，黑客得到合法用户的权限可能性也就越大。

3. 重命名 Administrator 账户

把系统 Administrator 账户重命名，Windows XP 的 Administrator 账户是不能停用的，这意味着别人可以一遍又一遍地尝试这个用户的密码。尽量把它伪装成普通用户，如改成 usera。

4. 创建一个陷阱用户

创建一个名为 Administrator 的本地用户，把它的权限设置为最低，什么事也干不了，并且加上一个超过 10 位的超级复杂密码。

3.8 安全模板设置

3.8.1 启用安全模板

启用前，先记录当前系统的账户策略和审核日志状态，以便与实验后的设置进行比较。

(1) 执行"开始"→"运行"命令，在弹出的对话框中输入 mmc，打开系统控制台。

(2) 执行“文件”→“添加/删除管理单元”菜单命令,在打开的“添加/删除管理单元”对话框中单击“添加”按钮,在弹出的窗口中分别选择“安全模板”和“安全配置和分析”,单击“添加”按钮后关闭窗口,并单击“确定”按钮,如图 3.32 所示。

图 3.32 添加控制模块

(3) 此时系统控制台中根节点下添加了“安全模板”和“安全配置和分析”两个节点,展开“安全模板”节点,可以看到系统中存在的安全模板,如图 3.33 所示。右击模板名称,从弹出的快捷菜单中选择“设置描述”命令,可以看到该模板的相关信息。单击“打开”按钮,右侧窗口出现该模板的安全策略,双击每个安全策略可以看到其相关配置。

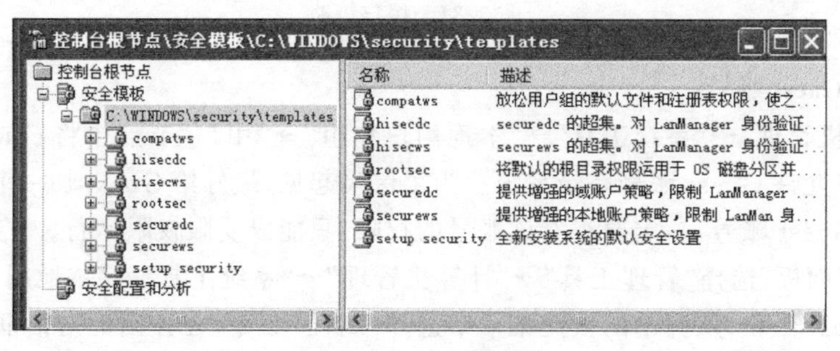

图 3.33 安全模板

(4) 右击“安全配置和分析”节点,从弹出的快捷菜单中选择“打开数据库”命令,在弹出的对话框中输入预建安全数据库的名称,如命名为 mycomputer. sdb,单击“打开”按钮,在弹出的窗口中根据计算机准备配置成的安全级别选择一个安全模板将其导入。

(5) 右击“安全配置和分析”节点,从弹出的快捷菜单中选择“立即分析计算机”命令,单击“确定”按钮,系统开始按照步骤(4)中选定的安全模板对当前系统的安全设置是否符合要求进行分析,将分析结果记录在实验报告中。

(6) 右击“安全配置和分析”节点,从弹出的快捷菜单中选择“立即配置计算机”命令,按照步骤(4)所选的安全模板的要求对当前系统进行配置。

(7) 在实验报告中记录实验前系统的默认配置,接着记录启用安全模板后系统的安全设置,记录下比较和分析的结果。

3.8.2 新建安全模板

(1) 展开“安全模板”节点,右击模板所在路径,从弹出的快捷菜单中选择“新加模板”命令,在弹出的对话框中添加预加入的模板名称 mytem,在“安全模板描述”文本框中填入“自设模板”,查看新模板是否出现在模板列表中。

(2) 双击 mytem,在现实的安全策略列表中双击“账户策略”节点下的“密码策略”,可发现其中所有项均显示为“没有定义”,双击预设置的安全策略(如“密码长度最小值”)。

(3) 选中“在模板中定义这个策略设置”复选框，在文本框中输入密码的最小长度为7。

(4) 依次设定“账户策略”“本地策略”等项目中的每项安全策略，直至完成安全模板的设置。

3.9 组策略设置

组策略是管理员为用户和计算机定义并控制程序、网络资源及操作系统行为的主要工具。通过组策略可以设置各种软件、计算机和用户策略。

3.9.1 关闭自动运行功能

(1) 执行“开始”→ “运行”命令，在打开的对话框中输入 gpedit. msc 并运行，打开“组策略”窗口。

(2) 选择“‘本地计算机’策略”→“计算机配置”→“管理模板” →“系统”节点，然后在右侧窗口中选择“设置”，双击“关闭自动播放”选项，如图 3.34 所示。

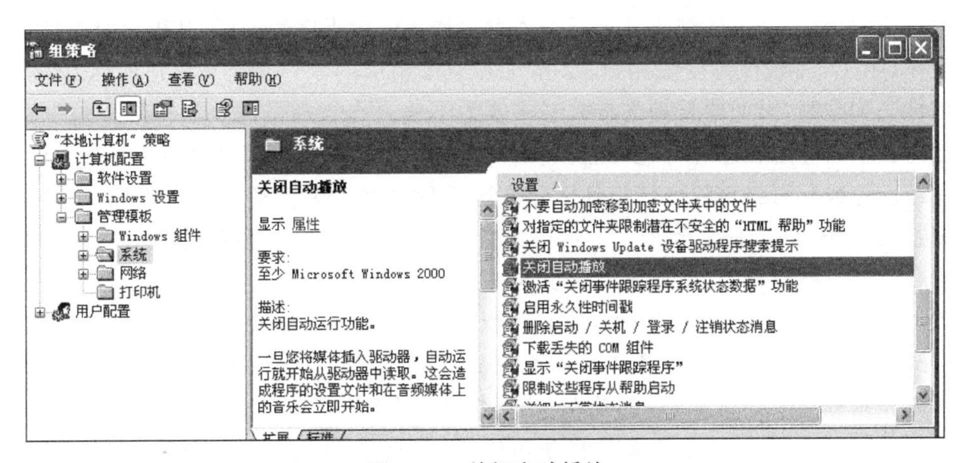

图 3.34 关闭自动播放

(3) 在弹出的对话框中选择“设置”选项卡，选中“已启用”单选按钮，然后在“关闭自动播放”下拉列表中选择“所有驱动器”，单击“确定”按钮，退出“组策略”窗口，如图 3.35 所示。

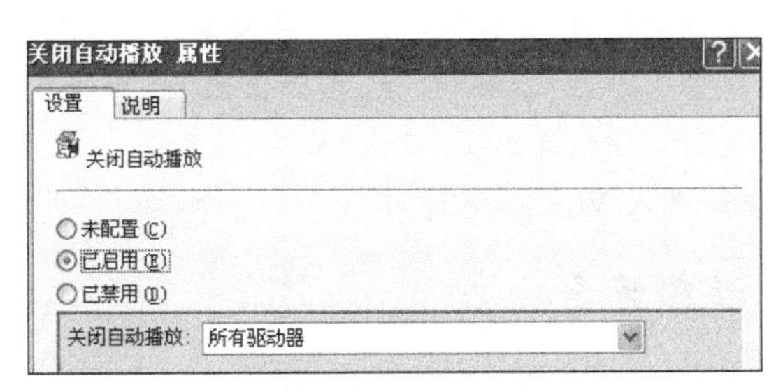

图 3.35 启动服务

在“用户配置”中同样也可以定制这个“关闭自动播放”服务，但“计算机配置”中的设置比“用户配置”中的设置范围更广，有助于多个用户都使用这样的设置。

3.9.2 禁止运行指定程序

系统启动时一些程序会在后台启动,这些程序通过“系统配置实用程序”(msconfig)的启动项无法阻止,操作起来非常不便,通过组策略则非常方便,这对减少系统资源占用非常有效。通过启用该策略并添加相应的应用程序就可以限制用户运行这些应用程序。具体步骤如下。

(1) 打开组策略对象编辑器,展开“‘本地计算机’策略”→“计算机配置”→“管理模板”→“系统”节点,然后在右侧窗口中双击“不要运行指定的 Windows 应用程序”。

(2) 在弹出的对话框中双击禁止运行的程序,如 Wgatray. exe 即可。

当用户试图运行包含在不允许运行程序列表中的应用程序时,系统会提示警告信息。把不允许运行的应用程序复制到其他的目录和分区中仍然是不能运行的。要恢复指定的受限程序的运行,可以将“不要运行指定的 Windows 应用程序”策略设置为“未配置”或“已禁用”,或者将指定的应用程序从不允许运行列表中删除(要求删除后列表不会成为空白的)。

这种方式只阻止用户运行从 Windows 资源管理器中启动的程序,对于由系统过程或其他过程启动的程序,并不能禁止其运行。该方式禁止应用程序的运行,其用户对象的作用范围是所有的用户,不仅仅是受限用户,Administrators 组中的账户甚至是内建的 Administrator 账户都将受到限制,因此给管理员带来了一定的不便。当管理员需要执行一个包含在不允许运行列表中的应用程序时,需要先通过组策略编辑器将该应用程序从不运行列表中删除,在程序运行完成后再将该程序添加到不允许运行程序列表中。需要注意的是,不要将组策略编辑器(gpedit. msc)添加到禁止运行程序列表中,否则会造成组策略的自锁,任何用户都将不能启动组策略编辑器,也就不能对设置的策略进行更改。

提示:如果没有禁止运行“命令提示符”程序的话,用户可以通过 cmd 命令从“命令提示符”运行被禁止的程序。例如,将记事本程序(notepad. exe)添加到不运行列表中,通过桌面和菜单运行该程序是被限制的,但是在“命令提示符”下运行 notepad 命令可以顺利地启动记事本程序。因此,要彻底禁止某个程序的运行,首先要将 cmd. exe 添加到不允许运行列表中。如果禁止程序后组策略无法使用,可以通过以下方法来恢复设置:重新启动计算机,在启动菜单出现时按 F8 键,在 Windows 高级选项菜单中选择“带命令行提示的安全模式”选项,然后在命令提示符下运行 mmc。

在打开的“控制台”窗口中执行“文件”→“添加/删除管理单元”菜单命令,单击“添加”按钮,选择“组策略对象编辑器”,单击“添加”按钮,在弹出的“选择组策略对象”对话框中单击“完成”按钮,然后单击“关闭”按钮,再单击“确定”按钮,添加一个组策略控制台,接下来把原来的设置改回来,然后重新进入 Windows 即可。

3.9.3 防止菜单泄露隐私

在“开始”菜单中有一个“我最近的文档”菜单项,可以记录用户曾经访问过的文件。这个功能可以方便用户再次打开该文件,但别人也可通过此菜单访问用户最近打开的文档,安全起见,可屏蔽此项功能。具体操作步骤如下。

(1) 打开“组策略对象编辑器”,展开“‘本地计算机’策略”→“用户配置”→“管理模板”→“任务栏和「开始」菜单”节点。

(2) 分别在右侧窗口中双击“不要保留最近打开文档的记录”和“退出时清除最近打开的文档的记录”，打开目标策略属性设置对话框。

如果启用“退出时清除最近打开的文档的记录”设置，系统就会在用户注销时删除最近使用的文档文件的快捷方式。因此，用户登录时，“开始”菜单中的“我最近的文档”菜单总是空的。如果禁用或不配置此项设置，系统就会保留文档快捷方式，这样用户登录时，“我最近的文档”菜单中的内容与用户注销时一样。

提示：系统在“系统驱动器\Documents and Settings\用户名\我最近的文档”文件夹中的用户配置文件中保存文档快捷方式。

当没有选择“从‘开始’菜单删除最近的项目菜单”和“不要保留最近打开文档的记录”策略的任何一个相关设置时，此项设置才能使用。

3.10 文件加密系统

每个人都有一些不希望被别人看到的东西，如学习计划、情书等，大家都喜欢把它们放在一个文件夹里，采用 Windows 自带的文件夹加密功能实现对文件加密。NTFS 是 Windows NT 以上版本支持的一种提供安全性、可靠性的高级文件系统。在 Windows 2000 和 Windows XP 中，NTFS 提供诸如文件和文件夹加密的高级功能。

3.10.1 加密文件或文件夹

(1) 执行“开始”→“所有程序”→“附件”→“Windows 资源管理器”命令，打开 Windows 资源管理器。

(2) 右击要加密的文件或文件夹，从弹出的快捷菜单中选择“属性”命令。

(3) 在弹出的对话框中的“常规”选项卡上单击“高级”按钮，在打开的“高级属性”对话框中选中“加密内容以便保护数据”复选框，如图 3.36 所示。

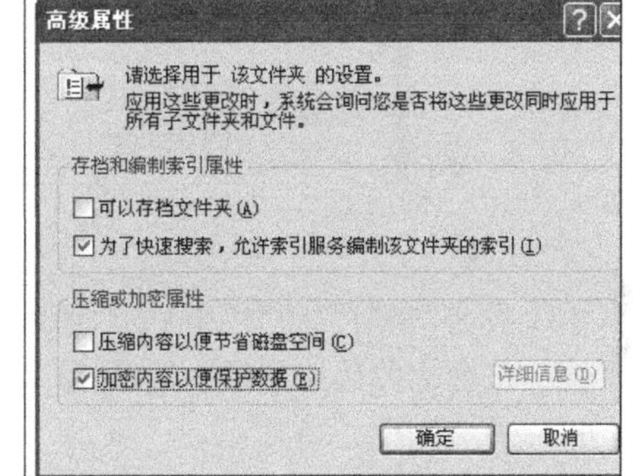

图 3.36　加密选项

在加密过程中还要注意以下几点。

(1) 只可以加密 NTFS 分区卷上的文件和文件夹，对 FAT 分区卷上的文件和文件夹无效。

(2) 被压缩的文件或文件夹也可以加密。如果要加密一个压缩文件或文件夹，则该文件或文件夹将被解压。

(3) 无法加密标记为“系统”属性的文件，并且位于操作系统根目录结构中的文件也无法加密。

(4) 在加密文件夹时，系统将询问是否要同时加密它的子文件夹。如果单击“是”按钮，那么它的子文件夹也会被加密，以后所有添加进文件夹中的文件和子文件夹都将在添加时自动加密。

加密后用不同用户登录计算机，查看加密文件是否能够打开。

3.10.2　备份加密用户的证书

用户对文件加密后,在重装系统或删除用户前一定要备份加密用户的证书,否则重装系统或删除用户后加密文件将无法被访问。

(1) 以加密用户账户登录计算机。

(2) 执行“开始”→“运行”命令,在弹出的对话框中输入 mmc,然后单击“确定”按钮。

(3) 在“控制台”窗口执行“文件”→“添加/删除管理单元”菜单命令,在打开的“添加/删除管理单元”对话框中单击“添加”按钮。

(4) 打开“添加独立管理单元”对话框,在“可用的独立管理单元”列表框中选择“证书”,然后单击“添加”按钮,如图 3.37 所示。

(5) 在弹出的对话框中选中“我的用户账户”单选按钮,然后单击“完成”按钮。

(6) 单击“关闭”按钮,然后单击“确定”按钮。

图 3.37　添加证书模块

(7) 展开“证书-当前用户”→“个人”→“证书”节点,如图 3.38 所示。

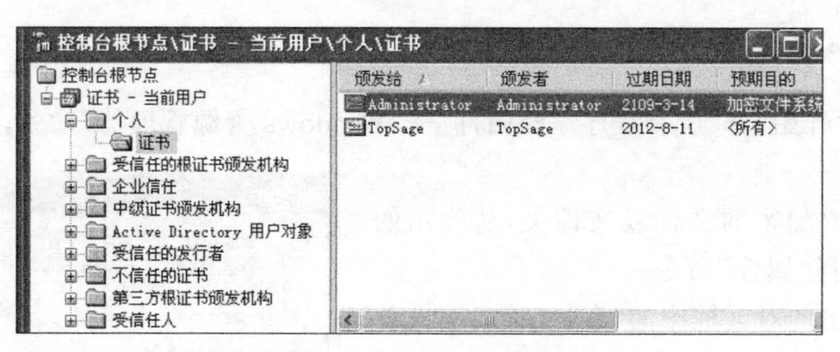

图 3.38　显示加密证书

(8) 右击“预期目的”栏中显示“加密文件系统”字样的证书。

(9) 从弹出的快捷菜单中选择“所有任务”→“导出”命令,如图 3.39 所示。

(10) 按照证书导出向导的指示将证书及相关的私钥以 PFX 文件格式导出。注意:推荐使用“导出私钥”方式导出,如图 3.40 所示,这样可以保证证书受密码保护,以防别人盗用。另外,证书只能保存到用户有读写权限的目录下。

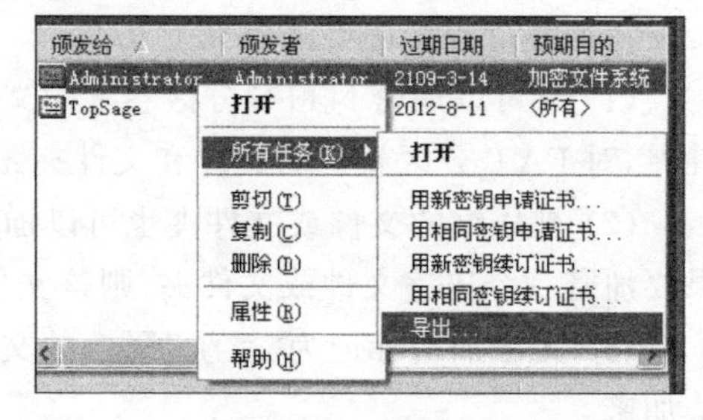

图 3.39　导出证书

(11) 保存好证书,将 PFX 文件保存好。以后重装系统之后无论在哪个用户账户下只要双击这个证书文件,导入这个私人证书就可以访问 NTFS 系统下由该证书的原用户加密的文件夹。

最后要提一下,这个证书还可以实现以下用途。

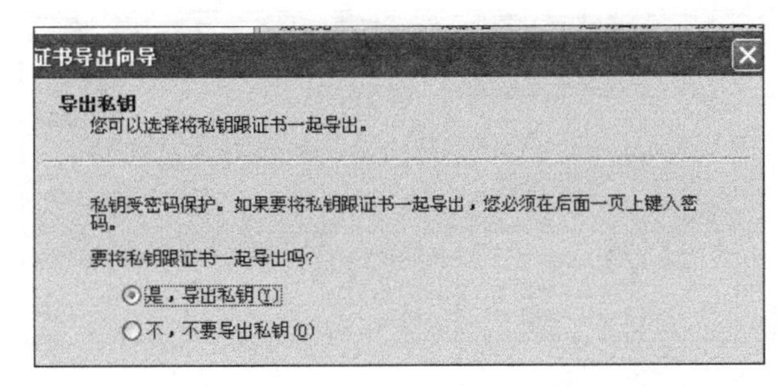

图 3.40　导出私钥

(1) 给予不同用户访问加密文件夹的权限。

将证书按“导出私钥”方式导出，发给需要访问这个文件夹的本机其他用户。然后由其他用户登录，导入该证书，实现对这个文件夹的访问。

(2) 在其他 Windows XP 机器上对用“备份恢复”程序备份的以前的加密文件夹恢复访问权限。

将加密文件夹用“备份恢复”程序备份，然后把生成的 Backup.bkf 连同这个证书复制到另外一台 Windows XP 机器上，用“备份恢复”程序将它恢复出来(注意：只能恢复到 NTFS 分区)。然后导入证书，即可访问恢复出来的文件。

3.11　文件和数据的备份

为了保护服务器，用户应该安排对所有数据进行定期备份。建议安排对所有数据(包括服务器的系统状态数据)进行每周普通备份。普通备份将复制用户选择的所有文件，并将每个文件标记为已备份。此外，还建议安排进行每周差异备份。差异备份复制自上次普通备份以来创建和更改的文件。

3.11.1　安排进行每周普通备份

(1) 执行“开始”→“运行”命令，在打开的对话框中输入 ntbackup，然后单击“确定”按钮，弹出“备份或还原向导”对话框，单击“下一步”按钮。

(2) 在“备份或还原”页面中确保已选中“备份文件和设置”单选按钮，然后单击“下一步”按钮。在“要备份的内容”页面中选中“让我选择要备份的内容”单选按钮，然后单击“下一步”按钮。

(3) 在“要备份的项目”页面中单击项目以展开其内容，勾选包含应该定期备份的数据的所有设备或文件夹的复选框，然后单击“下一步”按钮，如图 3.41 所示。

(4) 在“备份类型、目标和名称”页面中的“选择保存备份的位置”下拉列表中选择或单击“浏览”按钮以选择保存备份的位置。在“键入这个备份的名称”文本框中为该备份输入一个描述性名称，然后单击“下一步”按钮，如图 3.42 所示。

(5) 在“正在完成备份或还原向导”页面中单击“高级”按钮，在“备份类型”页面中的“选择要备份的类型”下拉列表中选择“正常”选项，然后单击“下一步”按钮，如图 3.43 所示。

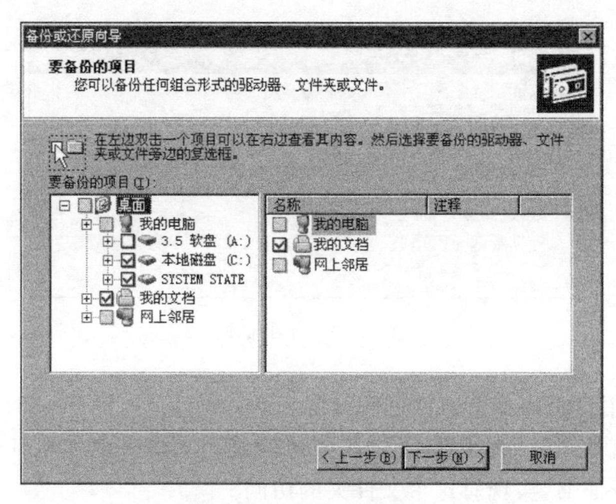

图 3.41　要备份的项目

备份或还原向导

备份类型、目标和名称

您的文件和设置储存在指定的目标。

选择备份类型(S):

文件

选择保存备份的位置(P):

C:\

浏览(W)...

键入这个备份的名称(Y):

Hard drive and System State

< 上一步(B)　下一步(N) >　取消

图 3.42　备份类型、目标和名称

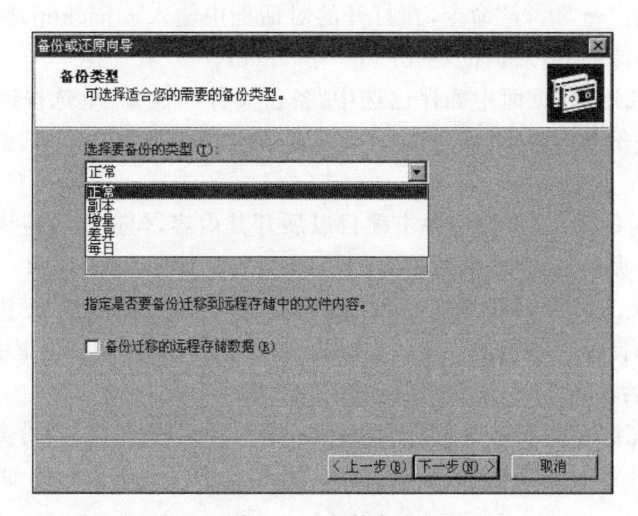

图 3.43　备份类型

(6) 在“如何备份”页面中勾选“备份后验证数据”复选框，然后单击“下一步”按钮。在“备份选项”页面中确保选中“将这个备份附加到现有备份”单选按钮，然后单击“下一步”按钮，如图 3.44 所示。

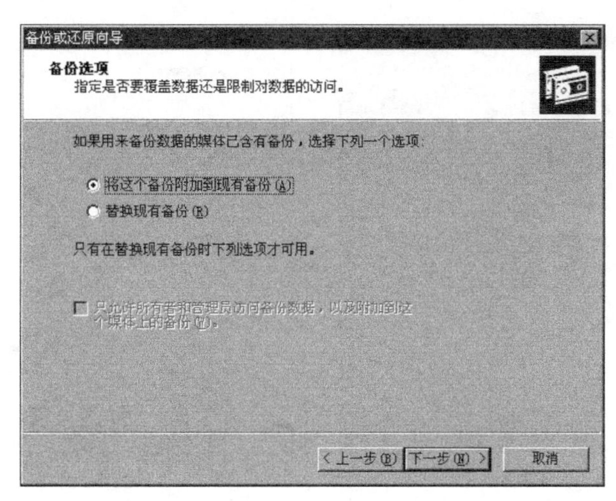

图 3.44　备份选项

(7) 在“备份时间”页面中的“什么时候执行备份?”下选中“以后”单选按钮，在“计划项”选项区域中的“作业名”文本框中输入描述性名称，然后单击“设定备份计划”按钮，如图 3.45 所示。

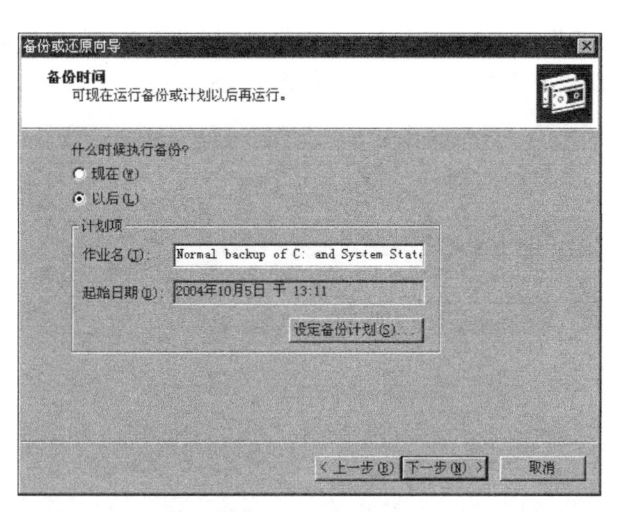

图 3.45　备份时间

(8) 在“计划作业”对话框中的“计划任务”下拉列表中选择“每周”，在“开始时间”调节框中使用向上和向下箭头键设置开始备份的适当时间。单击“高级”按钮以指定计划任务的开始日期和结束日期，或指定计划任务是否按照特定时间间隔重复运行。在“每周计划任务”选项区域中，根据需要选择一天或几天以创建备份，然后单击“确定”按钮，如图 3.46 所示。

(9) 在“设置账户信息”对话框中的“运行方式”文本框中输入域、工作组和已授权执行备份和还原操作的账户的用户名，使用 DOMAIN\username 或 WORKGROUP\username

格式。在“密码”文本框中输入用户账户的密码。在“确认密码”文本框中再次输入密码,然后单击“确定”按钮,如图 3.47 所示。在“完成备份或还原向导”对话框中确认设置,然后单击“完成”按钮。

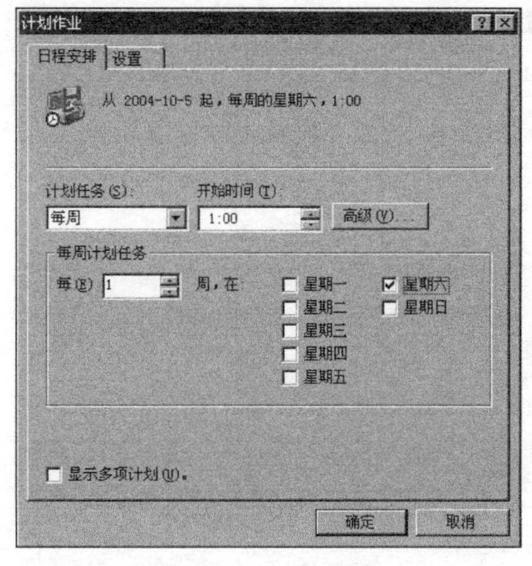

图 3.46　计划作业

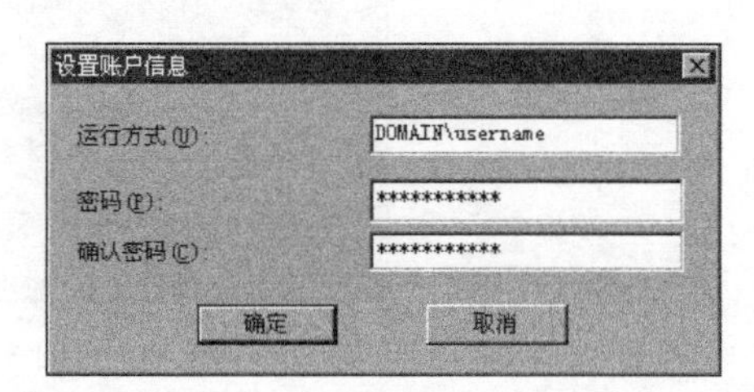

图 3.47　设置账户信息

3.11.2　安排进行每周差异备份

操作步骤与普通备份基本相同,只是在“备份类型”页面的“选择要备份的类型”下拉列表框中选择“差异”,然后单击“下一步”按钮,如图 3.48 所示。

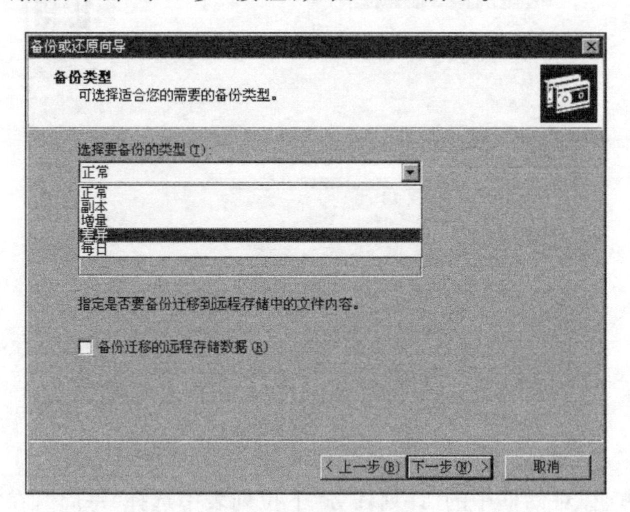

图 3.48　差异备份

3.11.3　从备份恢复数据

(1) 运行“开始”→“运行”命令,在打开的对话框中输入 ntbackup,然后单击“确定”按钮,弹出“备份或还原向导”对话框,单击“下一步”按钮。

（2）在“备份或还原”页面中选中“还原文件和设置”单选按钮，然后单击“下一步”按钮。在“还原项目”页面中单击项目以展开其内容，选择包含要还原的数据的所有设备或文件夹，然后单击“下一步”按钮，如图 3.49 所示。

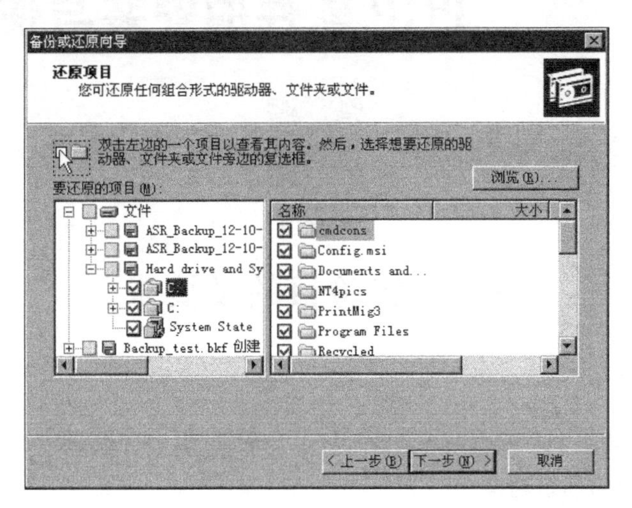

图 3.49　还原项目

（3）在“正在完成备份或还原向导”页面中，如果要更改任何高级还原选项，如还原安全设置和交接点数据，则单击“高级”按钮。完成设置高级还原选项后，单击“确定”按钮，验证是否所有设置都正确，然后单击“完成”按钮。

实验思考题

1. 计算机中常用服务都使用了哪些端口？
2. 如何建立一个相对比较安全的共享？
3. 如何根据网络环境的不同快速调整安全策略？
4. 加密证书如何保存才会安全？
5. 计算机中哪些数据需要定期备份？

实验4 PGP软件的安装与使用

视频讲解

4.1 实验目的及要求

4.1.1 实验目的

通过实验操作掌握PGP软件的安装与基本功能使用，对于加密软件的原理具有一定的了解，能够实现常用的加密功能。

4.1.2 实验要求

根据教材中介绍的PGP软件的功能和步骤完成实验，在掌握基本功能的基础上，实现日常加密应用，给出实验操作报告。

4.1.3 实验设备及软件

两台安装Windows 2000/XP操作系统的计算机，磁盘格式配置为NTFS，局域网环境，FTP服务器，PGP 8.1中文版软件。

4.2 PGP软件简介与基本功能

PGP(Pretty Good Privacy)是一款在信息安全传输领域首选的加密软件，其技术特性是采用了非对称的公钥和私钥加密体系。由于美国对信息加密产品有严格的法律约束，特别是对向美国、加拿大之外国家散播该类信息，以及出售、发布该类软件约束更为严格，因此限制了PGP的发展和普及。目前该软件的主要使用对象为情报机构、政府机构、信息安全工作者(如较有水平的安全专家和有一定资历的黑客)。PGP最初的设计主要是用于邮件加密，如今已经发展到了可以加密整个硬盘、分区、文件、文件夹，集成进邮件软件进行邮件加密，甚至可以对ICQ的聊天信息实时加密。用户双方只要安装了PGP，就可利用其ICQ加密组件在聊天的同时加密或解密，和正常使用没有什么差别，最大程度地保证了网络两端用户的聊天信息不被窃取或监视。

4.2.1 安装

和其他软件一样，运行安装程序后，经过短暂的自解压准备安装的过程后进入安装界面。先是欢迎信息，单击Next按钮，然后是许可协议，这是必须无条件接受的。单击Yes

按钮，进入提示安装 PGP 所需要的系统以及软件配置情况的界面，建议阅读一下，继续单击 Next 按钮，出现创建用户类型的界面，如图 4.1 所示。

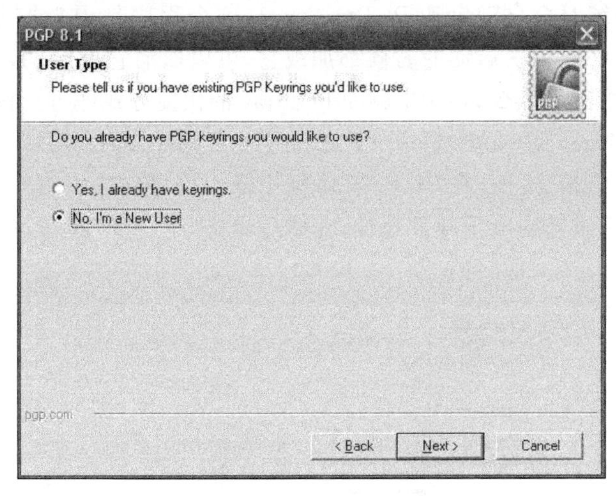

图 4.1 创建用户类型

选中 No, I'm a New User 单选按钮，这是告诉安装程序是新用户，需要创建并设置一个新的用户信息。继续单击 Next 按钮，进入设置程序安装目录窗口（安装程序会自动检测系统，并生成以系统名为目录名的安装文件夹），建议将 PGP 安装在安装程序默认的目录，也就是系统盘内，程序很小，不会对系统盘有什么大的影响。单击 Next 按钮，出现选择 PGP 组件的窗口，安装程序会检测系统内所安装的程序，如果存在 PGP 可以支持的程序，它将自动选中该支持组件，如图 4.2 所示。

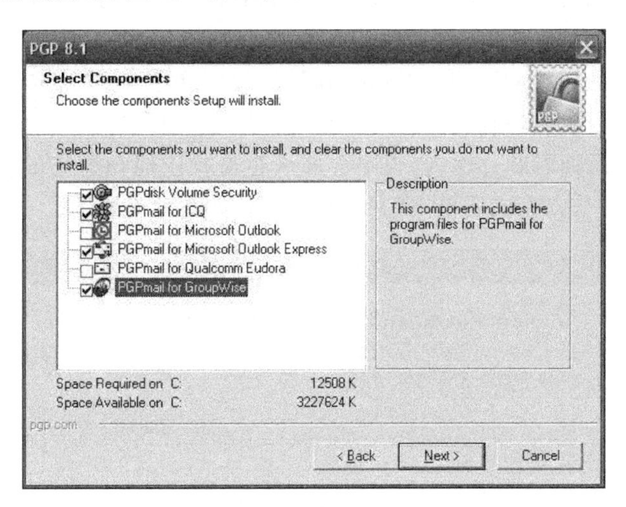

图 4.2 选择组件

图 4.2 中，第 1 个是磁盘加密组件，第 2 个是 ICQ 实时加密组件，第 3 个是微软公司的 Outlook 邮件加密组件，第 4 个是 Outlook Express 加密组件，第 5 个是一套功能全面的 E-mail 客户端软件 Qualcomm Eudora，第 6 个是 Novell 公司的邮件服务器 GroupWise 组件。后面的安装过程就只需一直单击 Next 按钮，最后再根据提示重新启动系统即可完成安装。

4.2.2 创建和设置初始用户

重启后,进入系统时会自动启动 PGPtray. exe,这个程序是用来控制和调用 PGP 的全部组件的,如果没有必要每次启动的时候都加载它,可以取消它的启动,方法如下:执行"开始"→"所有程序"→"启动"命令,在这里删除 PGPtray 的快捷方式即可。接下来进入新用户创建与设置。启动 PGPtray 后,会出现一个"PGP 密钥生成向导"对话框,单击"下一步"按钮,进入"分配姓名和电子信箱"页面,在"全名"文本框中输入想要创建的用户名,在"Email 地址"文本框中输入用户所对应的电子邮件地址,完成后单击"下一步"按钮,如图 4.3 所示。

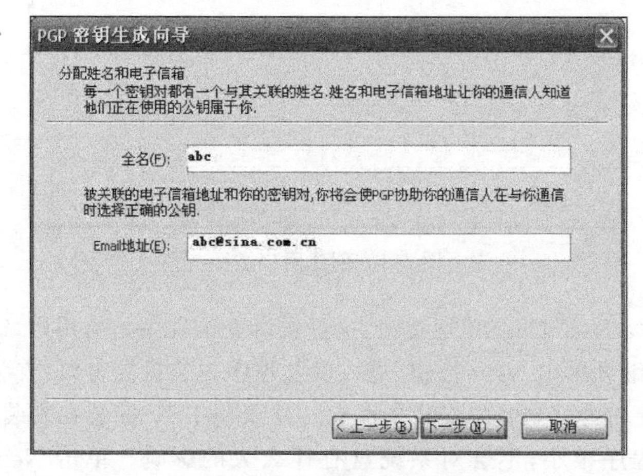

图 4.3 用户名和电子邮件分配

接下来进入"分配密码"页面,在"密码"文本框中输入需要的密码,在"确认"文本框中再输入一次,长度必须大于 8 位,建议为 12 位以上。如果出现"Warning: Caps Lock is activated!"的提示信息,说明开启了 Caps Lock 键(大小写锁定键),按一下该键关闭大小写锁定后再输入密码,因为密码是要区分大小写的。最好不要取消对"隐藏键入"复选框的勾选,这样就算有人在后面看着你输入,也不会那么容易就让他知道你的输入到底是什么,更大程度地保护密码安全。完成后单击"下一步"按钮,如图 4.4 所示。

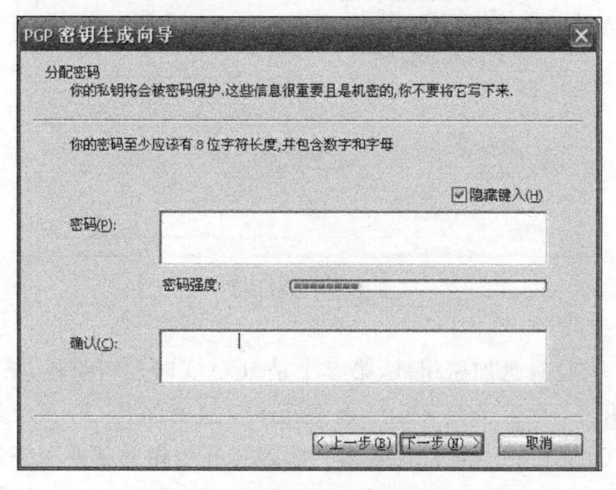

图 4.4 密码输入和确认

进入密钥生成进程，等待主密钥(Key)和次密钥(Subkey)生成完毕。单击“下一步”按钮，进入“完成该 PGP 密钥生成向导”页面，单击“完成”按钮，用户就创建并设置好了。

4.2.3 导出并分发公钥

启动 PGPkeys，在这里将看到密钥的一些基本信息，如有效性(PGP 系统检查是否符合要求，如符合则显示为绿色)、信任度、大小、描述、密钥 ID、创建时间、到期时间等(如果没有那么多信息，执行菜单栏中的“查看”命令并选中里面的全部选项)，如图 4.5 所示。

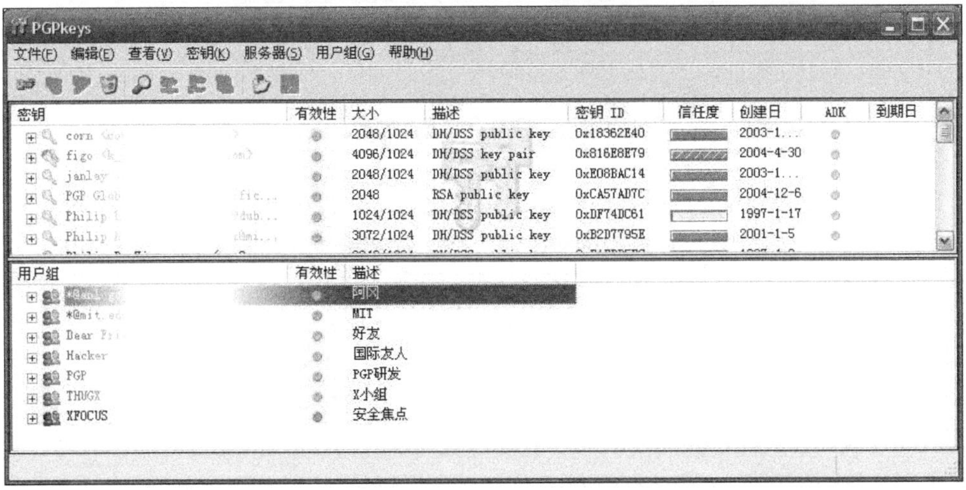

图 4.5 密钥基本信息

需要注意的是，这里的用户其实是以一个“密钥对”形式存在的，也就是说，其中包含了一个公钥和一个私钥。现在要做的就是从这个“密钥对”内导出包含的公钥。选中并右击刚才创建的用户，从弹出的快捷菜单中选择“导出”命令，在弹出的“保存”对话框中确认只选中了“包含 6.0 公钥”，然后选择一个目录，再单击“保存”按钮，即可导出刚才创建用户的公钥，扩展名为.asc。导出后就可以将此公钥放在指定的网站上，或者发给需要的用户，告诉对方以后发邮件或发重要文件的时候，通过 PGP 使用此公钥加密后再发送，这样做一是能防止邮件被人窃取后阅读而泄露个人隐私或商业机密；二是能排查病毒邮件，一旦看到没有用 PGP 加密过的文件，或者是无法用私钥解密的文件或邮件，就能更有针对性地执行删除或杀毒操作。虽然这比以前的文件发送方式和邮件阅读方式麻烦一点，但却能更安全地保护隐私或公司的秘密。

4.2.4 导入并设置其他人的公钥

导入公钥：直接单击(根据系统设置不同，单击或双击)对方发给你的扩展名为.asc 的公钥，将弹出选择公钥的窗口，在这里能看到该公钥的基本属性，如有效性、创建时间、信任度等，便于了解是否应该导入此公钥。选好后单击“导入”按钮即可导入 PGP，如图 4.6 所示。

设置公钥属性：打开 PGPkeys 就能在密钥列表中看到刚才导入的密钥，如图 4.7 所示。

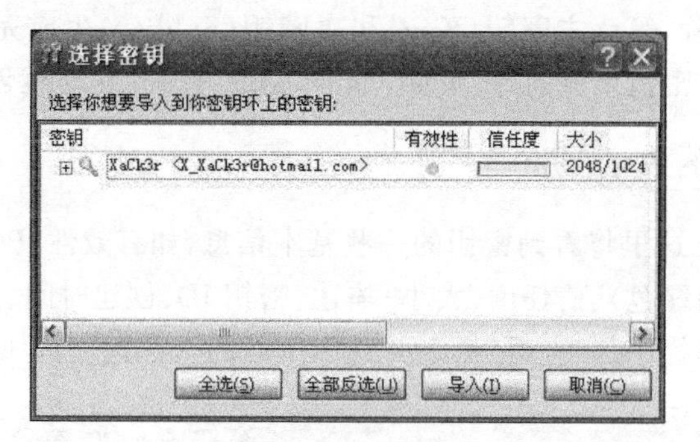

图 4.6　导入公钥

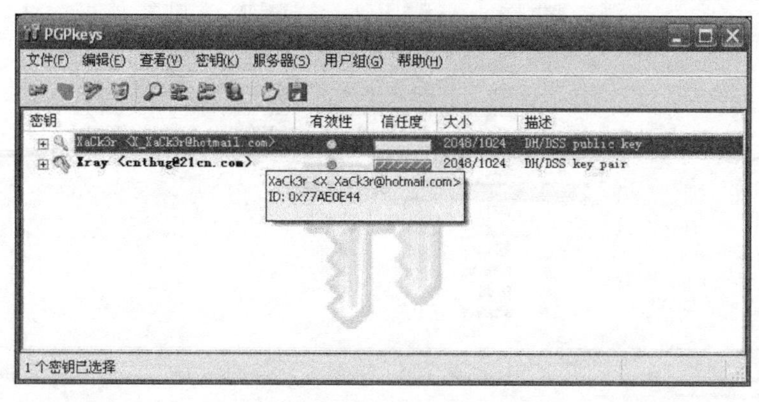

图 4.7　公钥属性

右击密钥，从弹出的快捷菜单中选择“密钥属性”命令，这里能查看到该密钥的全部信息，如是否是有效的密钥、是否可信任等，如图 4.8 所示。

图 4.8　密钥的全部信息

在这里，如果直接拉动“不信任的”滑块到“信任的”会出现错误信息。正确的做法应该是关闭此对话框，然后在该密钥上右击，从弹出的快捷菜单中选择“签名”命令，在弹出的“PGP 密钥签名”对话框中单击“确定”按钮，会弹出要求为该公钥输入密码的对话框，这时输入设置用户时的那个密码，然后继续单击“确定”按钮即可完成签名操作。查看密钥列表中该公钥的属性，应该在“有效性”栏显示为绿色，表示该密钥有效。然后再右击，从弹出的快捷菜单中选择“密钥属性”命令，将“不信任的”滑块拖到“信任的”一端，再单击“关闭”按钮即可。这时再看密钥列表中的那个公钥，“信任度”一栏就不再是灰色了，说明这个公钥被 PGP 加密系统正式接受，可以投入使用了。关闭 PGPkeys 窗口时可能会弹出要求备份的对话框，建议单击“现在备份”按钮选择一个路径保存，如“我的文档”(此备份的作用是防止下次使用的时候意外删除了重要用户，可以用此备份恢复)。

4.2.5 使用公钥加密文件

不用开启 PGPkeys，直接在需要加密的文件上右击，会看到一个名为 PGP 的菜单组，进入该菜单组，执行“加密”命令，弹出“PGP 外壳-密钥选择对话框”对话框，如图 4.9 所示。

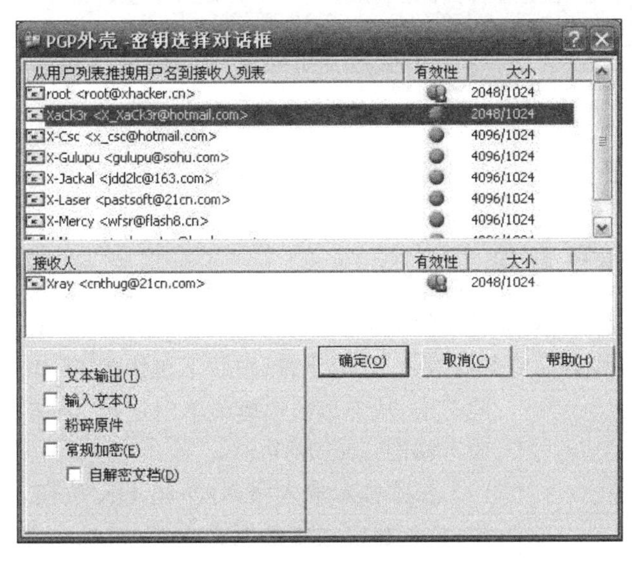

图 4.9　密钥选择对话框

在这里可以选择一个或多个公钥，上面的列表是备选的公钥，下面列表是准备使用的公钥，双击备选列表中的某个公钥即对其进行了加密操作，该公钥就会从备选列表转到准备使用的列表，已经在准备使用列表内的，如果不想使用它，也可以通过双击的方法将其转到备选列表。选择好后，单击“确定”按钮，经过 PGP 的短暂处理，会在想要加密的那个文件的同一目录中生成一个格式为“加密的文件名.pgp”的文件，这个文件就可以用来发送了。注意，刚才使用那个公钥加密的文件，只能发给该公钥的所有人，别人无法解密。只有该公钥所有人才有解密的私钥。如果要加密文本文件，如 TXT 文件，并且想要将加密后的内容作为论坛的帖子发布，或者要作为邮件内容发布，那么就在刚才选择公钥的窗口中勾选“文本输出”复选框，这样创建的加密文件将是这样的格式：加密的文件名.asc，用文本编辑器打开的时候看到的就不是没有规律的乱码了(不勾选此复选框，输出的加密文件将是乱码)，而是很有序的格式，便于复制。将“测试一下”这几个字加密后，显示结果如图 4.10 所示。

PGP 还支持创建自解密文档，只需要在刚才选择公钥的对话框中勾选“自解密文档”复选框，单击“确定”按钮，输入一个密码，再单击“确定”按钮，在弹出的对话框内选择一个位置保存即可。这时创建的就是“加密的文件名.sda.exe”这样的文件，这个功能支持文件夹加密，类似 WinZip 及 WinRAR 的压缩打包功能。值得一提的是，PGP 给文件进行超强的加密之后，还能对其进行压缩，压缩率比 WinRAR 小不了多少，非常利于网络传输。

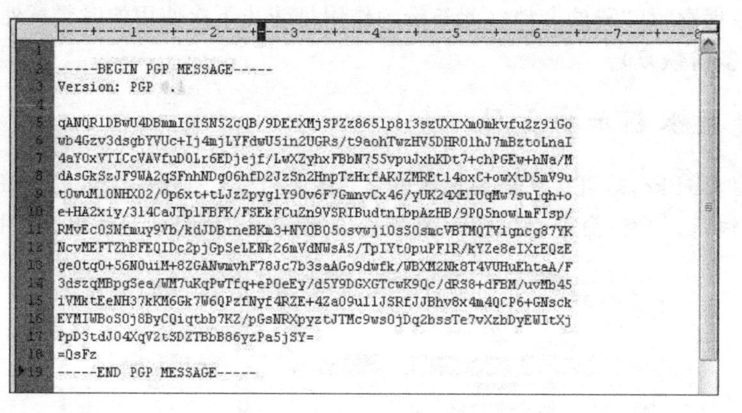

图 4.10　加密后的密文

4.2.6　文件、邮件解密

使用 PGPtray 解密：文本形式的 PGP 加密文件可以使用 PGPtray 的两种方式解密。先用文本编辑器打开，会看到类似图 4.10 的字符，在右下角找到 PGPtray 图标(锁的形状)并右击，从弹出的快捷菜单中选择“当前窗口”→“解密 & 校验”，如图 4.11 所示。

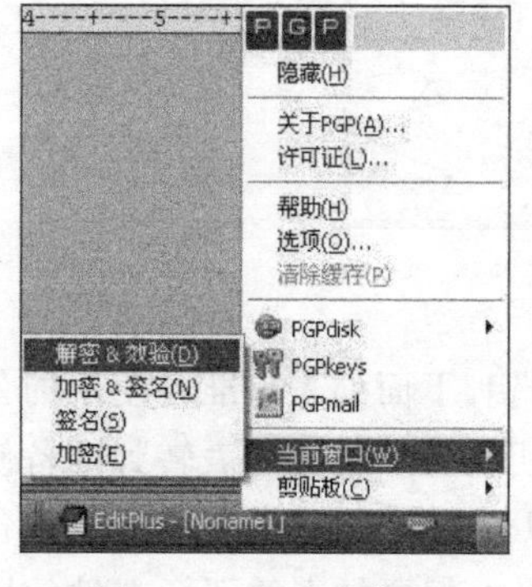

图 4.11　解密和校验

根据提示输入密码，单击 OK 按钮，就会弹出文本查看器，显示加密文本的明文内容，成功完成解密。还可通过复制加密文本的内容，然后右击 PGPtray 图标，从弹出的快捷菜单中选择“剪贴板”→“解密和校验”，也可以完成解密。

使用 PGPshell 解密：文本类型的加密文件可将内容复制后保存为一个独立的文件，如“解密.txt”，然后在文件上右击，从弹出的快捷菜单中选择 PGP→“加密”命令，在弹出的对话框中输入密码，弹出保存解密后文件的对话框，选择一个路径保存即可。其他类型的加密文件，重复上面 PGP→“加密”操作即可完成解密。

4.3　PGPmail 的使用

4.3.1　PGPmail 简介

PGPmail 用来加密保护邮件信息和文件中的隐私，唯有接收者通过他们的私钥才能读取；还可以对信息和文件进行数字签名，保证其可靠性。签名可证实信息没有被任何方式篡改。

PGPmail 是由公钥发展而来的，是一个基于 RSA 公钥加密体系的邮件加密软件，它可以用来对邮件加密以防止非授权者阅读，还能为邮件加上数字签名使收信人可以确信邮件是谁发来的。它让使用者可以安全地和从未见过的人通信，事先并不需要任何保密的渠道用来传递密钥。它采用了审慎的密钥管理、一种 RSA 和传统加密的杂合算法、用于数字签名的邮件文摘算法、加密前压缩等，还有一个良好的人机工程设计。它的功能强大，速度很快，并且源代码是公开的。现在 Internet 上使用 PGPmail 进行数字签名和加密邮件非常流行。

使用 PGPmail 保护 E-mail。从 PGP 程序组打开 PGPmail，如图 4.12 所示。PGPmail 中各功能依次如下：PGPkeys、加密、签名、加密并签名、解密校验、擦除、自由空间擦除。关于上述功能，将在下面的 PGPmail for Outlook 组件中进行实验。

图 4.12　PGPmail 界面

下面简述一下 PGPmail 在 OE(Outlook Express)中的使用。或许是 OE 不太经常使用的缘故，PGPmail 对 OE 附加的功能不是太完美，如不支持在 OE 邮件中加密 HTML，当然可以作为附件的形式加密。

4.3.2　分发 PGP 公钥并发送 PGP 加密邮件

在使用 PGP 加密通信之前，首先要把自己的公钥分发给需要的人，这样，在他们给你发送加密邮件的时候使用你的公钥进行加密，然后才能用你的私钥进行解密读取。

如图 4.13 所示，打开 PGPkeys，在创建的密钥对上右击，从弹出的快捷菜单中选择“发送到”→“邮件接收人”命令，寄给对方 PGP 公钥。

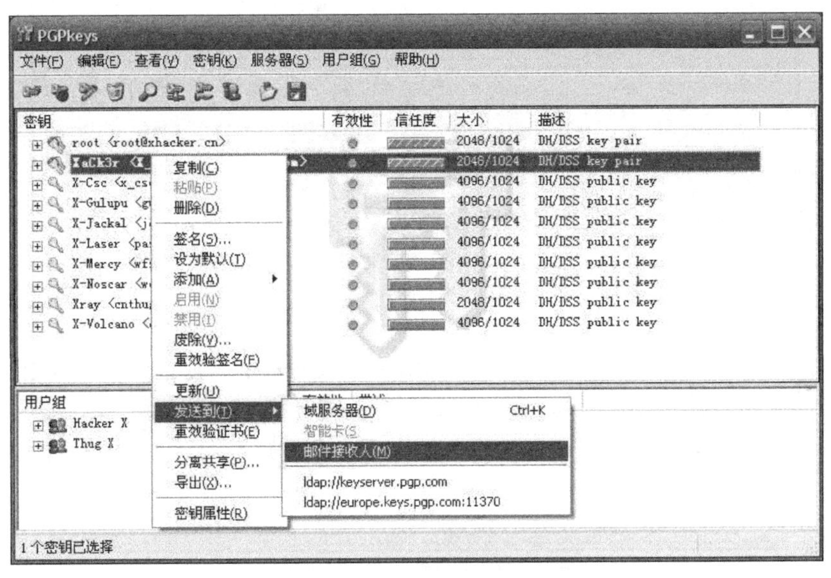

图 4.13　选择密钥并发送加密邮件

如果系统默认是采用 Outlook 收发邮件，将开启 Outlook 并附加公钥，如图 4.14 所示。

填入对方的邮件地址，对方在收到此公钥后就能和你进行 PGP 加密通信了。同样，在你收到对方 PGP 公钥的时候，把附件导入你的 PGPkey 里面。

在 Outlook Express 中，如果安装了 PGPmail for Outlook Express 插件，就可以看到 PGPmail 加载到了 Outlook Express 的工具栏中(带有钥匙的按钮)，如图 4.15 所示。

Outlook Express 创建新邮件时，检查工具栏中“加密信息(PGP)”和“签名信息(PGP)”按钮是否已经按下，如图 4.16 所示。

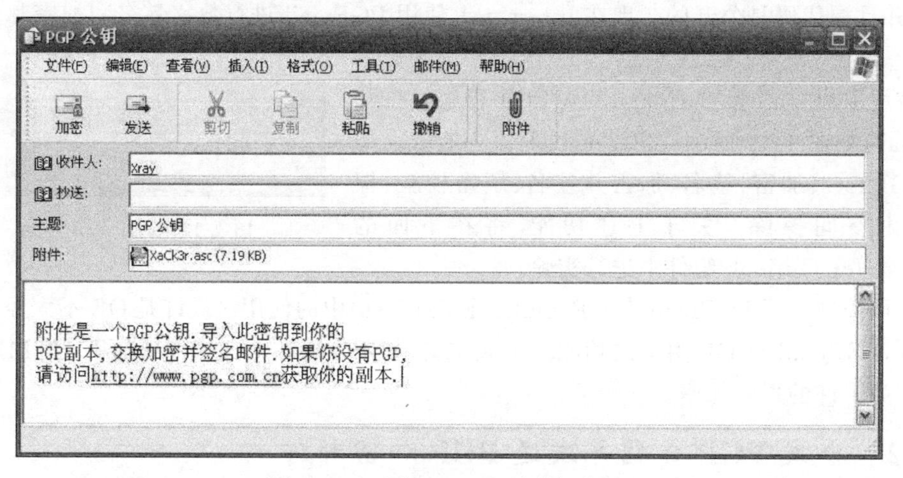

图 4.14　开启 Outlook 并附加公钥

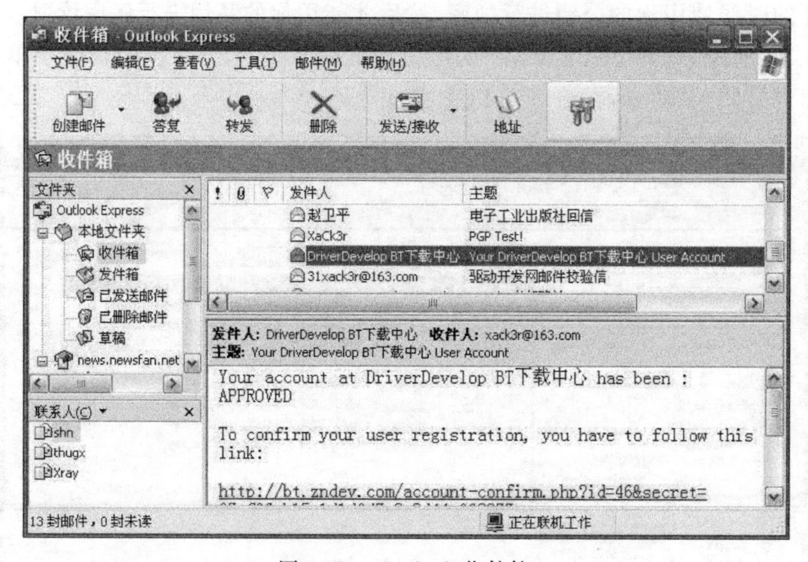

图 4.15　Outlook 收件箱

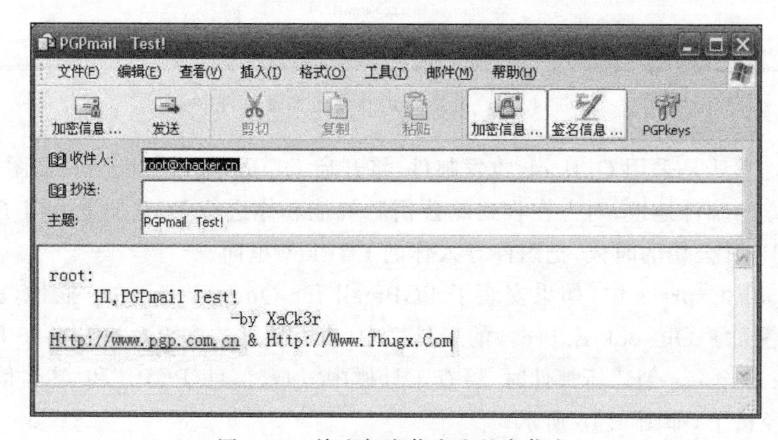

图 4.16　检查加密信息和签名信息

当书写完纯文本的加密邮件时，填入对方 E-mail 地址。单击“发送”按钮，这时 PGPmail 将会对其使用主密钥和对方公钥进行加密，加密后的邮件也只能由通信双方使用自己的私钥进行解密。PGPkey 会在服务器上查找相应的公钥，避免对方更新密钥而造成无法收取邮件信息，如图 4.17 所示。

图 4.17 连接服务器

单击“取消”按钮，弹出 Recipient Selection 对话框，从上方的列表框中选择相应的接收者，双击后添加到下面的接收人列表中，如图 4.18 所示。

图 4.18 添加接收人

设置好之后，单击“确定”按钮就可以发送通过 PGP 加密的邮件。

图 4.19 在 PGPmail 界面中单击“加密”按钮

可能很多时候会以附件形式寄出邮件，这时打开 PGPmail，在 PGPmail 窗口中单击“加密”按钮，如图 4.19 所示。

然后选择需要加密的文件，如图 4.20 所示。

确定后在弹出的“PGPmail-密钥选择对话框”对话框中选择需要使用的公钥进行加密。在图 4.21 中可以看到以下选项。

图 4.20 选择要加密的文件

- 文本输出：解密后以文本形式输出。
- 输入文本：选择此项，解密时将以另存为文本输入方式进行加密。
- 粉碎原件：加密后粉碎掉原来的文件，不可恢复。
- 安全查看器：只有用户的眼睛才能查看。其实是使用了 TEMPEST 防攻击字体进行模糊化，是为了防止监视设备监视用户的显示器，常应用在很多军方、政府领域。
- 常规加密：输入密码后进行常规加密，有一些局限性。
- 自解密文档：继承于“常规加密”，此方式也经常使用，通常加密目录下的所有文件。

图 4.21　密钥选择对话框

这里以“文本输出”为例，选中后拖曳(或双击)对方的公钥到接收人列表中，单击“确定”按钮后，文件将以此公钥进行加密，对方使用密钥才能进行解密。加密后的文件 *.asc 如图 4.22 所示。

在邮件中加入此附件寄出就可以了。

如果选择“安全查看器”，会弹出一个警告窗口，以此确认是否使用“安全查看器”，如图 4.23 所示。

图 4.22　加密前后的文件图标

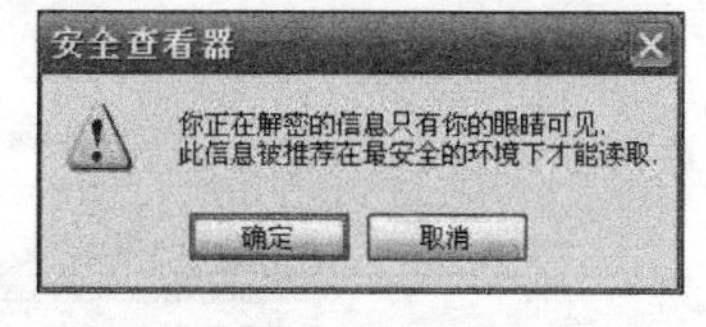

图 4.23　安全查看器警告窗口

解密时输入密码，显示如图 4.24 所示。

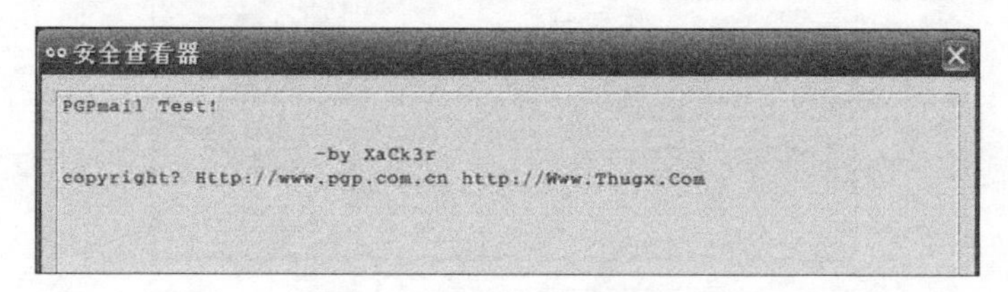

图 4.24　安全查看器内容

4.3.3 收取 PGP 加密邮件

连接服务器并使用 Outlook Express 收取 PGP 加密邮件，如图 4.25 所示。

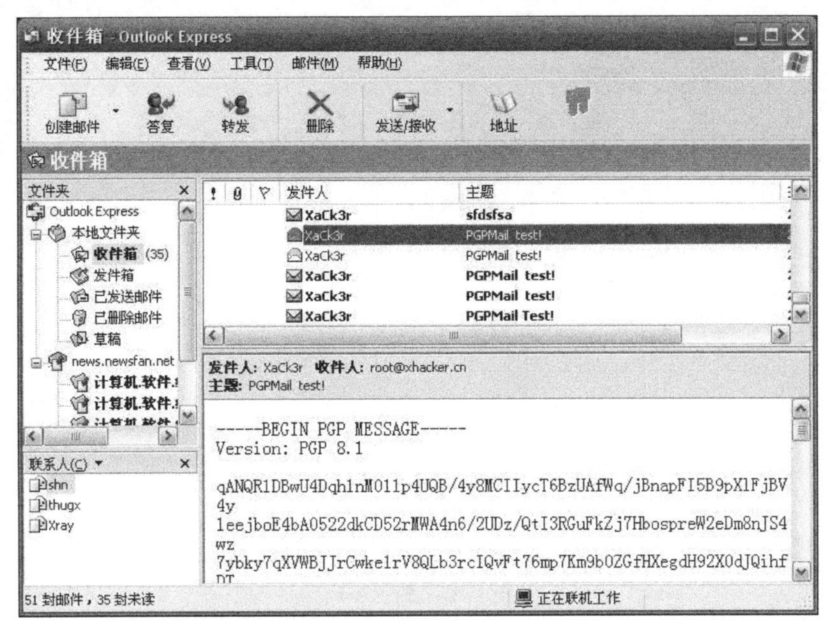

图 4.25 Outlook Express 收取 PGP 加密邮件

看到的是乱码(PGP 加密后的信息)，这时在任务栏右击 PGP 图标，在弹出的快捷菜单中选择"当前窗口"→"解密 & 校验"命令，如图 4.26 所示。

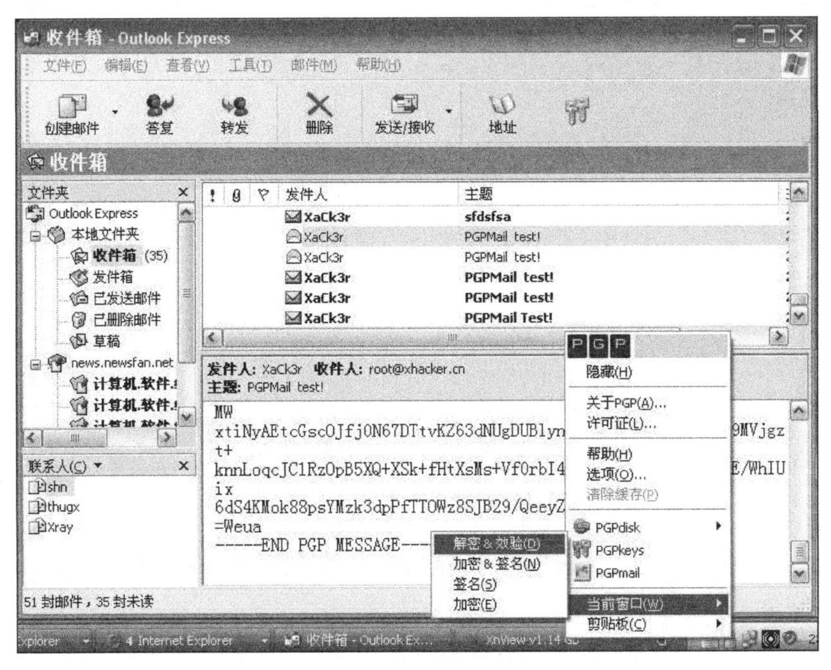

图 4.26 解密 & 校验

在弹出的"PGPtray-输入密码"对话框中输入设定的密码,如图 4.27 所示。

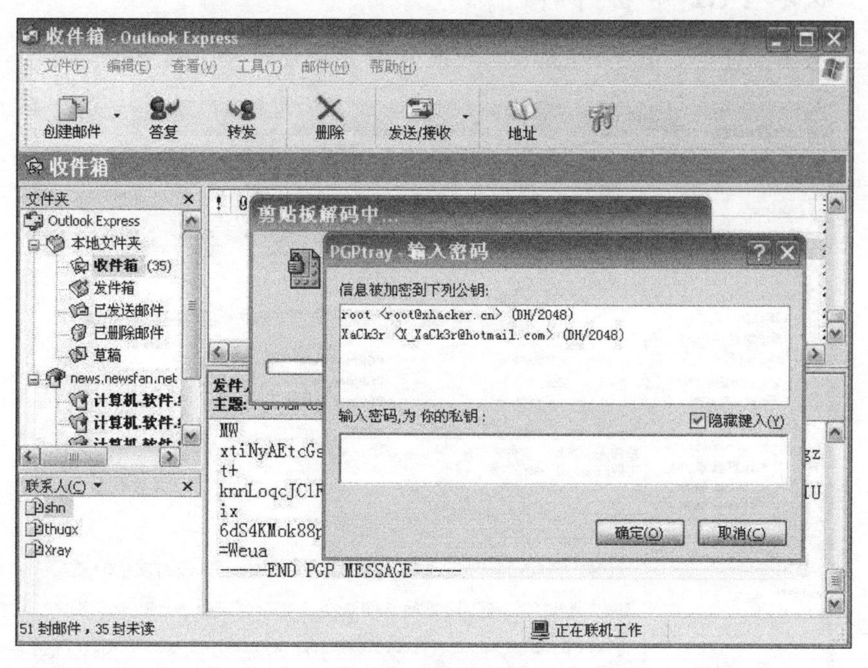

图 4.27　输入密码

成功后将解密邮件信息,并弹出"文本查看器"窗口,解密后的信息如图 4.28 所示。

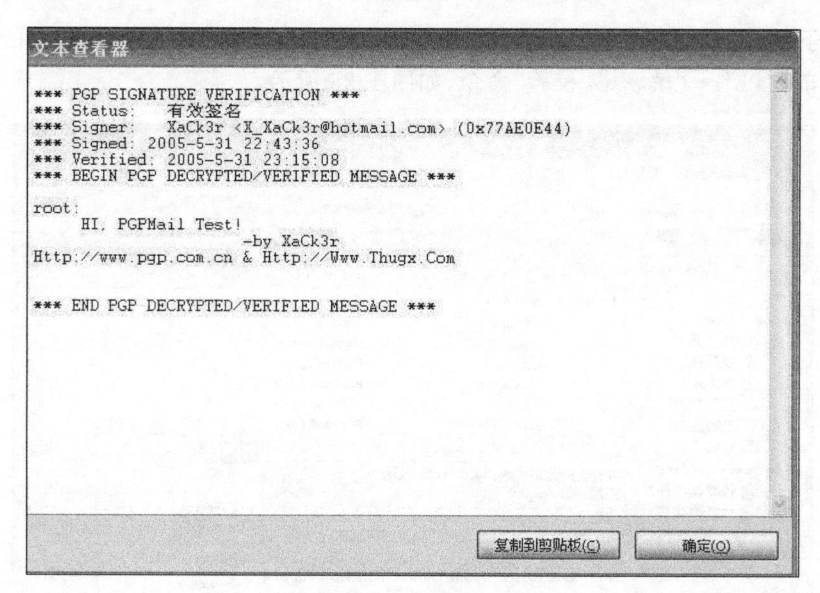

图 4.28　文本查看器

如果含有加密附件,下载至本地打开,在图 4.29 所示的对话框中输入相应的密码,即可对文件进行解密并保存。

有的时候一些重要的数据,用户不希望留在系统中,简单的删除不能达到所希望的效果,为了防止被非授权的用户通过恢复功能查看数据,可以采用 PGPmail 安全擦除数据,

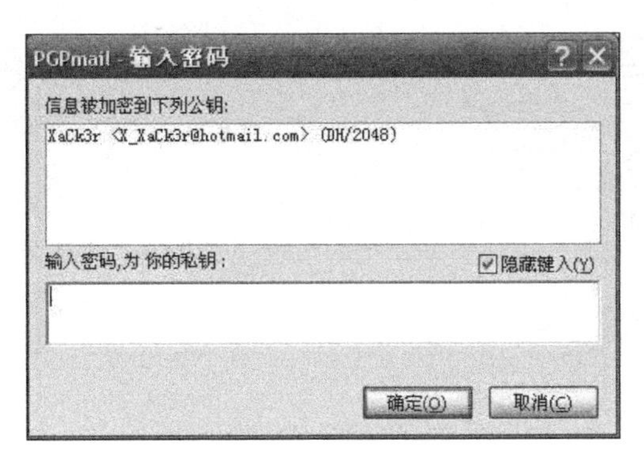

图 4.29　对文件进行解密并保存

进行多次反复写入,这样就可以达到无法恢复的效果,并且还可以对整个磁盘分区进行覆写。

4.3.4　创建自解密文件

这个功能经常被用到,在很多情况下用户收到了加密数据,但计算机中没有安装 PGP 软件,这个功能就起到了作用,创建自解密后的文件可以脱离 PGP 环境运行。在 PGP 环境下,在需要加密的文件上右击,从弹出的快捷菜单中选择 PGP→"创建 SDA"命令,如图 4.30 所示。

然后在弹出的对话框中输入密码,如图 4.31 所示。

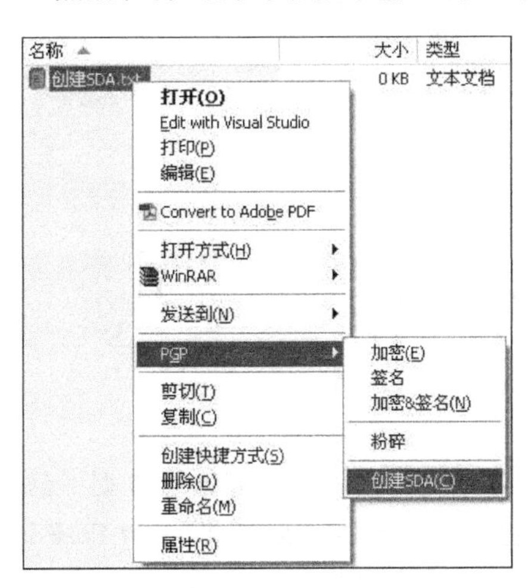

图 4.30　创建 SDA

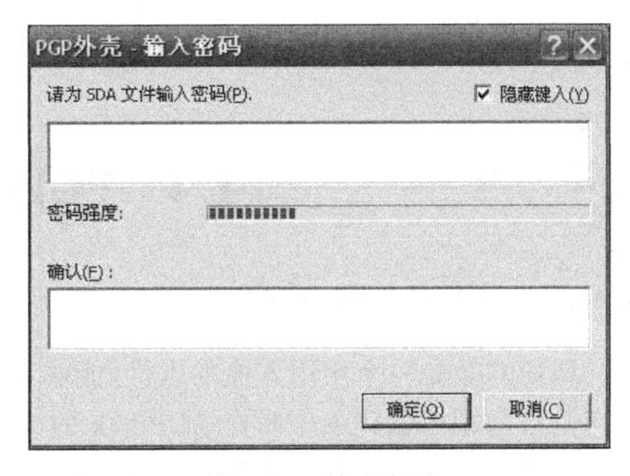

图 4.31　输入密码

单击"确定"按钮,弹出"请确认 SDA 文件名"对话框,如图 4.32 所示。

单击"保存"按钮,所在目录下就会生成一个 EXE 文件,如"创建 SDA. txt. sda. exe",双击打开,如图 4.33 所示。

在图 4.33 所示对话框中输入正确密码就可以进行解密了。以后可以采用此加密方式取代 WinRAR 压缩软件进行打包,而且它的压缩率也很高。

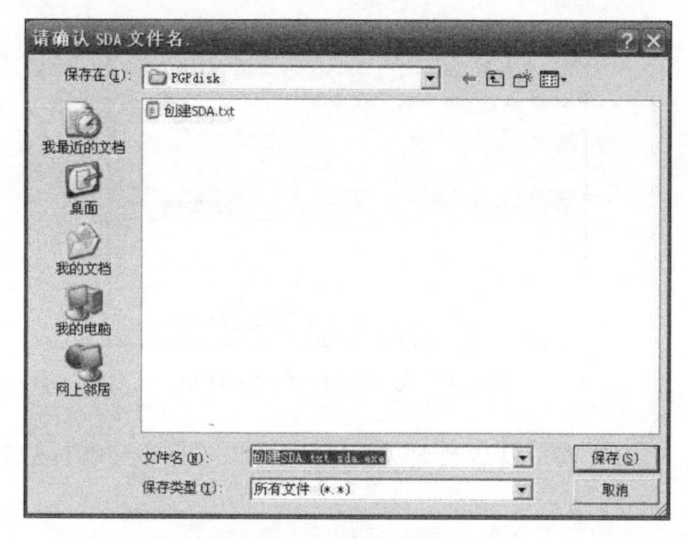

图 4.32　保存文件

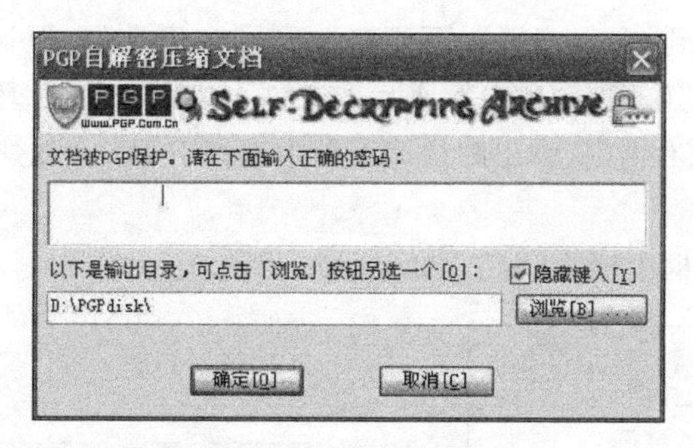

图 4.33　创建自解压文件

4.4　PGPdisk 的使用

4.4.1　PGPdisk 简介

PGPdisk 是一个使用方便的组件，能够划分出一部分磁盘空间来存储敏感数据。这个专用的空间用于创建一个叫作 PGPdisk 的卷。虽然它是一个单独的文件，但一个 PGPdisk 卷却非常像一个硬盘分区来提供存储文件和应用程序。可以认为它是一个软盘或外置的硬盘。以下把使用 PGPdisk 卷称为装配。

当一个 PGPdisk 卷被装配上去的时候，可以用它作为其他不同的盘。可以安装程序在此卷下或移动、保存文件到卷中。当卷被反装配时，如果不知道密码，将无法访问它，能使整个卷受到保护。它存储着加密的格式，除非一个文件或程序正在使用。如果计算机遇到崩溃的情况，此卷的内容依然是加密着的。

很多时候，如果硬盘中存储着一些敏感的数据，而且不经常使用，就可以创建一个 PGPdisk 卷加密这些硬盘数据，需要时再装配它。

4.4.2 创建 PGPdisk

首先在任务栏右下角单击 PGPdisk 图标，或者在“开始”菜单 PGP 程序组中打开 PGPdisk，弹出“PGPdisk 创建向导”对话框，如图 4.34 所示。

出现图 4.35 所示界面，这里概括出了 PGPdisk 的基本功能。

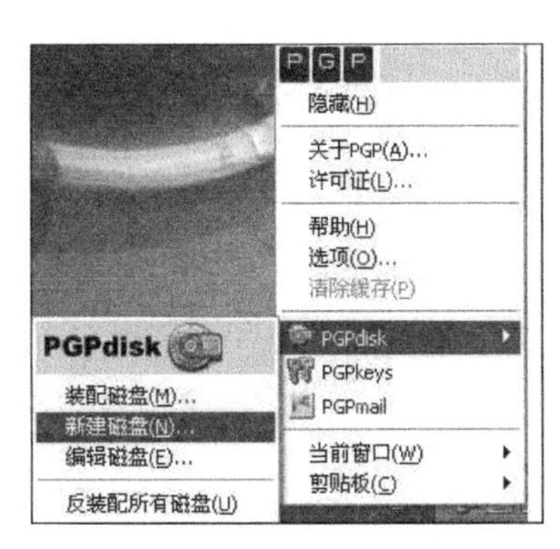

图 4.34 启动 PGPdisk

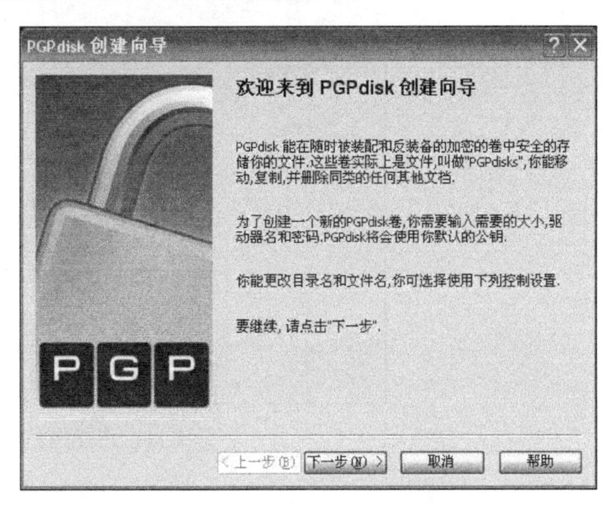

图 4.35 PGPdisk 创建向导

单击“下一步”按钮，如图 4.36 所示，指定要存储这个 *.pgd 文件的位置和容量大小。这个.pgd 文件将在以后被装配为一个卷，也可以理解为一个分区，需要时可以随时装配使用。

单击“高级选项”按钮进行配置，如图 4.37 所示。

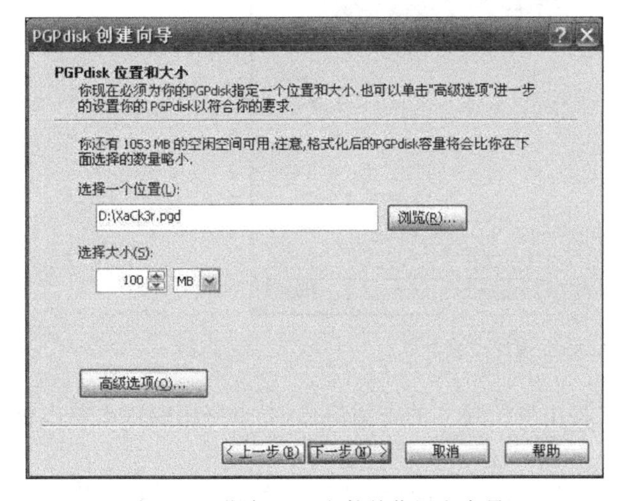

图 4.36 指定.pgd 文件的位置和容量

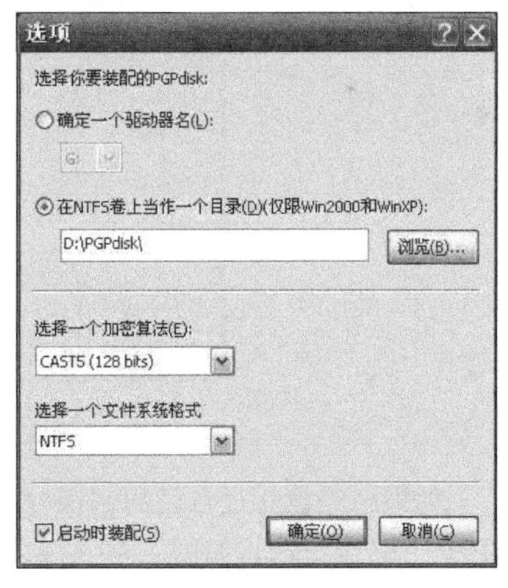

图 4.37 高级选项

可以让它以一个分区形式存在，或者在 NTFS 分区上作为一个目录，这里作为一个目录。然后就是选择算法，有 3 种密码算法可供选择：AES(256bits)、CAST5(128bits)、

Twofish(256bits)。接下来选择文件系统格式,可作为FAT或NTFS装配使用。可以根据需要勾选“启动时装配”复选框。单击“确定”按钮后返回到上一个页面,单击“下一步”按钮,选择保护方法,如图4.38所示。

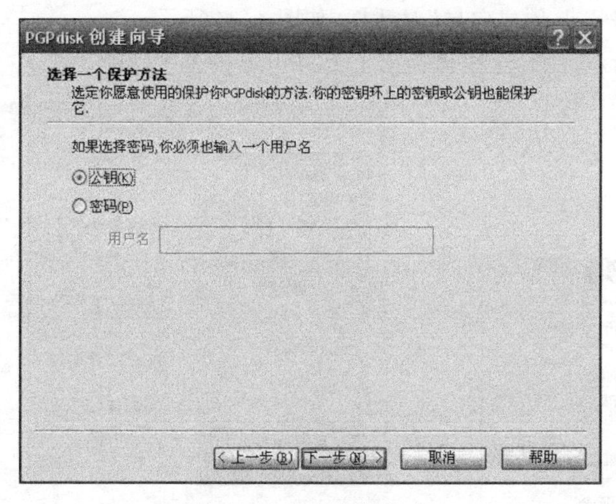

图4.38　选择保护方式

在这里可以使用已经全面建好的密钥对,推荐就用自己的公钥进行加密保护。这里使用已建立的公钥对其进行加密保护。选中“公钥”单选按钮,单击“下一步”按钮,如图4.39所示。

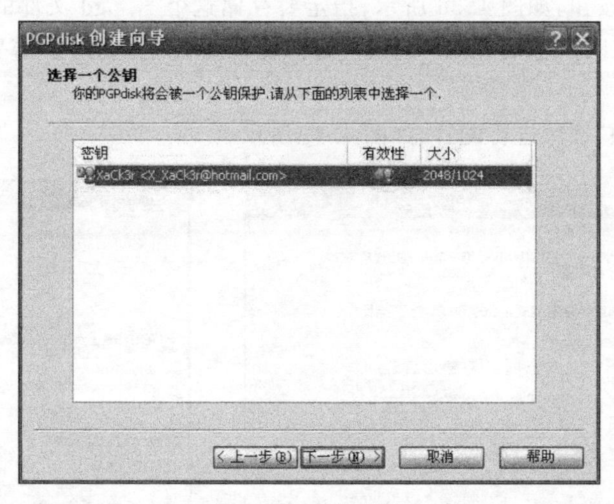

图4.39　选择公钥

如果已经建立过自己的密钥,列表中将出现所建立的密钥信息,双击密钥或依次单击密钥和“下一步”按钮,如图4.40所示。

进度条显示了PGPdisk卷将被初始化和格式化,并且通过鼠标移动进行随机加密。单击“下一步”按钮,PGPdisk为所指定的卷进行加密和格式化操作,这里可能需要花点时间,根据创建卷的大小而定,如图4.41所示。

至此基本上已经完成了PGPdisk的创建,单击“下一步”按钮,如图4.42所示。

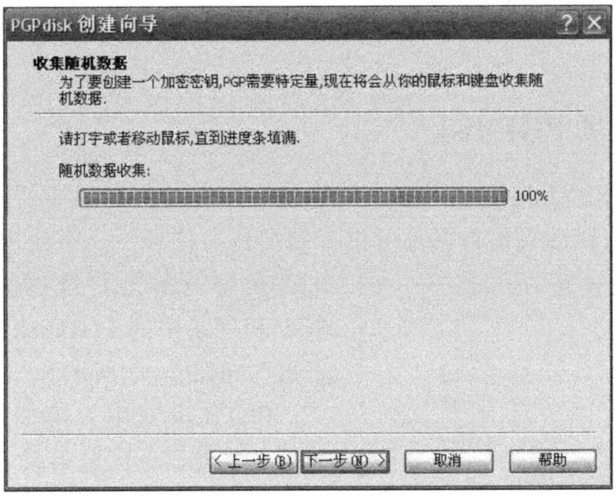

PGPdisk 创建向导

收集随机数据

为了要创建一个加密密钥,PGP需要特定量,现在将会从你的鼠标和键盘收集随机数据.

请打字或者移动鼠标,直到进度条填满.

随机数据收集:

100%

< 上一步(B)　下一步(N) >　取消　帮助

图 4.40　收集随机数据

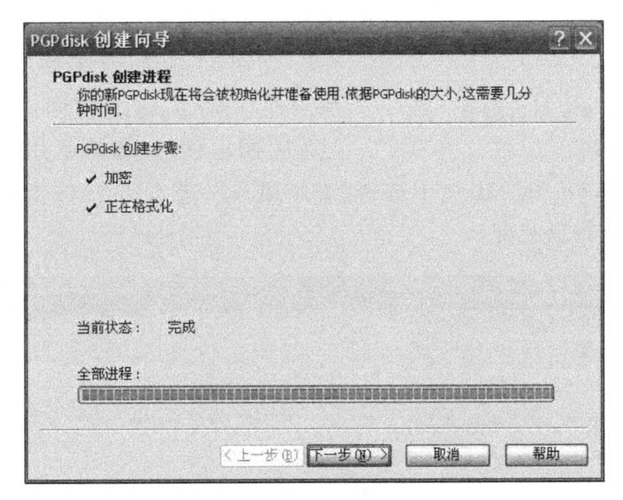

图 4.41　PGPdisk 卷初始化和格式化

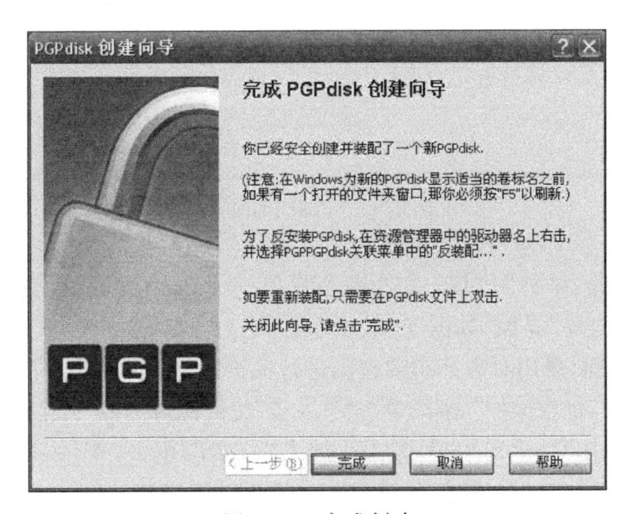

图 4.42　完成创建

成功后,如图 4.42 所示,给出了一些相关反装配的信息,单击“完成”按钮。下面进行装配使用。

4.4.3 装配使用 PGPdisk

前面已经创建了 PGPdisk 卷,双击“我的电脑”,可以在 D 盘中看到已经装配了一个新的文件夹(PGPdisk),以后机密数据都可以存储在该文件夹下。不使用的时候选择反装配,可以在卷上单击右键选择“反装配”,或者从 PGP 程序组中的 PGPdisk 中选择“反装配所有磁盘”,如图 4.43 所示。

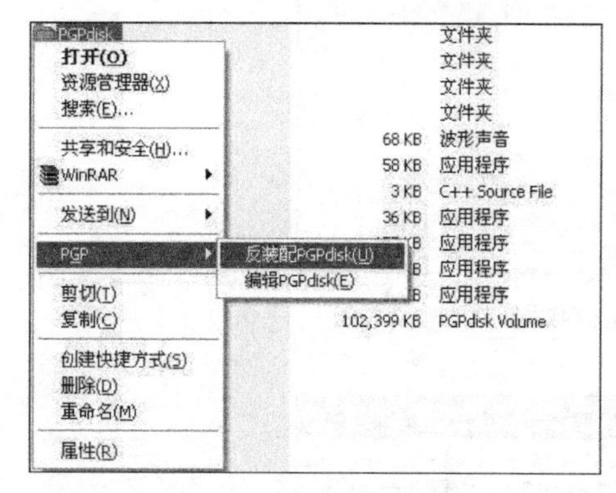

图 4.43 反装配所有磁盘

PGPdisk 对用户组提供了强有力的支持,如果一些硬盘分区或移动存储设备需要提供给别人使用而又不希望任何人轻易使用,就可以针对个别用户进行权限分配。下面来使用 PGPdisk 的强大功能。

在图 4.43 所示菜单中选择 PGP→“编辑 PGPdisk”命令,或者在创建的 *.pgd 文件上右击,从弹出的快捷菜单中选择 PGP→“编辑 PGPdisk”命令,还可以从 PGPdisk 中选择“编辑磁盘”,进入图 4.44 所示窗口。注意,在添加用户的时候必须进行反装配。

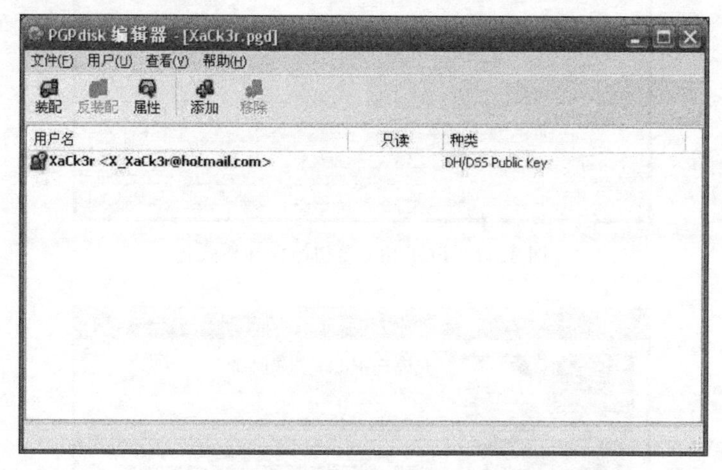

图 4.44 编辑 PGPdisk

在图 4.44 中单击“添加”按钮,这时将会弹出一个密码提示框,输入正确的密码进入“PGPdisk 用户创建向导”界面,如图 4.45 所示。

单击“下一步”按钮,采用对方公钥或密码进行保护。但不同的是,可以指定用户的读写权限。这里选择公钥进行加密保护。继续单击“下一步”按钮,出现所有 PGPkeys,如图 4.46 所示。

选择允许访问的用户,也可以通过 Ctrl 键多选,然后单击“下一步”按钮完成向导。单击“完成”按钮后回到 PGPdisk 管理界面,在这里可以管理用户组,对用户进行“移除”“禁用”“固定为只读”等操作,如图 4.47 所示。

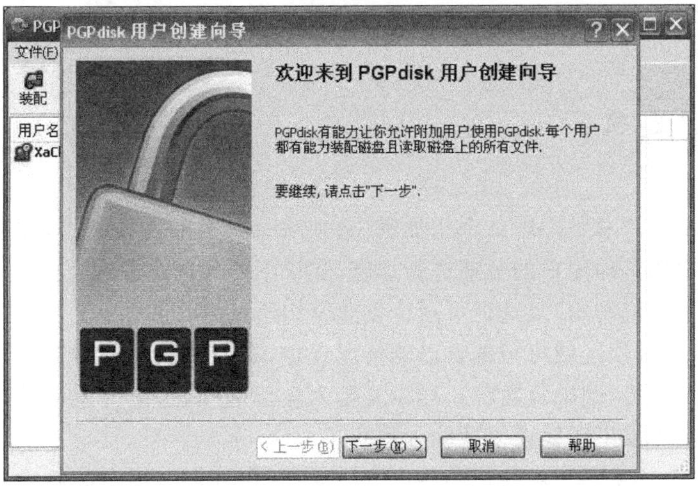

图 4.45　PGPdisk 用户创建向导

图 4.46　选择公钥

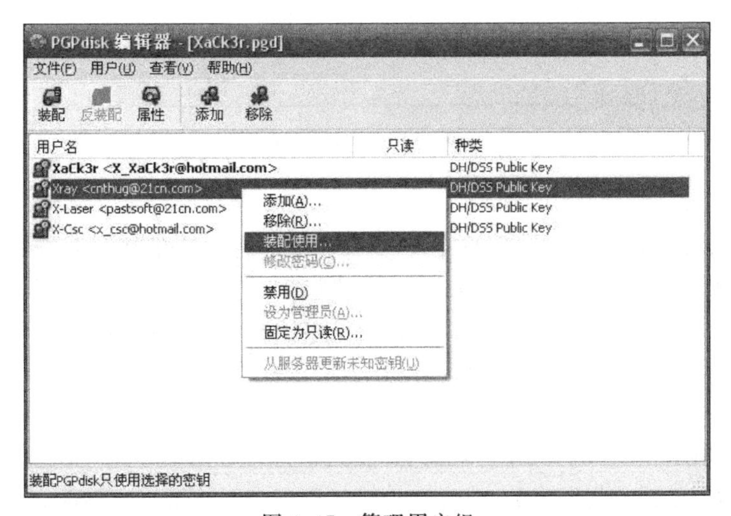

图 4.47　管理用户组

还可以设置一个管理员对其进行管理,前提是在添加一个新用户的时候选择加密保护方式为密码保护。

4.4.4 PGP 选项

1. 常规

如图 4.48 所示,"总是用默认密钥加密"选项可根据实际需要选择,如果经常给其他用户传输文件,需要用其他用户的公钥进行加密,建议不要勾选此复选框。

勾选"更快的生成密钥"复选框可减少创建密钥所花的时间。

在"单一登录"选项区域可根据自己的情况设定,有的时候需要频繁地使用密钥进行加密、解密、验证、签名等,如果每次都这样重复输入会很麻烦,这个时候就可以使用密码缓存功能,这样短时间内就不需要重复地输入密码了。

"文件粉碎"选项主要针对的是一些反删除软件,在日常运用中的删除其实是简单意义上的删除,数据还是存在的,一些反删除软件就可以对其进行恢复,所以 PGP 提供的"文件粉碎"功能是一个很不错的选择,它对文件所在硬盘的地方反复写入数据,让一些反删除软件无能为力。

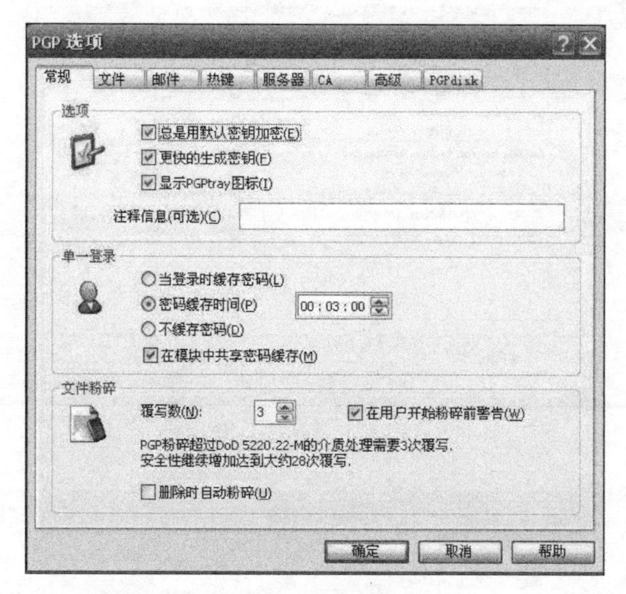

图 4.48　PGP 选项

2. 文件

如图 4.49 所示,这里是密钥环的位置,需要注意的是备份好密钥环文件,手动或自动都可以。PGP 默认在系统盘的 My Document 下建议更改文件夹,以防止系统崩溃未能做到及时备份。这里有一个技巧,很多软件都会往"我的文档"中写入一些数据,如果把"我的文档"定向到其他分区就免去了每次转移的麻烦。

3. 邮件

如图 4.50 所示,勾选"默认签名新消息"复选框可以在对方装有 PGP 的环境下验证邮件的有效性,确认是否是你发出的,或者在传输过程中是否被第三方篡改。

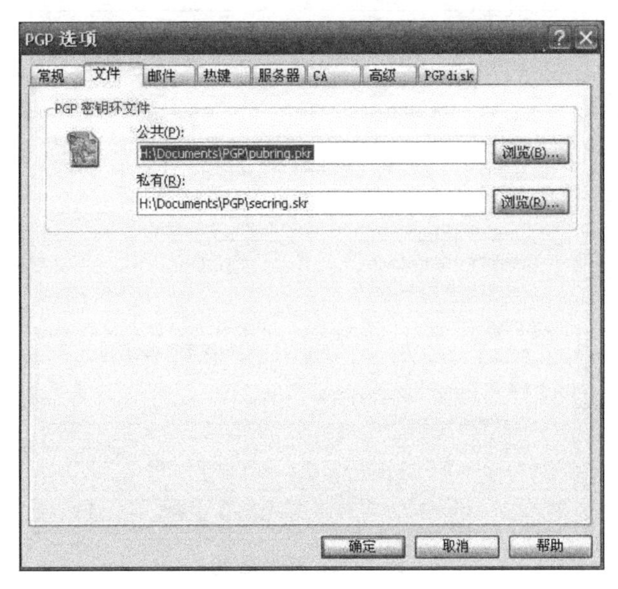

图 4.49　密钥环文件

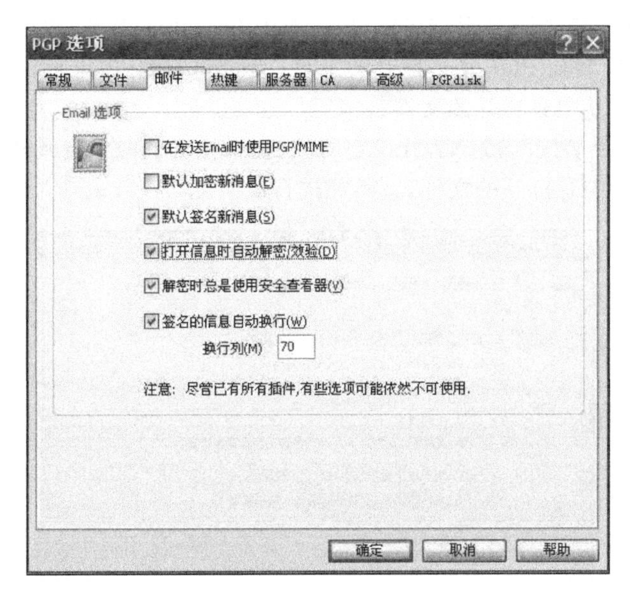

图 4.50　邮件的设置

勾选“打开信息时自动解密/校验”复选框将更快、更方便地解密/校验邮件。

4. 高级

图 4.51 所示的选项很容易理解，支持加密算法，需要注意的是前面提到的备份。这里，勾选“在 PGPkeys 关闭时自动密钥对备份”复选框，可以另外选择一个文件夹来做备份，如图 4.51 中的 X:\用于有额外的硬盘空间。

另外补充一点，不要勾选“软件更新”选项区域中的“自动检查更新”复选框，否则会总是提示升级到最新版本。现在最新版本的 PGP 软件与原系统的兼容性上可能会出现问题，会出现不稳定的情况，而 PGP 8.1 可长期免费使用。

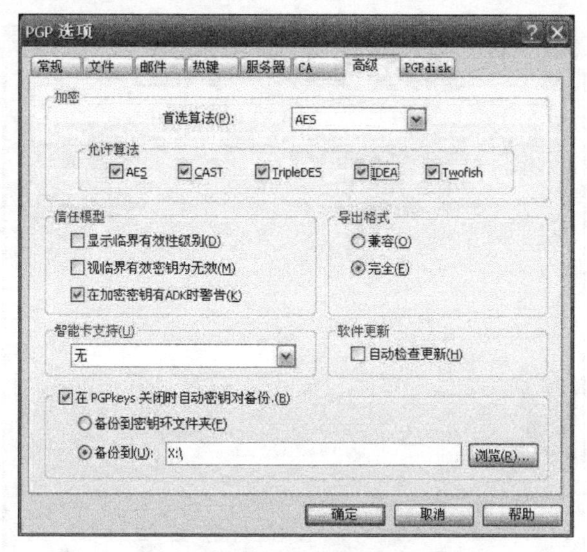

图 4.51　高级选项

5. PGPdisk

如图 4.52 所示，某些情况下在 PGPdisk 卷中有打开的文件，PGPdisk 就无法反装配它，勾选“允许强制反装配 PGPdisk 打开的文件”复选框，PGPdisk 将强制反装配 PGPdisk 卷，即使在 PGPdisk 卷中有打开的文件。

建议勾选“自动反装配”复选框，并设定时间，在未使用的时候自动进行反装配。但在这里，如果 PGPdisk 卷中有打开的文件，就不能进行反装配。

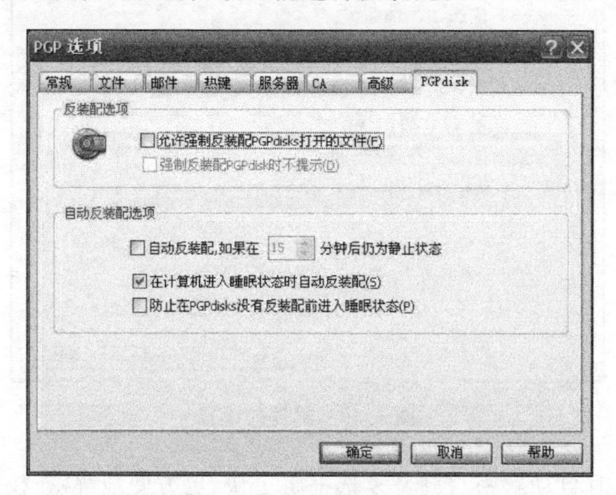

图 4.52　PGPdisk 选项

实验思考题

1. 如何保证密钥能够安全地发布和交换？
2. 用 PGP 创建自解密文件与用 WinRAR 创建压缩文件，哪个压缩率更高？
3. PGPdisk 的功能和 Windows 自带的文件加密系统的区别是什么？

实验5　火绒安全软件的使用

视频讲解

5.1　实验目的及要求

5.1.1　实验目的

通过实验操作掌握火绒安全软件的安装与基本功能的使用，对安全防御软件原理有一定的了解。能够熟练使用火绒安全软件实现常用的访问控制功能。

5.1.2　实验要求

根据教材中介绍的火绒安全软件的功能和步骤完成实验，在掌握基本功能的基础上，实现日常访问控制，给出实验总结报告。

5.1.3　软件介绍

火绒安全软件是针对互联网PC终端设计的安全软件，该软件与Microsoft公司合作，适用于Windows XP、Windows VISTA、Windows 7、Windows 8、Windows 8.1、Windows 10、Windows Server(2003 sp1及以上)的消费者防病毒软件。

火绒安全软件主要针对杀、防、管、控这几方面进行功能设计，主要有病毒查杀、防护中心、访问控制、安全工具4部分功能。由拥有连续15年以上网络安全经验的专业团队研发打造而成，特别针对国内安全趋势，自主研发拥有全套自主知识产权的反病毒底层核心技术。

火绒安全软件基于目前PC用户的真实应用环境和安全威胁而设计，除了拥有强大的自主知识产权的反病毒引擎等核心底层技术之外，更考虑到目前互联网环境下，用户所面临的各种威胁和困境，有效地帮助用户解决病毒、木马、流氓软件、恶意网站、黑客侵害等安全问题，追求"强悍的性能、轻巧的体量"，让用户能够"安全、方便、自主地使用自己的计算机"。

5.2　基础功能介绍与操作

5.2.1　软件安装流程

(1) 前往火绒官方网站下载软件安装包，网址为https://www.huorong.cn/。

(2) 运行下载好的安装包。

(3) 选择极速安装,等待安装完成即可(可以根据需要更改安装目录)。软件安装完成后将自动打开运行。火绒安全软件主界面如图 5.1 所示,非常简洁清晰。

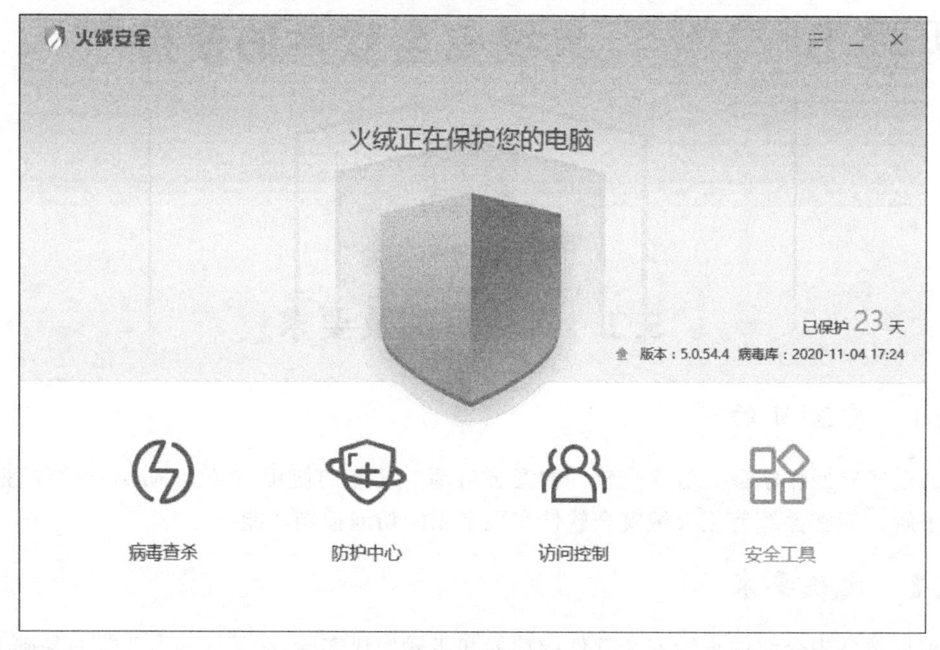

图 5.1 火绒安全软件主界面

5.2.2 病毒查杀

火绒病毒查杀能主动扫描在计算机中已存在的病毒和木马威胁。当用户选择了需要查杀的目标,火绒安全软件将通过自主研发的反病毒引擎高效扫描目标文件,及时发现病毒、木马,并帮助用户有效处理并清除相关威胁。

第 1 步：启动扫描。有 3 种模式供用户选择：快速查杀模式是病毒文件通常会感染计算机系统敏感位置,针对这些敏感位置进行快速查杀,用时较少,推荐日常使用；全盘查杀模式是针对计算机所有磁盘位置进行查杀,用时较长,推荐定期使用或发现计算机中毒后进行全面排查；自定义查杀模式是可以指定磁盘中的任意位置进行病毒扫描,完全自主操作,有针对性地进行扫描查杀,推荐在遇到无法确定部分文件安全时使用。查杀模式选择如图 5.2 所示。

第 2 步：发现威胁。当火绒安全软件在扫描中发现病毒时,会实时显示发现风险项的个数,可通过“查看详情”命令(见图 5.3)实时查看当前已发现的风险项。单击“退出详情”按钮即可返回病毒扫描页面。

第 3 步：处理威胁。当扫描到威胁后,火绒安全软件提供病毒处理方式的选择。

- 立即处理：对所选择的风险项进行隔离处理。
- 全部忽略：对扫描出的风险项不做处理。

将威胁文件处理完毕后,提示扫描完成,展示扫描概况,在上一步处理的威胁添加至“隔离区”,如图 5.4 所示。

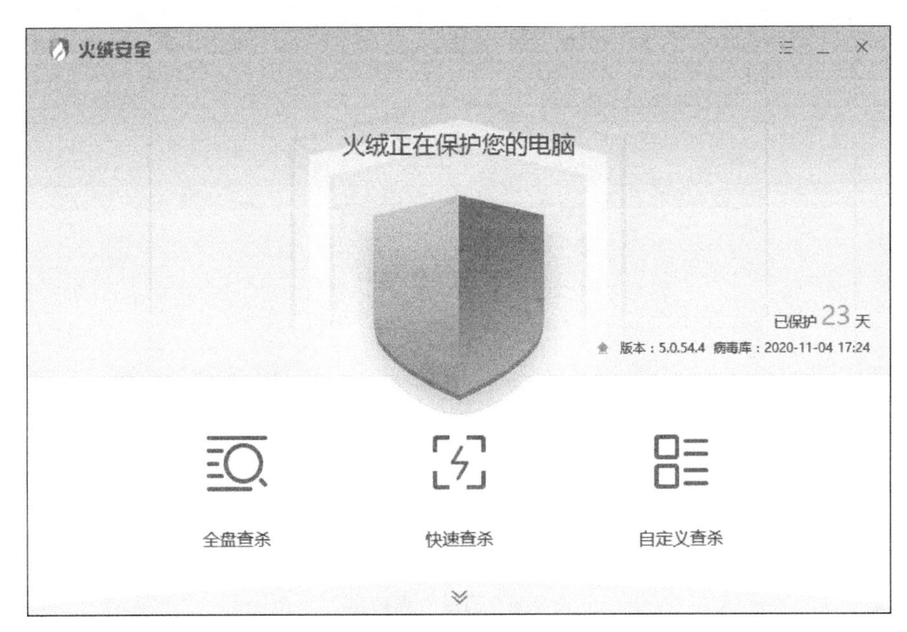

图 5.2　查杀模式选择

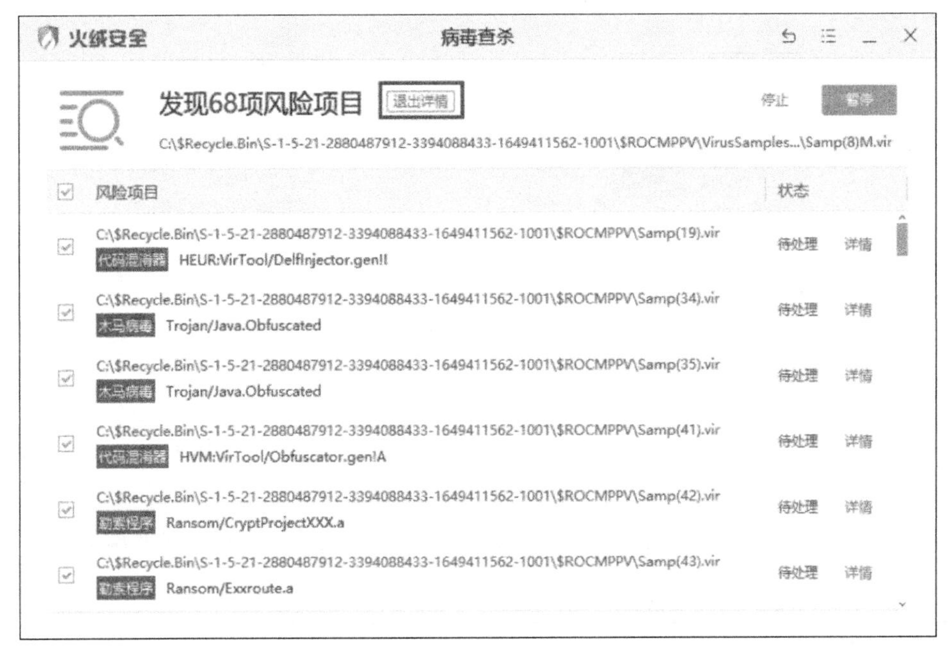

图 5.3　查看风险项

火绒安全软件会将扫描后清除的风险项文件经过加密后备份至“隔离区”，以便特殊需要时，可以主动从隔离区中重新找回被清除的风险项文件。以后在首页的下拉菜单中可找到隔离区，如图 5.5 所示。

第 4 步：可将确认安全的文件或网址添加到“信任区”。信任区可以添加文件、文件夹与网址。受信任的项目将不被认为包含风险，也不会被病毒查杀以及病毒防护的各项功能

图 5.4　扫描处理结果

检测。也可以在信任区中对已有的项目取消信任。可以在首页的下拉菜单中找到信任区，如图 5.6 所示。

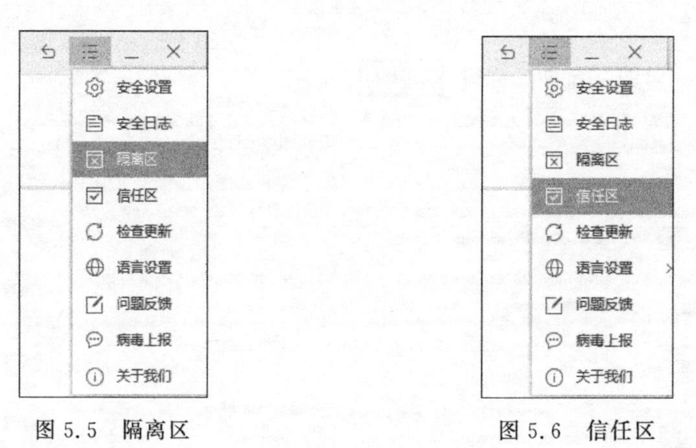

图 5.5　隔离区　　　　图 5.6　信任区

可以选择将需要信任的文件添加至信任区；或者将需要信任的文件夹添加至信任区，如图 5.7 所示。

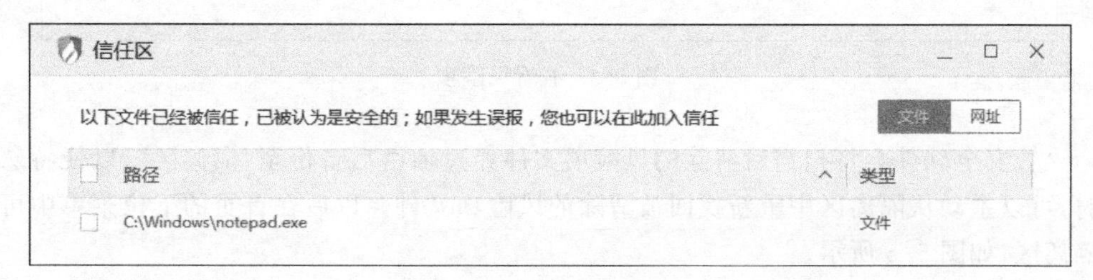

图 5.7　添加至信任区

5.2.3 防护中心

火绒防护中心一共有四大安全模块,包含 21 类安全防护内容。当发现威胁动作触发所设定的防护项目时,火绒安全软件将拦截威胁,帮助计算机避免受到侵害。

1. 病毒防护

病毒防护是针对计算机病毒设计的病毒实时防护系统,包含文件实时监控、恶意行为监控、U 盘保护、下载保护、邮件监控、Web 扫描 6 项安全防护内容,如图 5.8 所示。

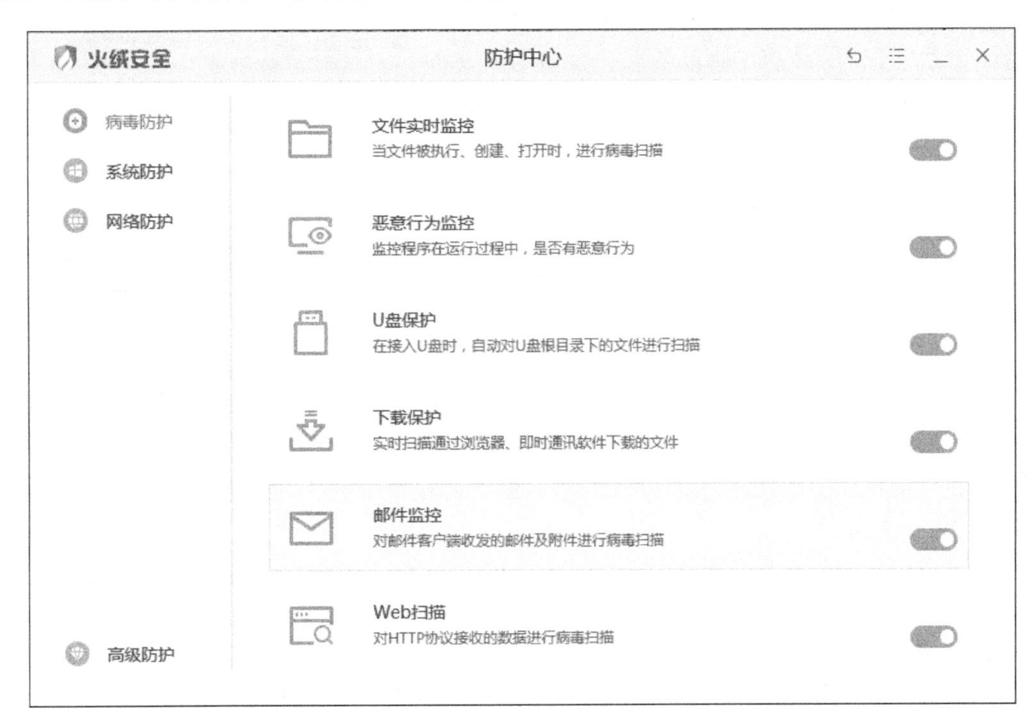

图 5.8 病毒防护

1) 文件实时监控

将在文件执行、修改或打开时检测文件是否安全,及时拦截病毒程序。在不影响计算机正常使用的情况下,实时保护计算机不受病毒侵害。当有威胁触发了"文件实时监控"时,火绒将自动清除病毒,并弹出提示窗口,如图 5.9 所示。

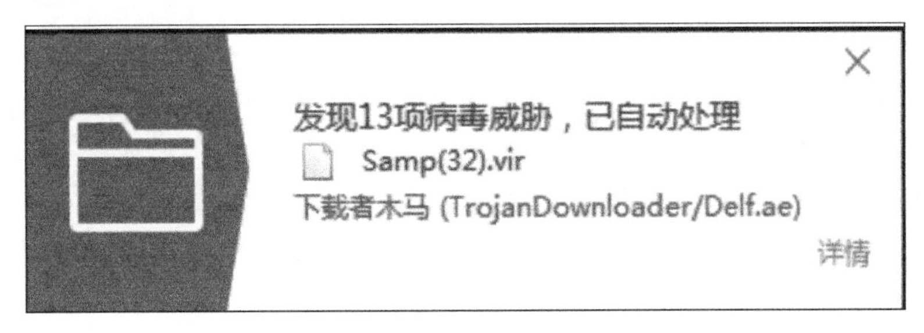

图 5.9 自动清除病毒提示窗口

2）恶意行为监控

通过监控程序运行过程中是否存在恶意操作判断程序是否安全，极大提升计算机反病毒能力。当有威胁触发了“恶意行为监控”时，火绒将弹出提示窗口，如图 5.10 所示。可根据需要选择相应的处理方式。

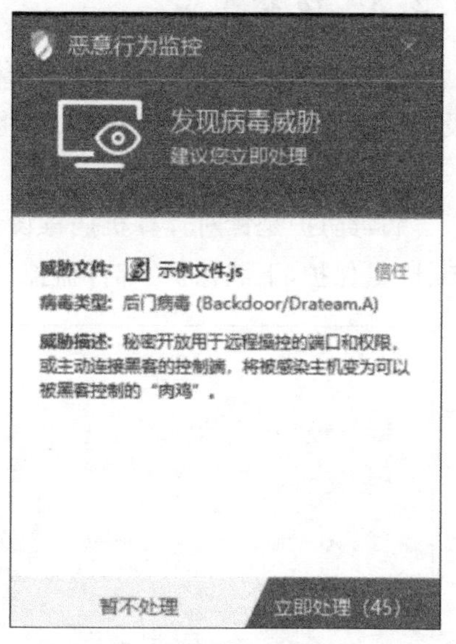

图 5.10　发现病毒提示窗口

3）U 盘保护

在 U 盘插入计算机时对其根目录进行快速扫描，及时发现并阻止安全风险，避免病毒通过 U 盘进入用户的计算机。同时，移动存储设备也会自动纳入文件实时监控等其他监控功能保护范围，全方位保护计算机的安全。

4）下载保护

在使用浏览器、下载软件、即时通信软件进行文件下载时对文件进行病毒扫描，保护计算机安全。

5）邮件监控

对所有接收的邮件进行扫描，当发现风险时，将自动打包风险邮件至隔离区，并发送一封火绒已处理的回复邮件。对于发送的邮件，若发现邮件中包含病毒，火绒将直接终止邮件发送，并自动清除病毒邮件至隔离区，防止病毒传播。邮件监控目前仅支持邮件客户端收发的邮件，但不会对邮件客户端做出任何修改。

6）Web 扫描

当有应用程序与网站服务器进行通信时，Web 扫描功能会检测网站服务器返回的数据，并及时阻止其中的恶意代码运行。

2. 系统防护

系统防护模块用于防护计算机系统不被恶意程序侵害。系统防护包含系统加固、应用加固、软件安装拦截、摄像头保护、浏览器保护、联网控制 6 项安全防护内容，如图 5.11 所示。

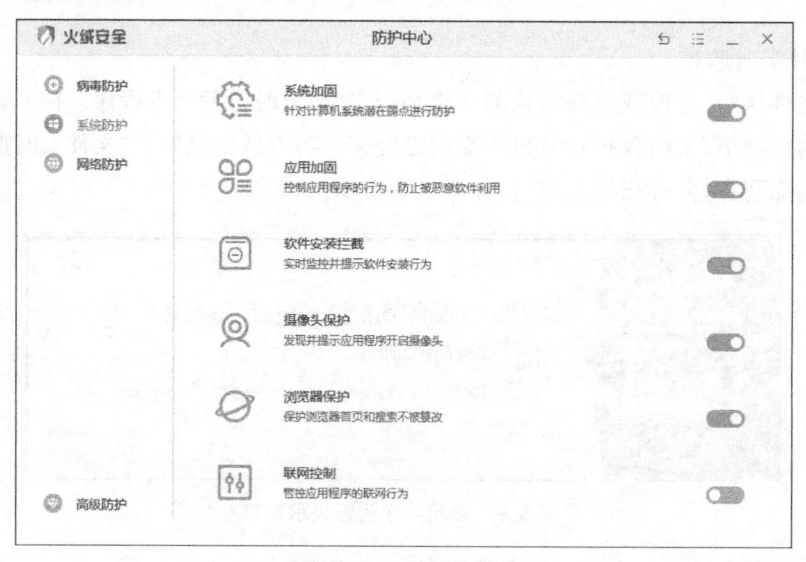

图 5.11　系统防护

1）系统加固

根据火绒安全软件提供的安全加固策略，当程序对特定系统资源操作时提醒用户可能存在的安全风险。当有威胁动作触发“系统加固”时，会出“系统加固”对话框，如图 5.12 所示，可以根据需要选择对这个动作的处理方式。

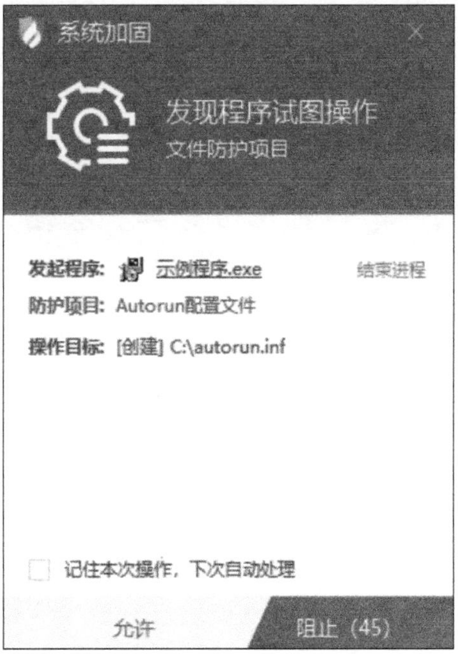

图 5.12 “系统加固”对话框

2）应用加固

通过对容易被恶意代码攻击的软件进行行为限制，防止这些软件被恶意代码利用。

3）软件安装拦截

火绒安全软件会根据用户举报，将曾有过未经允许安装到用户计算机行为的软件，加入安装拦截列表中，在其他用户安装相同软件时进行弹窗提示。

4）摄像头保护

在有任意计算机软件要启用用户的摄像头时弹窗提示，用户可以根据需要选择是否允许程序启用摄像头。

5）浏览器保护

能保护浏览器主页与搜索引擎不被随意篡改。此外，在用户访问电商网站与银行官网等网站时，自动进入网购保护模式，阻止支付页面被篡改等支付风险，为浏览器提供更全面的保护。

6）联网控制

当用户需要阻止某程序联网，或者希望自行管控计算机中所有程序是否联网时，用户可以通过联网控制功能很好地管控计算机程序的联网行为。该功能默认不启用，开启后，每当有程序进行联网时，联网控制都会弹窗提示，因此建议根据需要决定是否开启此功能。在联网控制弹窗中，用户可以根据需要选择对这个动作的处理方式。

3. 网络防护

主要保护计算机在使用过程中对网络危险行为的防御。网络防护包含网络入侵拦截、对外攻击拦截、僵尸网络防护、暴破攻击防护、Web 服务保护、恶意网址拦截 6 项安全防护内容，如图 5.13 所示。

1）网络入侵拦截

当黑客通过远程系统漏洞攻击计算机时，网络入侵拦截能强力阻止攻击行为，保护受攻击的终端，有效降低系统面临的风险。当发现有网络入侵行为时，火绒将自动阻止，并通过托盘消息通知用户。

2）对外攻击拦截

对外攻击拦截与网络入侵拦截技术原理一致（都是通过识别漏洞攻击数据包），但是侧重于拦截本机对其他计算机的攻击行为。当发现用户的计算机有对外攻击行为时，火绒安全软件将自动阻止，并通过托盘消息通知用户。

图 5.13　网络保护界面

3）僵尸网络防护

检测网络传输的数据包中是否包含远程控制代码，通过中断这些数据包传输以避免用户的计算机被黑客远程控制。当发现有僵尸网络行为时，火绒安全软件将自动阻止，并通过托盘消息通知用户。

4）暴破攻击防护

不法分子常常通过暴力破解登录密码等其他密码破解攻击获取密码进行远程登录。一旦远程登录进入主机，用户可以操作主机允许的任何事情。当有发现计算机受到密码破解攻击时，火绒安全软件将阻止攻击行为，并通过托盘消息通知用户。

5）Web 服务保护

阻止针对 Web 服务相关的软件的漏洞攻击行为。当发现计算机受到入侵时，火绒安全软件将记录攻击行为，并通过托盘消息通知用户。

6）恶意网址拦截

可以在用户访问网站时自动分辨即将访问的网站是否存在恶意风险。如果存在风险，将拦截访问行为，并告知用户，避免用户的计算机受到侵害。

4. 高级防护

高级防护中的详细内容，用户可在“防护中心”→“高级防护”中查看，如图 5.14 所示。

1）自定义防护

自定义防护通过设置自定义防护规则能精准控制各项软件的执行，精准保护用户不希望修改的文件、注册表等。有能力的用户可以通过自行编写防护规则，个性化增强计算机防护能力。

图 5.14　高级防护

2）IP 黑名单

当用户的计算机有不受欢迎的 IP 访问时，用户可以将这些 IP 加入黑名单中，以阻止这些 IP 的访问。当发现有 IP 黑名单中地址的请求数据包时，火绒安全软件将直接丢弃，并通过托盘消息通知用户。

3）IP 协议控制

有一定计算机基础的用户在访问网络的时候，若需要控制访问的具体动作，火绒安全软件提供了协议控制，具体是在 IP 协议层控制数据包进站、出站行为，并且针对这些行为做规则化地控制。

5.2.4　访问控制

当有访客使用用户的计算机时，用户可以使用上网时间、程序执行控制、网站内容控制、设备使用控制这些功能对访客的行为进行限制。

1. 密码保护

开启访问控制的各项功能后，虽然已经可以限制计算机的使用，但是功能开关仍可被随意修改，同时，火绒安全软件仍可被人为关闭或卸载。此时用户可通过设置密码来解决。在“访问控制”页面中单击“密码保护”链接，进入安全设置页面，设置密码保护，如图 5.15 所示。

1）设置密码

打开“设置”页面，在“常规设置”→“基础设置”中勾选“开启密码保护”复选框，如图 5.16 所示，弹出“密码设置”对话框。需要注意的是，如果用户忘记密码，火绒安全软件将无法为用户找回之前的密码，请务必牢记用户设置的密码。当用户在密码保护的范围中进行任意操作时，均会弹出输入密码的对话框，要求输入设置的密码才能进行相应操作。

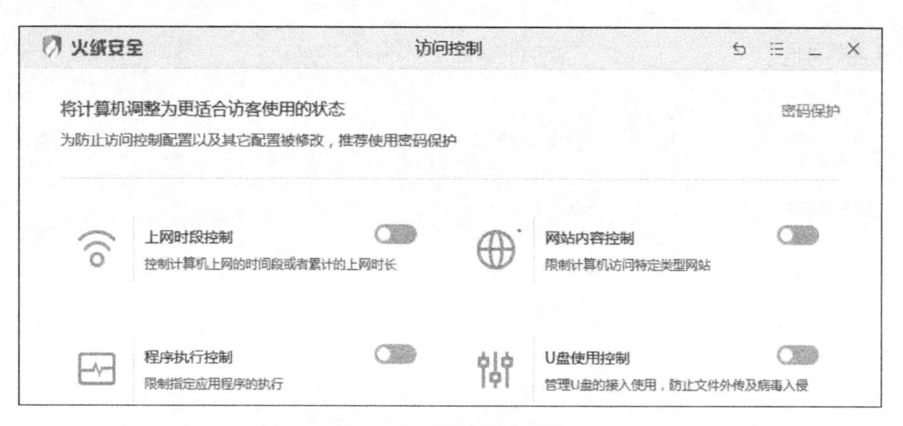

图 5.15　设置密码保护

图 5.16　密码设置页面

2）修改密码和保护范围

在启用密码保护后，需要修改密码或修改密码保护范围时，可在"常规设置"→"基础设置"中单击"密码设置"按钮，再次打开密码设置页面，进行修改密码或保护范围。

3）关闭密码保护

只需取消勾选"开启密码保护"复选框，即可关闭密码保护。

2. 上网时段控制

根据用户设定的上网时间对计算机联网功能进行控制。如图 5.17 所示，当前提供两种限制方式：控制上网时段和控制累计时间。控制上网时段以一星期(一周)为周期，对可上网时间段进行限制，管控每天可上网的时间。控制累计时间对工作日(周一至周五)和周末(周六、周日)的累计上网时长进行限制，管控每天总上网时间。当发生流量变化时，就记为正在上网时间。超出限定上网时间时，将弹窗提示并断网，用户仍可单击"详情"链接或打开火绒安全软件解除上网时段控制。

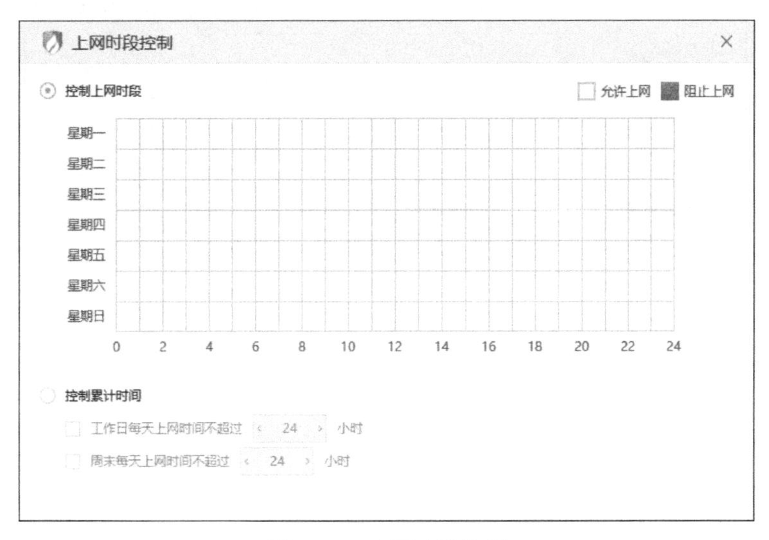

图 5.17 上网时段控制

3. 网站内容控制

可以限制计算机访问指定网址，达到屏蔽某些网站的目的，限制访客访问不受用户信任的网站。除了火绒安全软件内置的 6 项常用的基础规则，还可根据需要添加其他需要屏蔽的网址。用户可以自定义当前规则名称，填写要拦截的网址。多个网址通过换行区分，每行为一个网址。网址支持通配符 *，如 www. *. com 表示 www 开头，以 com 结尾的所有网站都禁止访问。保存此规则，当计算机访问受限网站时，火绒安全软件将拦截访问，并在浏览器中显示拦截提示，如图 5.18 所示。

图 5.18 拦截网址提示

4. 程序执行控制

在访客使用用户计算机的过程中，若用户希望限制访客使用用户的部分软件，此时可开启程序执行控制，以限制某个或某类程序在计算机中的使用，如图 5.19 所示。

当执行受限制程序时，火绒安全软件将弹窗提示用户，并阻止程序执行。单击“详情”链接会打开火绒的程序执行控制页面，若用户已设置密码，还会弹出输入密码提示窗口。

5. U 盘使用控制

提供了阻挡不被信任的 U 盘接入计算机的功能。当开启 U 盘使用控制功能后，接入的

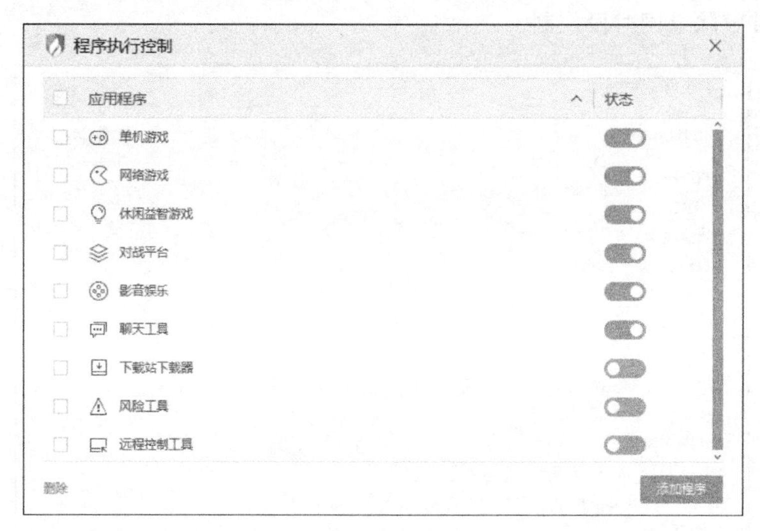

图 5.19　程序执行控制

U 盘需添加信任,未信任的 U 盘将不能使用。选中需要信任的设备,单击“添加信任”按钮,U 盘即可正常连接使用。信任的设备在下一次连接计算机时无须再次确认,可直接连接。当接入的 U 盘不在信任列表内时,火绒安全软件将弹出阻止窗口。单击“详情”链接会打开 U 盘使用控制页面,若用户已设置密码,还会弹出输入密码提示窗口。

5.2.5　安全工具

火绒安全软件除了在病毒防护与系统安全方面为用户保驾护航,同时还提供了 15 种安全工具,帮助用户更方便地使用和管理计算机。此外,火绒还专门为有一定计算机基础的用户提供了一个强大的系统管理工具——火绒剑,如图 5.20 所示。

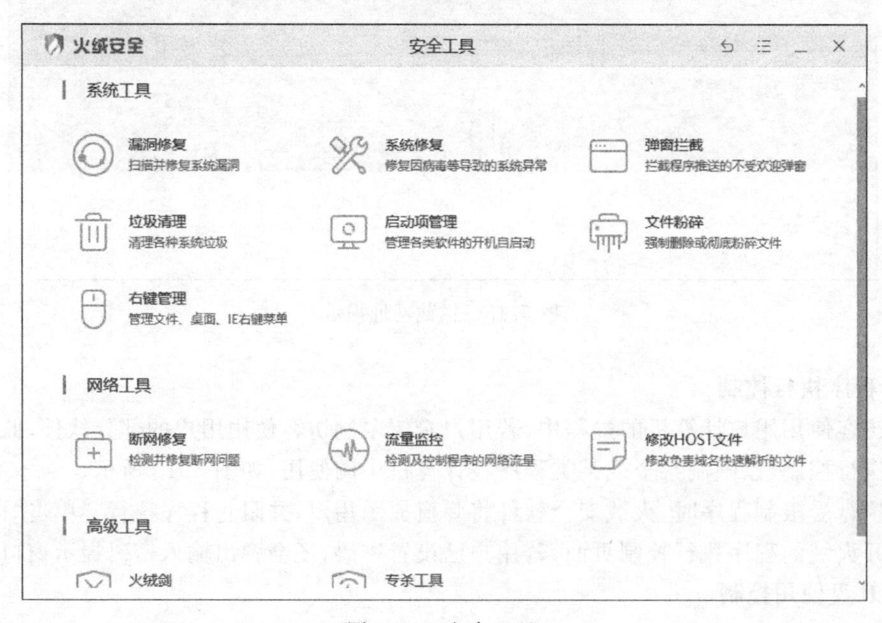

图 5.20　安全工具

1. 系统工具

1）漏洞修复

漏洞可能导致用户的计算机被他人入侵利用。微软公司和其他软件公司会不定期地针对 Windows 操作系统以及在 Windows 操作系统上运行的其他应用发布相应的补丁程序，漏洞修复能第一时间获取补丁相关信息，及时修复已发现的漏洞。

扫描发现问题后，火绒会默认勾选“高危漏洞补丁”复选框；功能漏洞补丁一般不容易导致计算机的安全风险，因此不会自动为用户勾选，建议有经验的用户选择性修复；不建议安装的补丁在安装后可能会导致用户软件异常或系统崩溃，默认不会勾选，建议用户在非必要时不要修复。单击“一键修复”按钮将开始下载并安装已勾选的漏洞补丁，如图 5.21 所示。

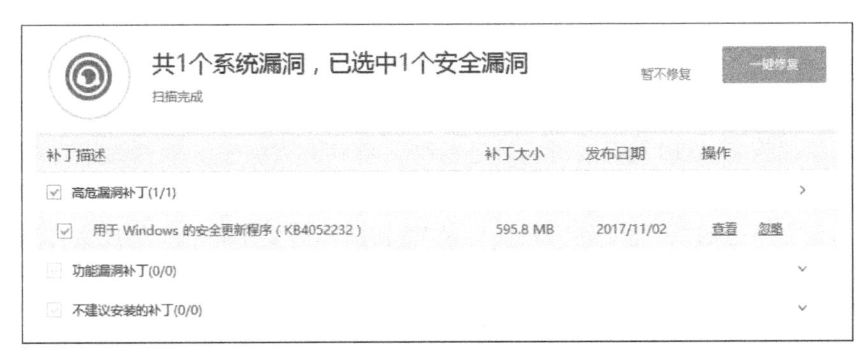

图 5.21　漏洞补丁

“补丁管理”在漏洞修复首页右下角，在“补丁管理”中的项目将不予以扫描显示。用户如需解除此状态，可在“补丁管理”列表中选中需要解除忽略的项目并单击“取消忽略”按钮。

漏洞较多或漏洞补丁较大时常常需要很长的下载时间与安装时间。用户可在正在修复的页面中选择“后台修复”，将漏洞修复切换至后台并提示用户。在系统托盘中可找到“漏洞修复”图标。

2）系统修复

能修复因为木马病毒篡改、软件的错误设置等原因导致的各类计算机系统异常、不稳定等问题，以保证系统安全稳定地运行。进入“系统修复”主页，单击“扫描”按钮开始扫描排查系统问题。

扫描完成并发现问题后，会显示扫描完成页面，用户可根据自己的需要勾选需要修复的项目，火绒默认只为用户勾选推荐修复项。单击“立即修复”按钮进行系统修复，用户等待修复完成即可。“忽略区”在系统修复首页右下角，在忽略区中的项目将不予以扫描显示。用户如需解除忽略状态，可在“忽略区”列表中勾选该项并单击“取消忽略”按钮。

3）弹窗拦截

很多计算机软件在使用的过程中会通过弹窗的形式推送资讯、广告甚至是一些其他软件，这些行为非常影响计算机的正常使用。火绒采用多种拦截形式自主、有效地拦截弹窗。弹窗拦截开启后，会自动扫描出用户计算机软件中出现的广告弹窗，并开始自动拦截。用户也可手动关闭某些不想被拦截的弹窗。

4）垃圾清理

火绒安全软件提供了垃圾清理工具，清理不必要的系统垃圾、缓存文件、无效注册表等，节省计算机使用空间。打开垃圾清理页面后,单击“开始扫描”按钮即可开始扫描计算机垃圾。

扫描发现系统垃圾后,火绒会为用户智能勾选推荐清理的垃圾,用户可根据需要勾选或取消勾选。勾选完毕后单击“一键清理”按钮等待垃圾清理自动完成即可。在“软件设置”页面中勾选“开机自动扫描”和“自动清理,无需弹窗提醒”复选框,根据需要选择清理大小和扫描周期,火绒安全软件会根据设置的扫描周期自动进行扫描、清理工作。

5)启动项管理

可以通过管理计算机开机启动项目,允许必要启动,禁止无用启动,使计算机达到最佳使用状态。用户可在“启动项管理”首页中通过禁用或开启控制软件的自启动,管理用户的启动项。

6)文件粉碎

在用户使用计算机过程中,有部分文件无法通过常规删除;或部分文件需要彻底删除,防止被技术手段恢复,这时就需要对文件进行彻底粉碎。火绒安全软件为用户提供更安全的粉碎方式,保护用户的个人隐私。打开“文件粉碎”页面,用户可通过拖动目标文件/文件夹或单击页面右下方的“添加文件”“添加目录”按钮选择需要粉碎的文件或文件夹。

7)右键管理

火绒安全软件提供了针对右键菜单管理的小工具,方便用户隐藏右键菜单中不需要的功能。打开“右键管理”页面后,用户可将不希望在右键菜单中显示的命令关闭,将需要显示的命令开启。右键管理一共可以管理文件右键菜单、桌面右键菜单、IE右键菜单3个区域。

2. 网络工具

1)断网修复

在计算机日常的使用过程中,有时会遇到突然断网的情况。断网修复能为用户检查出断网原因并自动修复出现的问题,为用户恢复网络通畅。在发现问题后,单击“立即修复”按钮,等待网络修复完成即可。若用户有不想修复的项目,可在问题列表中忽略修复此项目。

2)流量监控

当很多程序都在利用网络下载/上传数据时,会造成访问缓慢的情况,通过流量监控可以更好地控制上网的程序,查看使用网络情况,防止网络阻塞。当需要限制某程序网络传输速度时,打开“流量监控”页面,单击对应的“操作”按钮,选择“限制网速”,打开“限制网速”窗口。如需查看流量使用历史,单击页面右上角的“历史流量”按钮,如图5.22所示,进入流量监控历史页面。在这里可以查看程序上传和下载的总流量,同时依然可通过单击程序右侧的“操作”按钮进行流量控制。

若想查看程序当前的连接状况,可以进入“连接详情”窗口。在“连接详情”窗口中,火绒安全软件提供了关闭连接和右键复制数据项的功能。火绒还为用户提供了便捷查看流量的方式,通过流量悬浮窗可以查看当前流量使用状态。

3)修改HOST文件

火绒安全软件为有一定计算机基础的用户提供了修改HOST文件的工具。当有些网站用户不想访问,或者有的网站访问不到时,通过修改HOST文件就可以把域名指向的IP地址修改成希望指向的IP地址,达到想要的效果。单击“修改HOST文件”按钮能一键打开HOST文件,方便快捷地修改HOST文件。

火绒安全 - 流量监控

今天　下载总量：2.97GB　上传总量：12.23MB　实时流量　历史流量

程序名称	程序类别	下载流量	上传流量	合计	操作
360se.exe 360安全浏览器	应用程序	1.09MB	34.21KB	1.13MB	
360zip.exe 360压缩	应用程序	1.66KB	1.93KB	3.59KB	
360zipUpdate.exe 360压缩升级模块	应用程序	907B	126B	1.01KB	
bugreport.exe 火绒问题反馈程序	应用程序	2.34KB	628B	2.96KB	
culauncher.exe qualauncher	应用程序	3.87KB	1.16KB	5.03KB	
et.exe WPS Spreadsheets	应用程序	1.01KB	576B	1.57KB	

图 5.22　流量监控历史页面

3. 高级工具

1）火绒剑

火绒剑是为专业分析人员提供的分析工具，方便其分析软件动作，查找问题。

2）专杀工具

专杀工具主要用于解决部分顽固木马病毒。这类顽固木马病毒运行后，不仅难以清除，而且会阻止安全软件正常安装。因此，需要专杀工具使用针对性的技术手段进行处理。目前专杀工具需要单独下载，用户可在火绒论坛中下载程序安装后使用。

5.3　进阶功能使用

火绒安全软件为有一定计算机知识背景的用户提供了可以手动自由控制杀毒软件以及计算机的方式，用户可以通过调整火绒安全软件的设置，达到自己想要实现的防护效果，更加精准地保护用户的计算机。

5.3.1　病毒查杀

1. 信任风险文件

在风险项中若含有用户信任的文件，用户不想文件被清除，同时又不想被反复扫描出来，可单击该文件的“详情”链接，在弹出的“风险详情”对话框中单击“信任文件”按钮将该文件添加至信任列表。

用户仍可再次单击已信任文件的“详情”按钮，单击“取消信任”按钮，继续查杀该风险文件。

2. 调整查杀设置

打开“安全设置”页面，可在“常规设置”→“查杀设置”中调整病毒查杀的相关配置，如扫描压缩包大小、排除扫描某些扩展名文件、修改病毒处理方式等。

5.3.2 防护中心

1. 病毒防护

可以通过对病毒防护模块的设置达到自己想要的防护效果。

1）文件实时监控设置说明

通过设置可以调整文件实时监控所产生作用的形式,根据个人需要调整扫描时机、排除文件、处理病毒方式、清除病毒备份隔离区、查杀引擎等内容,防止已经隐藏在计算机中的病毒对计算机造成伤害。

2）恶意行为监控设置说明

通过设置可以调整恶意行为监控发现威胁动作时是否自动处理,处理病毒与清除病毒后备份隔离区等设置项目。生成若干常见文件格式的随机文件,病毒防护系统增强勒索病毒防护,使用这些随机文件诱捕勒索病毒,达到增强防护的目的。

3）U 盘保护设置说明

通过设置可以管理 U 盘保护的模式。调整自动扫描、病毒处理方式等内容,防止病毒通过 U 盘感染用户的计算机。

4）U 盘修复功能

主要为用户解决清除部分 U 盘病毒后的两类遗留问题。一类是篡改 autorun 文件的病毒,在查杀后可能会在 U 盘中遗留无效的 autorun .inf 文件；另一类是部分病毒会隐藏用户正常文件,释放伪装文件,诱导用户传播病毒,当火绒查杀了这类病毒后会清除病毒生成的伪装文件,但是会导致部分用户误以为杀毒软件把正常文件删除了。通过 U 盘修复可删除无效的 autorun. inf 文件,检索 U 盘根目录下的隐藏文件与目录,引导用户进行修复操作。当 U 盘接入时发现可修复项目,弹窗提示如图 5.23 所示。

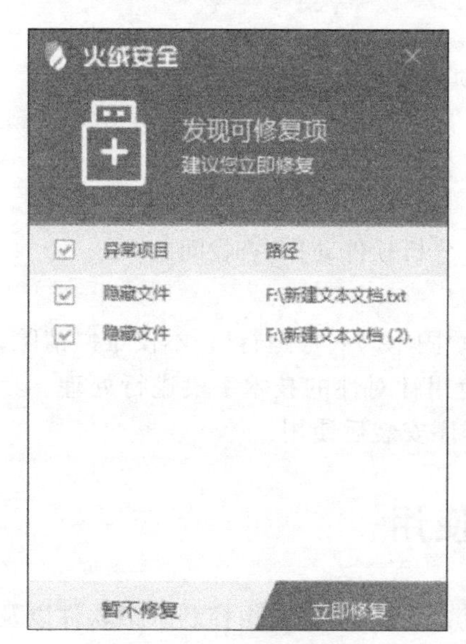

图 5.23 U 盘修复弹窗提示

5）下载保护设置说明

通过设置可以管理下载保护的生效方式,用户可以根据自己的需要对下载内容进行有针对性的查杀,防止病毒通过互联网下载文件感染用户的计算机。

6）邮件监控设置说明

通过设置可以管理邮件监控的生效方式,用户可以根据自己的需要对发送、接收邮件进行有针对性的查杀,防止病毒通过邮件附件感染用户的计算机。

7）Web 扫描设置说明

通过设置可以管理 Web 扫描的病毒处理方式,防止病毒通过用户访问的网站感染用户的计算机。

2. 系统防护

可以通过对系统防护模块的设置,配置相应规则,控制计算机中的程序对系统的修改与调整,达到对系统防护的效果。

1）系统加固设置说明

通过设置可以管理系统加固的生效方式，火绒针对计算机系统进行规则内置，用户可以根据自己的需要调整防护项目，防止计算机的各项系统设置被恶意程序篡改。

在基础防护中针对文件防护、注册表防护、执行防护的防护项目进行修改调整。默认配置了相应规则，用户可根据需要自行调整，勾选需要启动的防护项目，选择对应的生效方式即可。

自动防护：部分程序为了达到持续篡改系统某些配置的目的，会反复执行相同操作，为了不反复弹窗提示拦截信息，影响日常使用，火绒提供了自动防护功能，用户可以选择记住操作，减少相同弹窗提示。同时，火绒开放了自主添加自动处理项目的功能，方便用户自由管控。

自动添加：当危险行为触发系统加固的生效方式为弹窗提示的规则时，会弹窗提示，勾选“记住本次操作”复选框，就会自动添加规则到“自动处理”列表中，下次遇到相同问题，则采取相同方式处理。

2）应用加固设置说明

勾选“应用加固”，代表该防护规则开启，后面的图标为用户计算机中对应安装的应用程序，程序卸载后，对应图标消失。

3）软件安装拦截设置说明

在软件安装拦截设置中修改规则列表中程序的安装行为，此外，还能自动阻止可识别软件的安装行为。在发现存在软件安装行为时会弹窗提示，当勾选“记住本次操作，下次自动理”复选框时，会自动添加一条对应规则至列表中。

弹出安装拦截提示弹窗时，不会区分软件的安装形式，无论是正常安装还是通过捆绑、推广、静默或其他方式安装，都会统一提示用户软件安装拦截，并非对软件安装包进行报毒，即使选择“阻止”也不会删除软件安装包，用户还可以再次执行，重新安装。

4）摄像头防护设置说明

可在摄像头防护设置中调整规则列表中程序的启动摄像头权限。在发现软件需要启动摄像头时默认弹窗提示，当勾选“记住本次操作，下次自动处理”复选框时，会自动添加一条对应规则至列表中。

5）联网控制设置说明

可在联网控制设置中调整列表中程序的联网行为、添加新的程序联网规则以及调整当前联网控制触发时机。当“联网设置”中选择“询问我”（默认选项）时，每当有联网控制以外的程序发送联网请求，联网控制会弹窗提示，可根据需要选择对这个动作的处理方式。也可勾选“记住本次操作”复选框后选择允许/阻止，添加一条允许/阻止联网的规则到列表中。仍可在联网控制列表中修改或删除此规则。

3. 网络防护

1）入侵拦截设置说明

可在设置中调整当发生黑客入侵或其他网络入侵行为时需要进行的操作。

2）对外攻击拦截设置说明

可在设置中调整当本机发生对外攻击行为时需要进行的操作。

3）僵尸网络防护设置说明

可在设置中调整当计算机被非法远程控制时需要进行的操作。

4）Web 服务保护设置说明

可在设置中调整当黑客对安装了服务器软件的计算机发起攻击，入侵用户计算机的服务器软件时需要进行的操作。

5）远程登录防护设置说明

当发现计算机受到密码破解攻击时，用户可以在“防护设置”中调整需要进行的操作。同时，也可以添加信任规则，允许指定 IP 发起的远程登录行为。

6）恶意网址拦截设置说明

可在设置中调整需要拦截的网址类型，同时还能自定义添加需要拦截的网站。

4. 高级防护

1）自定义防护设置说明

用户可在“自定义防护”设置中添加自定义防护规则，以及查看并管理所有用户创建的自定义规则。“自定义防护”设置中包含自定义规则和自动处理两部分内容。单击“自定义规则”标签页，如图 5.24 所示，进入自定义规则页面。

图 5.24　自定义规则设置

2）IP 黑名单设置说明

可在 IP 黑名单设置中管理黑名单中的所有 IP，同时还支持规则的导出与导入，方便用户的操作。

3）IP 协议控制设置说明

IP 协议控制是在 IP 协议层控制数据包进站、出站行为，并且针对这些行为做规则化的控制。用户可以根据自己的需要选择启用，同时用户也可以自己编写 IP 协议规则。通过设置可以管理 IP 协议控制的相关规则。

5. 管理设置

当用户需要恢复设置的默认状态或是将规则设置导出并在另一台计算机上运行时，管理设置就能很好地满足用户的需求，如图 5.25 所示。

1）恢复默认设置

将恢复用户在火绒中修改的所有设置为默认状态，单击“恢复默认设置”命令后弹出恢复默认设置提示窗口。单击“确定”按钮则恢复默认设置，单击“取消”按钮或关闭弹窗则不恢复默认设置。

图 5.25 管理设置

2）导出设置

导出当前设置，单击“导出设置”命令后选择保存位置，单击“确定”按钮，等待导出完成即可。

3）导入设置

单击“导入设置”命令后选择需要导入的规则，单击“确定”按钮等待规则导入完成，即可导入设置。

6. 安全日志

安全日志是安全杀毒软件的一项基础功能，用户可以利用安全日志查看一段时间内计算机的安全情况，也可以根据安全日志分析计算机遇到的问题，如图 5.26 所示。

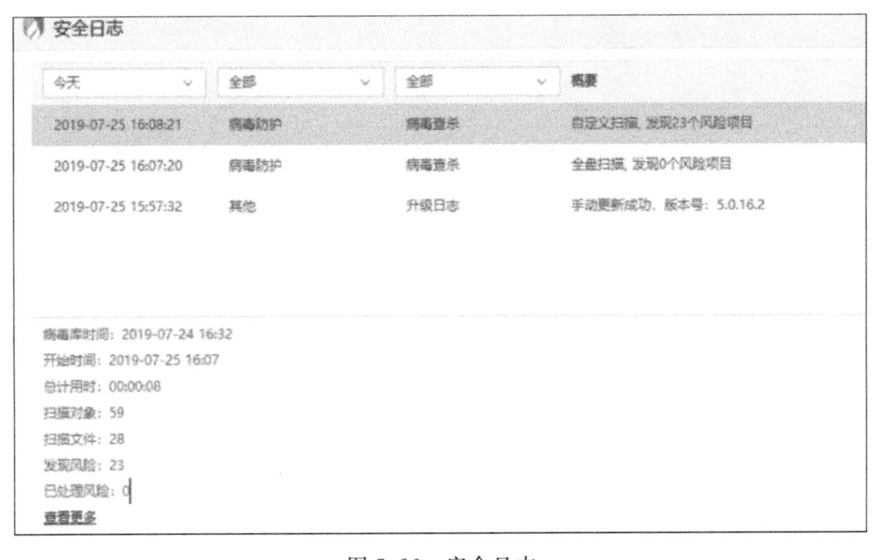

图 5.26 安全日志

以上详细介绍了火绒安全软件各项功能的使用方法，不管是家庭用户还是专业人员，火绒都能提供合适的病毒防护模式，全方位保护计算机安全。通过对火绒安全软件的学习，可以熟悉这类软件的共同特性。

实验思考题

1. 防护中心有哪些功能?
2. 病毒查杀主要有哪几种模式?
3. 访问控制有哪些设置?
4. 安全工具有哪些设置?
5. 在安全日志中可以查看什么信息?

实验6　VPN 服务的配置与使用

视频讲解

6.1　实验目的及要求

6.1.1　实验目的

掌握 VPN(Virtual Private Network)服务的基本原理,学习通过虚拟机对 Windows Server 2003 中的 VPN 功能进行配置,学习 IPSec VPN 隧道,熟悉移动办公方式下的 VPN 隧道建立,理解 PPTP(Point-to-Point Tunneling Protocol)和 L2TP(Layer 2 Tunneling Protocol)之间的区别。

6.1.2　实验要求

根据教材中介绍的操作步骤完成实验内容,详细观察并记录设置的内容,理解设置的内容和原理,做出分析并写出实验总结报告。

6.1.3　实验设备及软件

安装了 Windows Server 2003 的虚拟机一台,PC 一台。

6.1.4　实验拓扑

实验拓扑如图 6.1 所示。

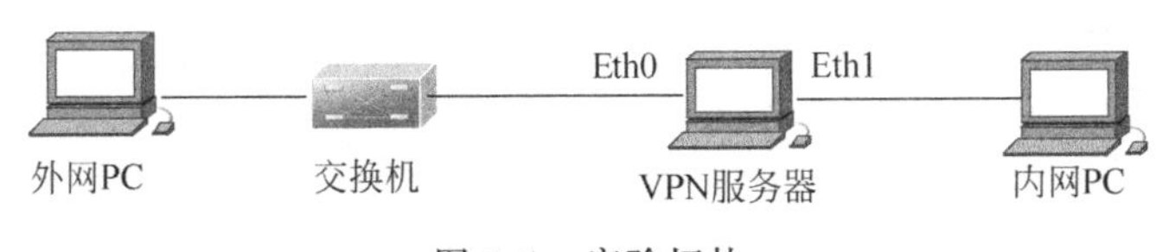

图 6.1　实验拓扑

6.2　实验内容及步骤

6.2.1　应用情景

可以设想一下情景:公司的总部在广州,有两个办事处分别在香港和上海,两个办事处的网络需要和总部连接,同时办事处之间也需要相互连接。解决这种问题以前只有一种办法,就是分别申请两条专线连接总部和两个办事处,两个办事处之间的通信通过总部转发。

长途专线的费用是非常昂贵的,在以前只有银行、证券公司和大企业才有能力负担。

有了互联网和 VPN 技术之后,解决办法可以变为:总部通过一条专线和互联网连接,两个办事处分别在本地申请互联网的拨号连接,然后通过在互联网上建立两条 VPN 通道将 3 个网络连接起来。这样可以省去长途专线费用。不过互联网的专线连接也不便宜,这种解决方案暂时也只有大中型公司可以负担得起。

VPN 不但可以用于上述网络对网络的连接,也可以用于单台计算机与网络的连接。在使用 VPN 的时候需要规划一下应用环境。

首先需要列出需要连接的节点和节点的类型,以及之间的访问关系,即由谁发起连接和向谁发起连接的问题。这样可以确定哪些地方需要安装 VPN 服务器,哪些地方仅配置客户端就可以了。

6.2.2 PPTP 实现 VPN 服务

要实现在异地通过 VPN 客户端访问总部局域网各种服务器资源,首先采用 PPTP 实现 VPN 服务功能。

1. 服务器端基本配置

(1) 系统前期准备工作。

虚拟机服务器硬件要求:双网卡,一块接外网,一块接局域网。在 Windows 2003 中 VPN 服务称为“路由和远程访问”,默认状态为已经安装,只需对此服务进行必要的配置,使其生效即可。

在“虚拟机设置”对话框中添加双网卡,如图 6.2 所示,然后启动虚拟机中的 Windows Server 2003 服务器。

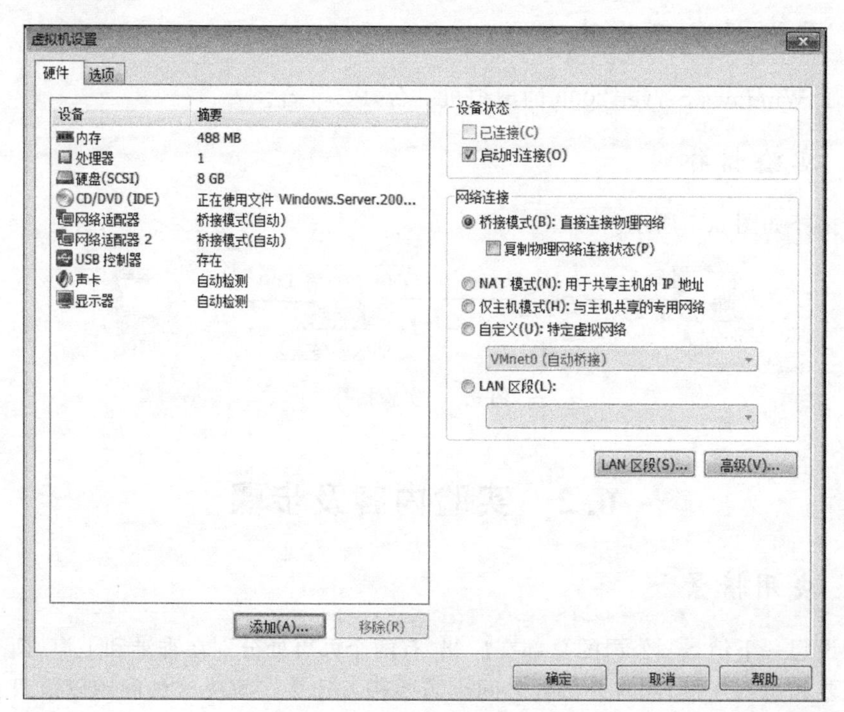

图 6.2 添加双网卡

(2) 确定是否开启了 Windows Firewall/Internet Connection Sharing(ICS)服务，如果开启了，在配置“路由和远程访问”时系统会弹出提示对话框，如图 6.3 所示。

图 6.3　ICS 服务开启提示

(3) 执行“开始”→“所有程序”→“管理工具”→“服务”命令，停止 Windows Firewall/Internet Connection Sharing 服务，并设置启动类型为“禁用”，如图 6.4 所示。

(4) 虚拟机服务器上外网网卡 IP 地址设置为外网网段的地址 192.168.1.10，如图 6.5 所示。

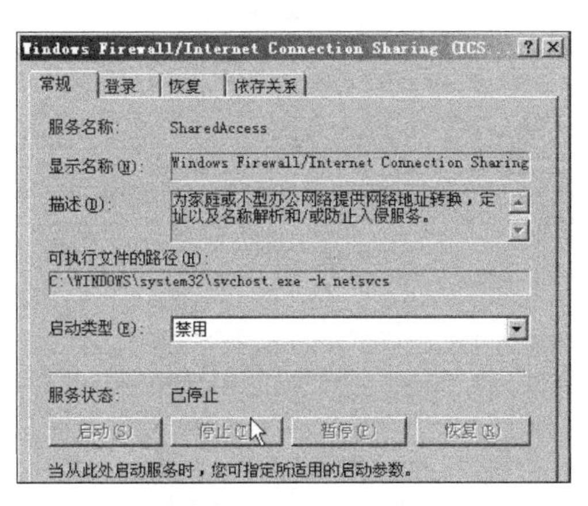

图 6.4　禁用 ICS 服务

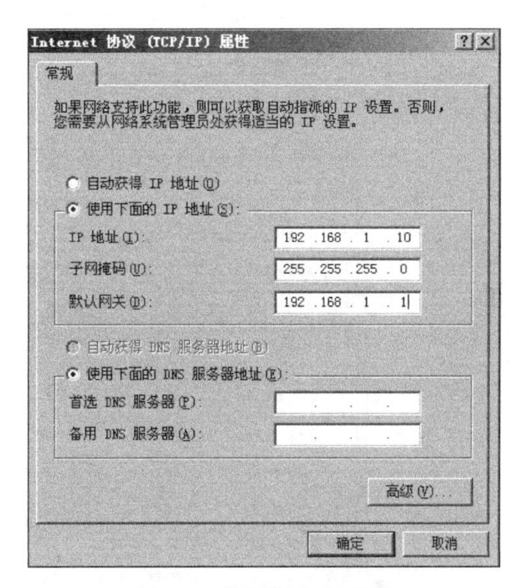

图 6.5　外网网卡 IP 地址

(5) 虚拟机服务器上内网网卡 IP 地址设置为内网网段的地址 10.10.10.2，如图 6.6 所示。

(6) 客户端上的 IP 地址设置为外网网段的地址 192.168.1.85，如图 6.7 所示。

(7) 在客户端 ping 服务器 IP 地址 192.168.1.10，可以正常通信；在客户端 ping 服务器 IP 地址 10.10.10.2，无法正常通信，这是因为内网 IP 目前不可访问，如图 6.8 所示。

2. 搭建 FTP 服务器

(1) 在服务器上使用 Serv-U 搭建 FTP 服务器，为用户提供 FTP 下载服务，选择 Serv-U 启动服务，如图 6.9 所示。

(2) 使用向导在 Serv-U 中搭建 FTP 服务器，如图 6.10 所示。

(3) 开始本地服务器的设置，如图 6.11 所示。

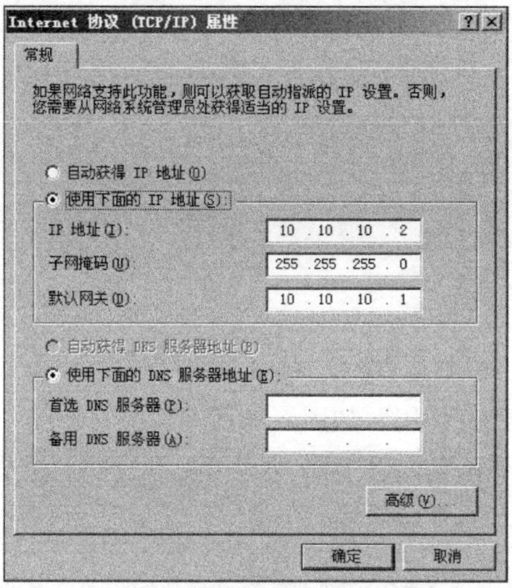

图 6.6　内网网卡 IP 地址

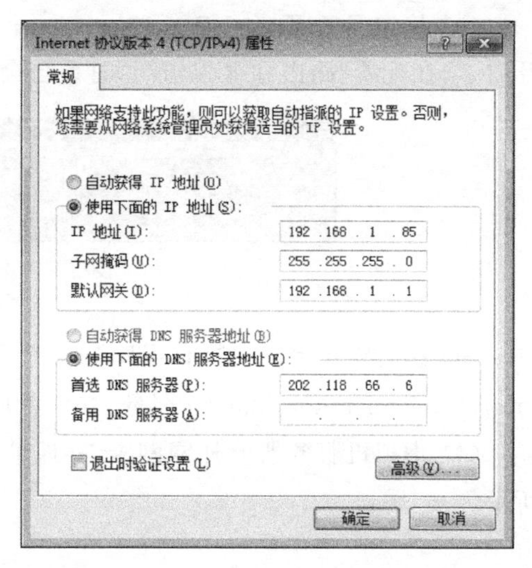

图 6.7　客户端网卡 IP 地址

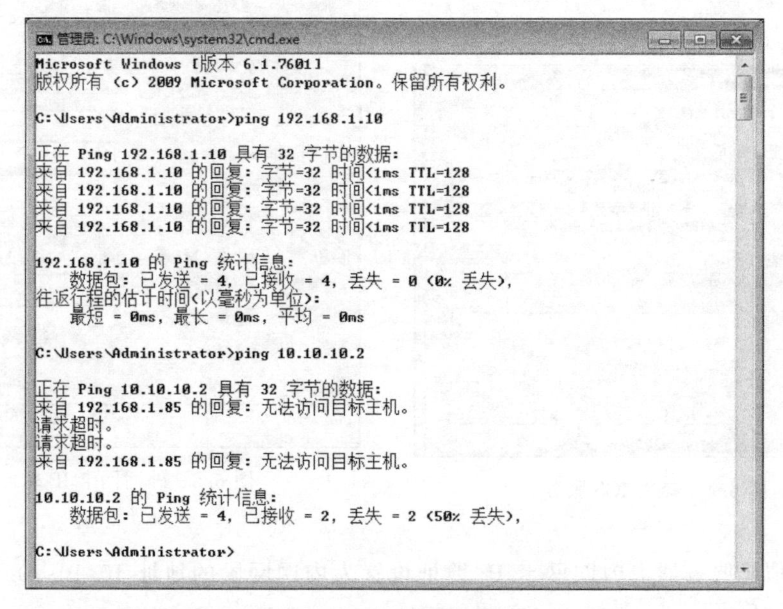

图 6.8　ping 服务器外网和内网 IP 地址

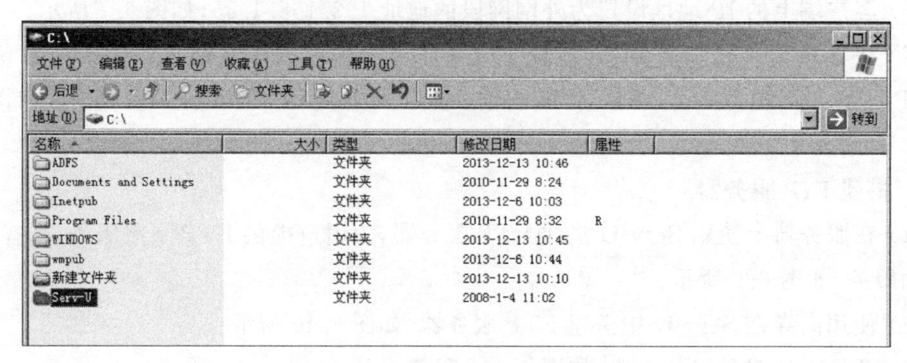

图 6.9　选择 Serv-U 启动服务

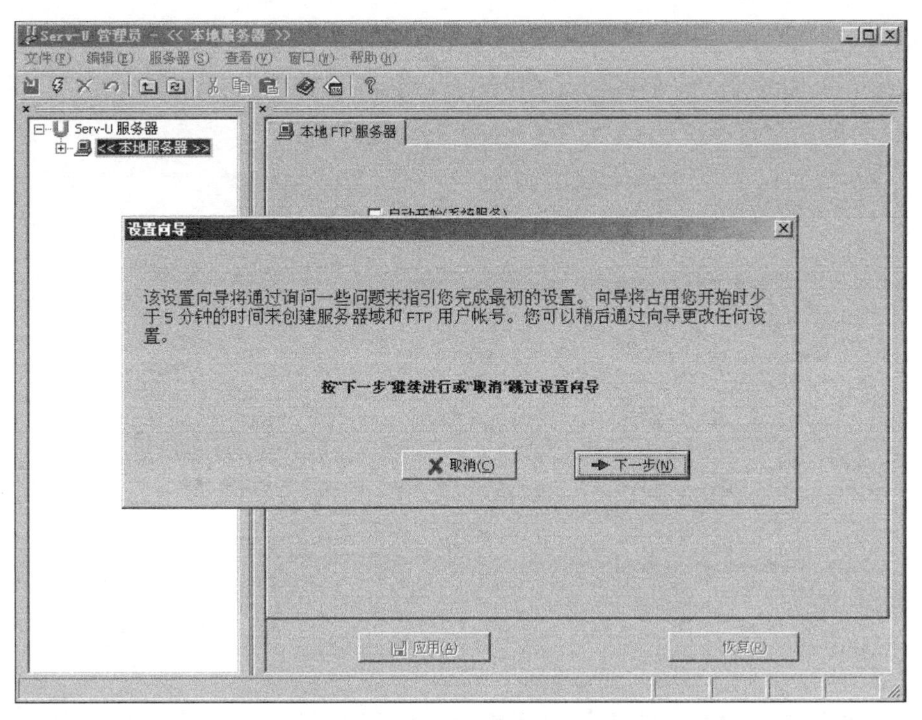

图 6.10　搭建 FTP 服务器设置向导

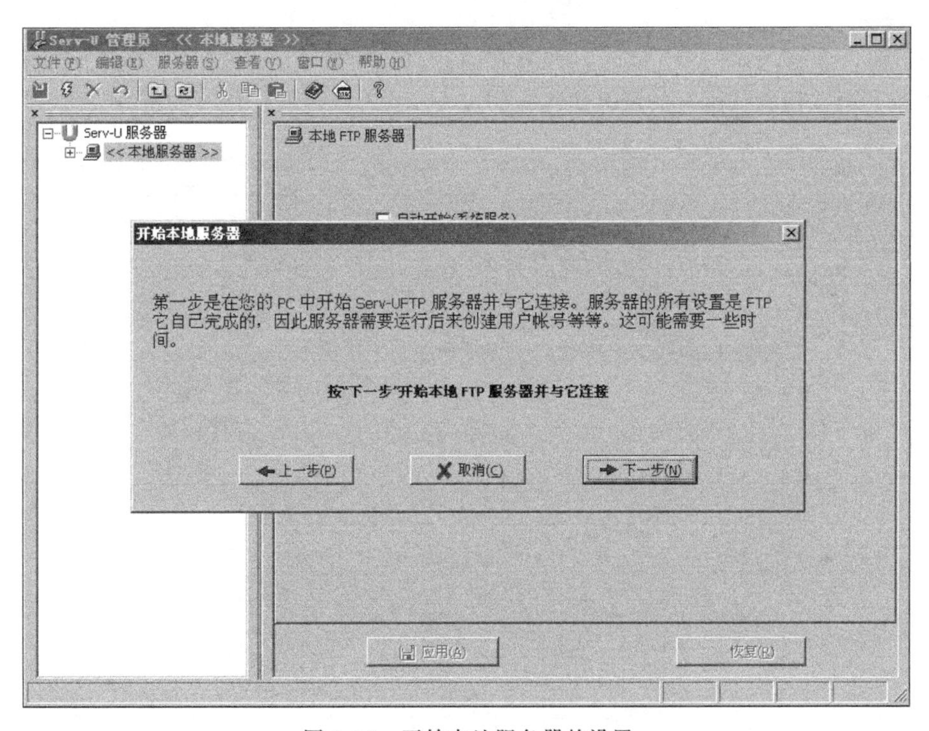

图 6.11　开始本地服务器的设置

(4) 输入 IP 地址，如图 6.12 所示。如果自己有服务器，有固定的 IP，就输入 IP 地址；如果只是在自己计算机上建立 FTP，而且又是拨号用户，只有动态 IP，没有固定 IP，那这一步就省了,什么也不要填,Serv-U 会自动确定你的 IP 地址,单击“下一步”按钮。

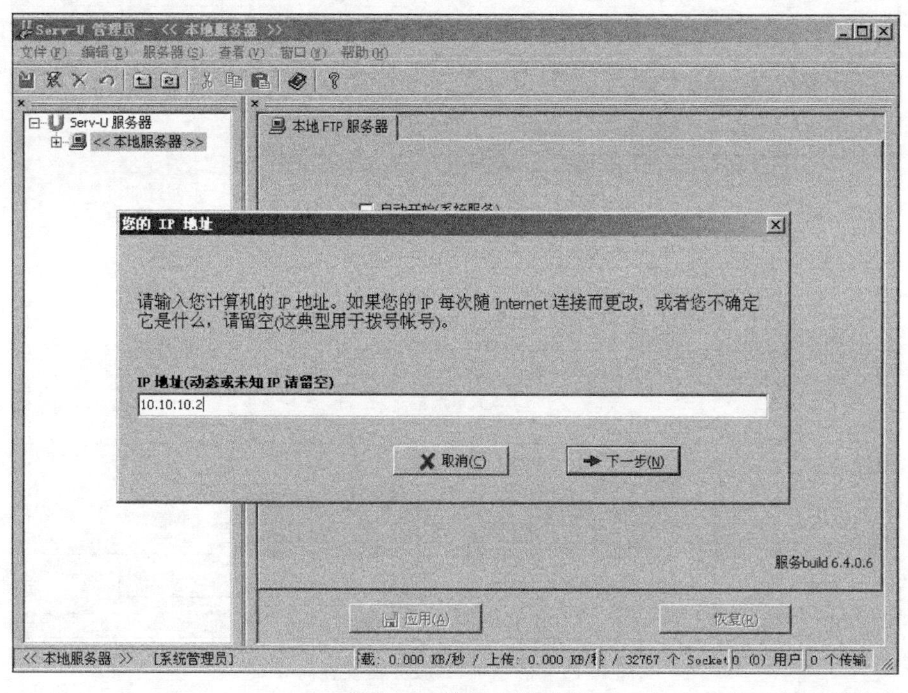

图 6.12 输入 IP 地址

(5) 输入域名,如图 6.13 所示。如果有的话,如 FTP. abc. com,直接输入;没有的话,就随便填一个或用默认给定的域名也可以。

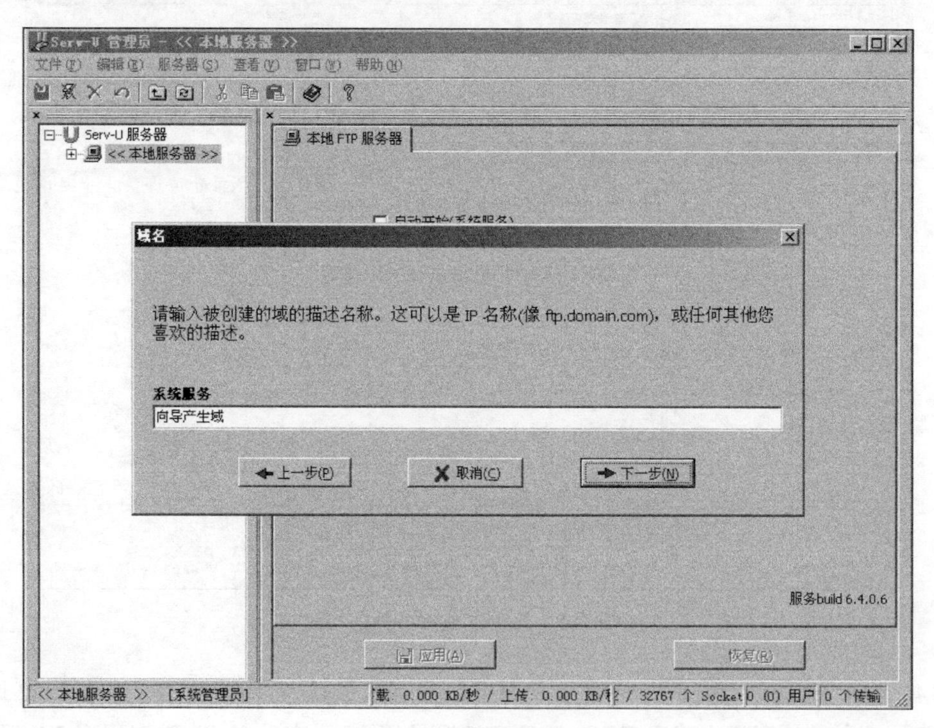

图 6.13 输入域名

(6) 选择是否安装为系统服务。如果是系统服务，在下次开机时会自动启动 FTP 服务。在这里选中“否”单选按钮，不安装为系统服务，如图 6.14 所示。

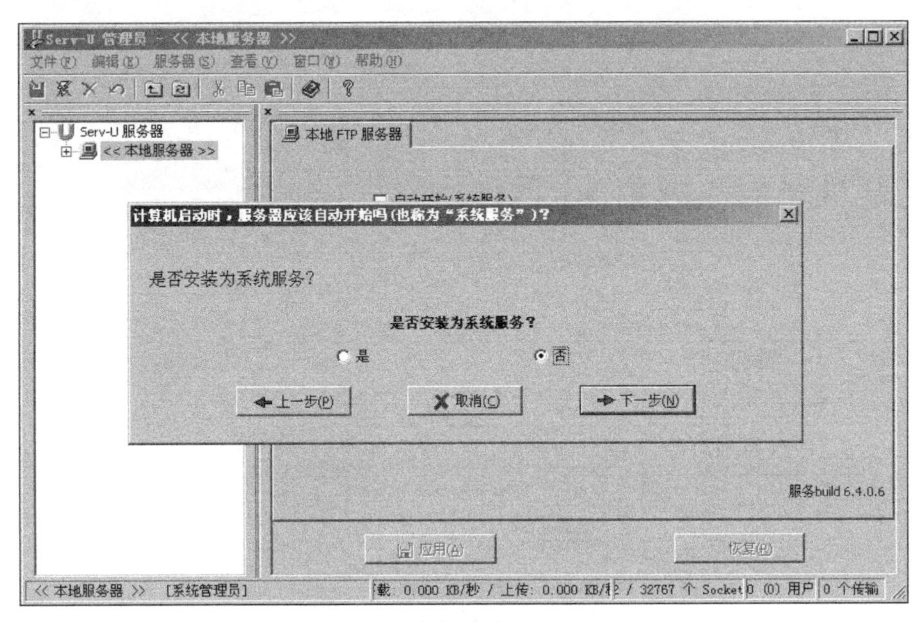

图 6.14　是否安装为系统服务

(7) 选择是否允许匿名访问，如图 6.15 所示。一般来说，匿名访问是以 Anonymous 为用户名登录的，无须密码。当然，如果想建立一个只允许会员访问的区域，就应该选择“否”，不让随便什么人都可以登录，只有许可用户才行。在此选中“是”单选按钮，允许匿名访问。

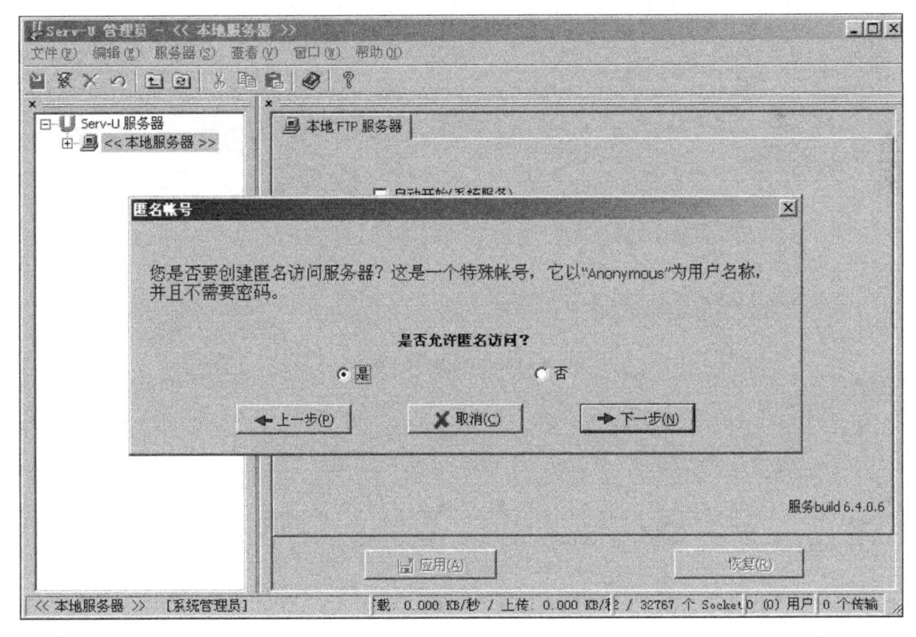

图 6.15　是否允许匿名访问

(8) 选择匿名用户登录时的主目录,如图 6.16 所示。可以自己指定一个硬盘上已存在的目录,如 C:\新建文件夹。

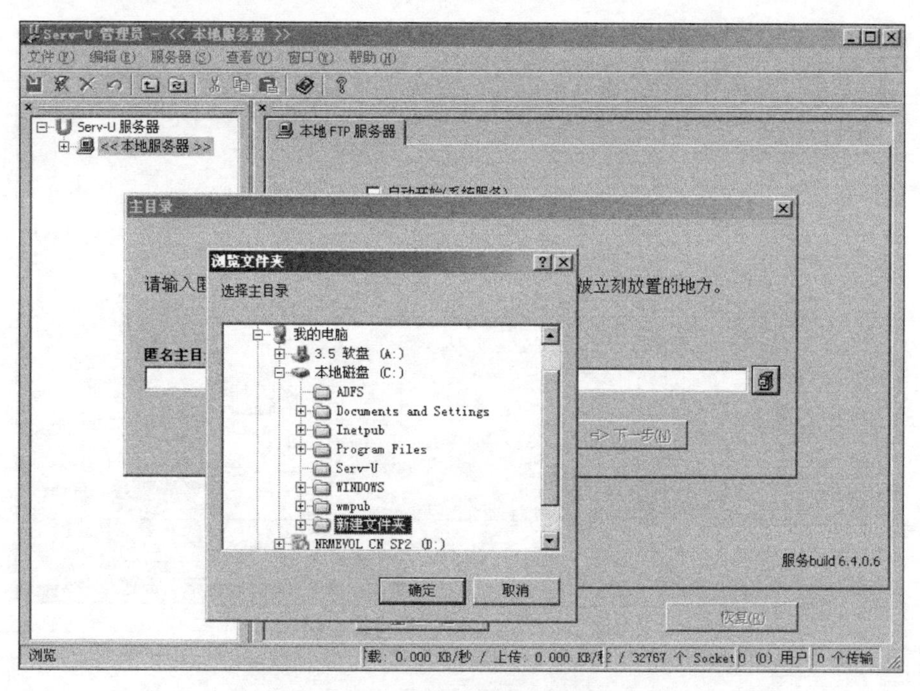

图 6.16　匿名用户登录时的主目录

(9) 选择是否锁定主目录,如图 6.17 所示。锁定后,匿名登录的用户将只能认为指定的目录(C:\新建文件夹)是根目录。也就是说,他只能访问这个目录下的文件和文件夹,这个目录之外就不能访问。对于匿名用户,一般选中“是”单选按钮。

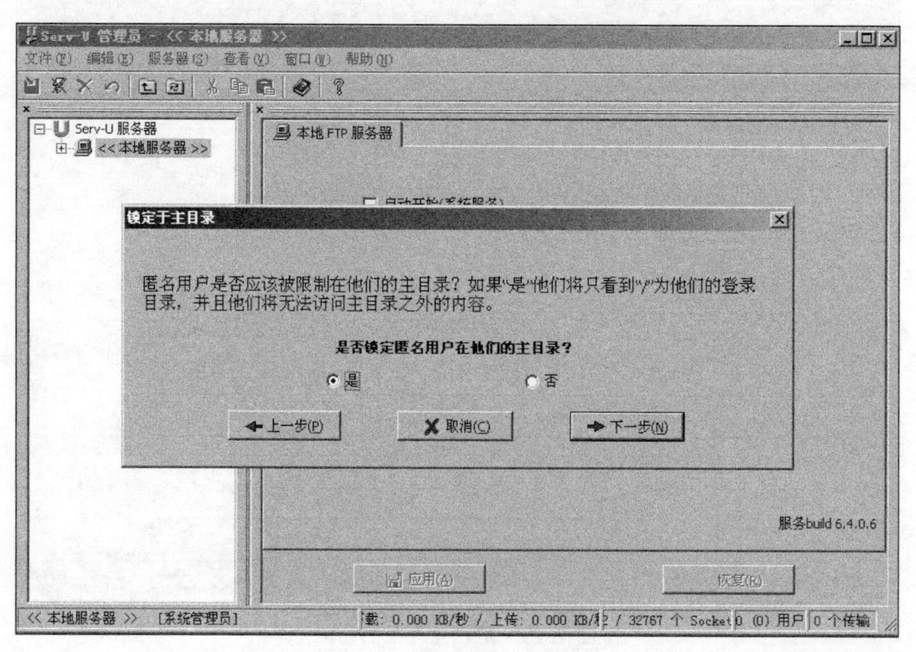

图 6.17　是否锁定该目录

3. 配置 VPN 服务

(1) 在虚拟机服务器上配置 VPN 服务,执行"开始"→"程序"→"管理工具"→"路由和远程访问"命令,打开"路由和远程访问"窗口,如图 6.18 所示。

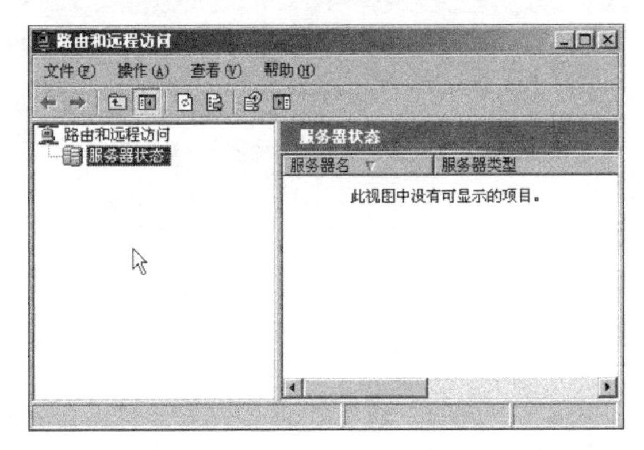

图 6.18 路由和远程访问

(2) 右击"服务器状态"节点,从弹出的快捷菜单中选择"添加服务器",如图 6.19 所示。

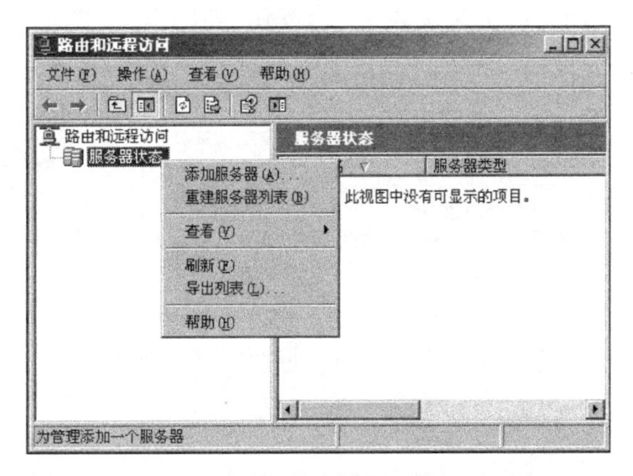

图 6.19 添加服务器

(3) 在"添加服务器"对话框中选中"这台计算机"单选按钮,如图 6.20 所示。

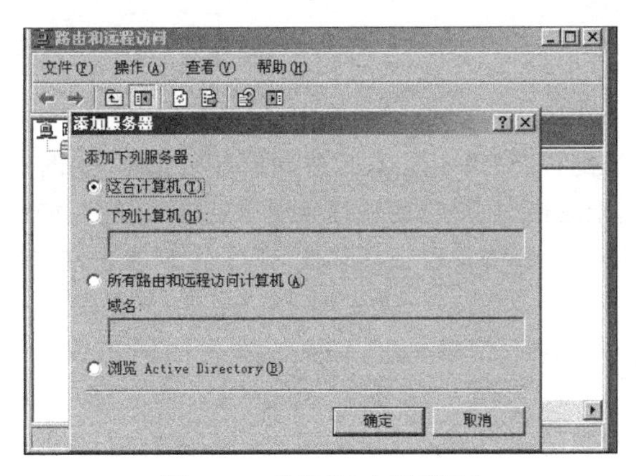

图 6.20 选择"这台计算机"

(4) 在左侧窗口中右击本地计算机名,从弹出的快捷菜单中选择“配置并启用路由和远程访问”,如图 6.21 所示。

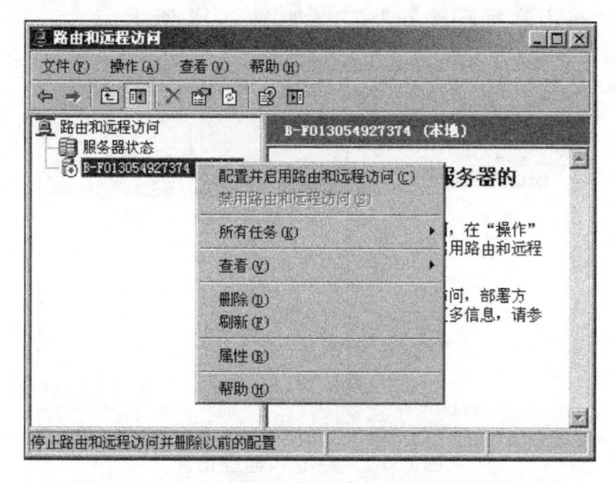

图 6.21 配置并启用路由和远程访问

(5) 在配置向导中选中“自定义配置”单选按钮,如图 6.22 所示。

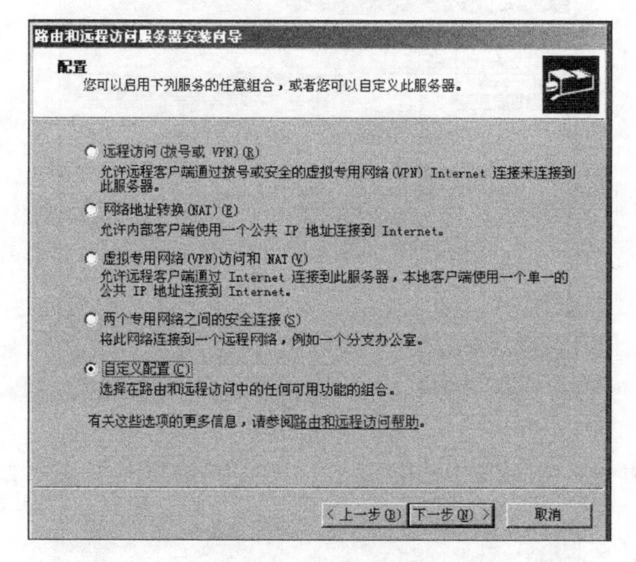

图 6.22 自定义配置

(6) 在向导“自定义配置”页面中勾选“VPN 访问”复选框,如图 6.23 所示。

(7) 在本地服务器上右击,从弹出的快捷菜单中选择“属性”,如图 6.24 所示。

(8) 在“安全”选项卡中的“身份验证提供程序”下拉列表中选择“Windows 身份验证”,如图 6.25 所示。

(9) 在 IP 选项卡中选择“编辑地址范围”,输入内网可以分配的 IP 地址范围,如 10.10.10.20～10.10.10.30,如图 6.26 所示。

(10) 新建有拨入权限的用户。要登录到 VPN 服务器,必须要知道该服务器的一个有拨入权限的用户。下面在该 VPN 服务器上新建一个用户并赋予该用户拨入的权限,一定要在“远程访问权限”区域中勾选“允许访问”复选框,不然就无法登录了。

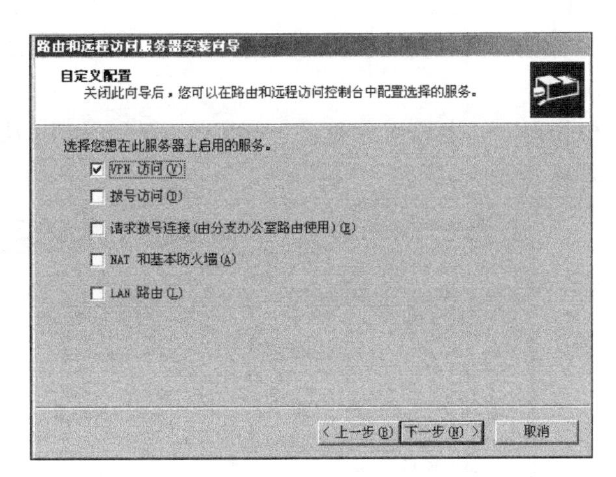

图 6.23　VPN 访问

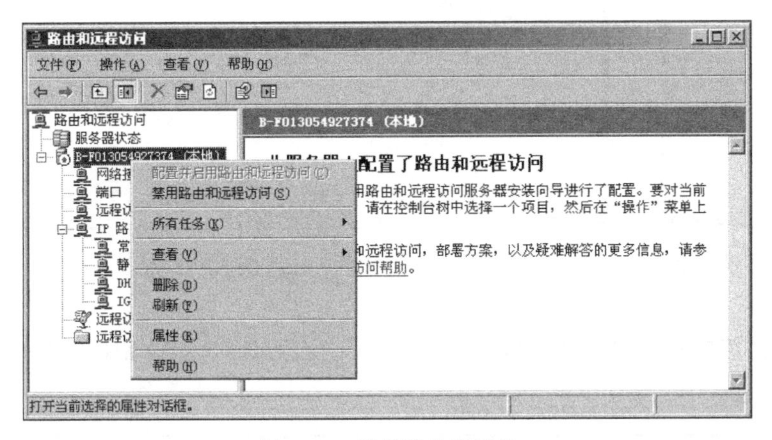

图 6.24　设置服务器属性

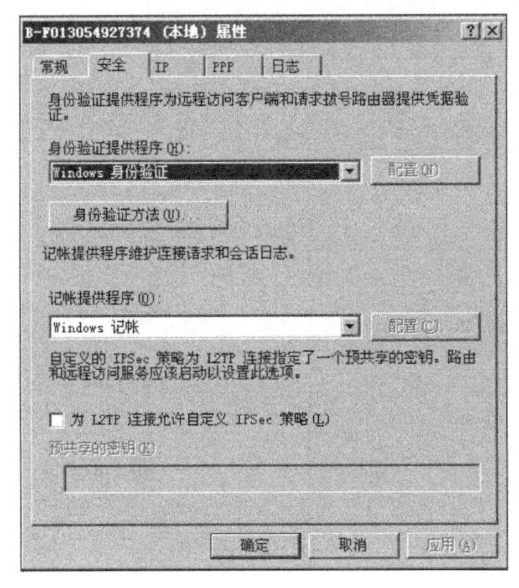

图 6.25　Windows 身份验证

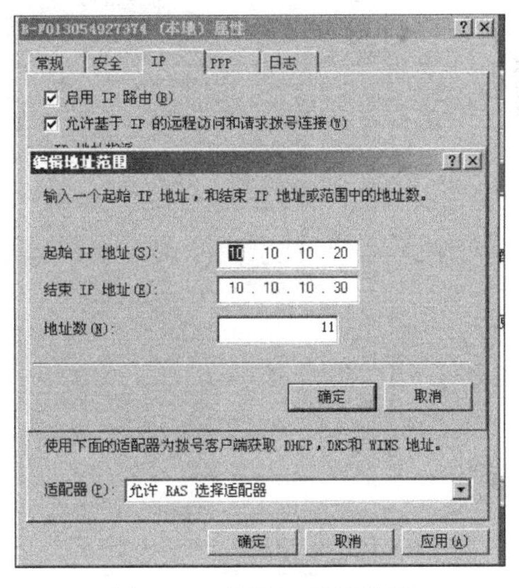

图 6.26　编辑 IP 地址范围

右击“我的电脑”图标,从弹出的快捷菜单中选择“管理”,如图 6.27 所示,弹出“计算机管理”窗口。

(11) 展开“计算机管理”→“本地用户和组”→“用户”节点,右击,从弹出的快捷菜单中选择“新用户”,如图 6.28 所示。

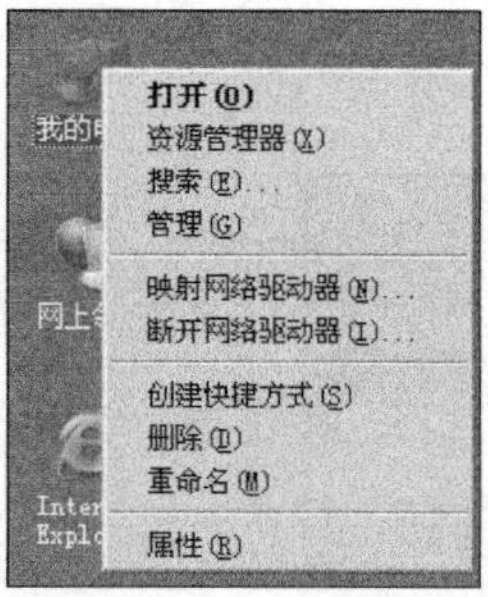

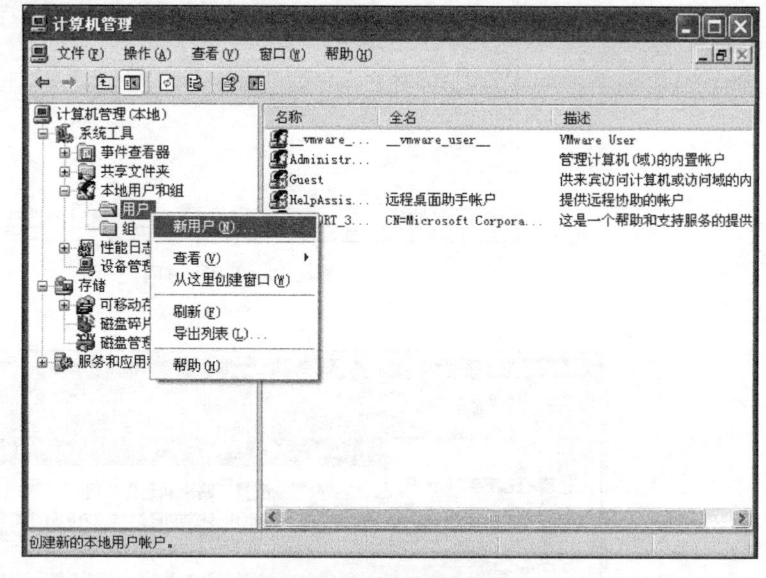

图 6.27 计算机管理

图 6.28 新建用户(1)

(12) 新建用户 a,密码也是 a,取消勾选“用户下次登录时须更改密码”复选框,如图 6.29 所示。

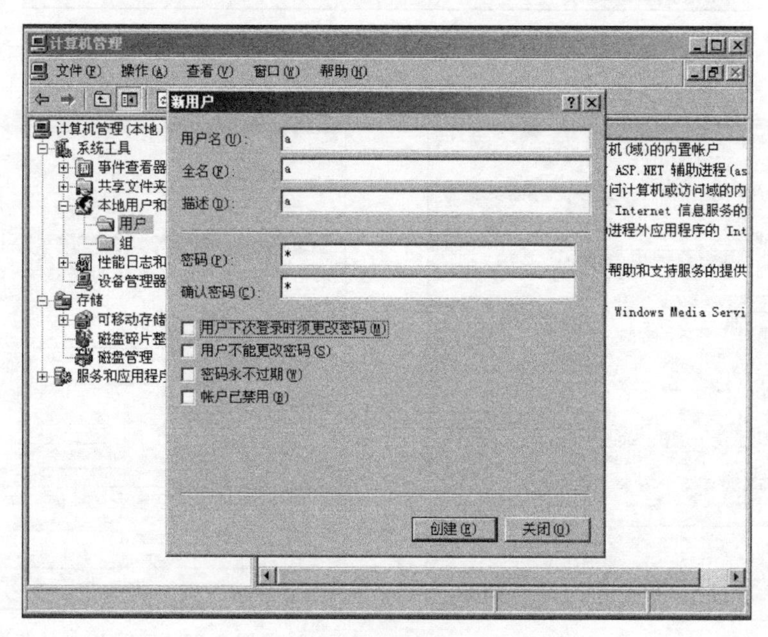

图 6.29 新建用户(2)

(13) 右击用户 a,从弹出的快捷菜单中选择“属性”,如图 6.30 所示。

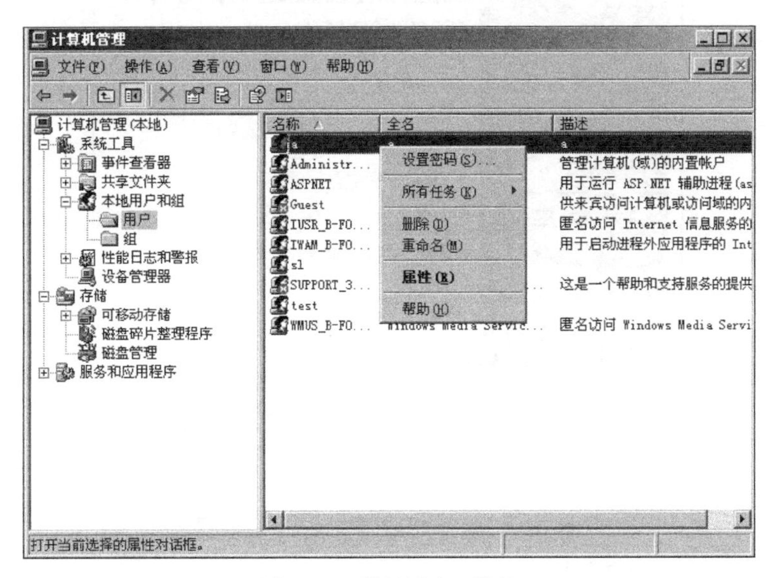

图 6.30　设置用户 a 属性

(14) 在“a 属性”对话框中选择“拨入”选项卡,在“远程访问权限(拨入或 VPN)”选项区域中选中“允许访问”单选按钮,如图 6.31 所示。

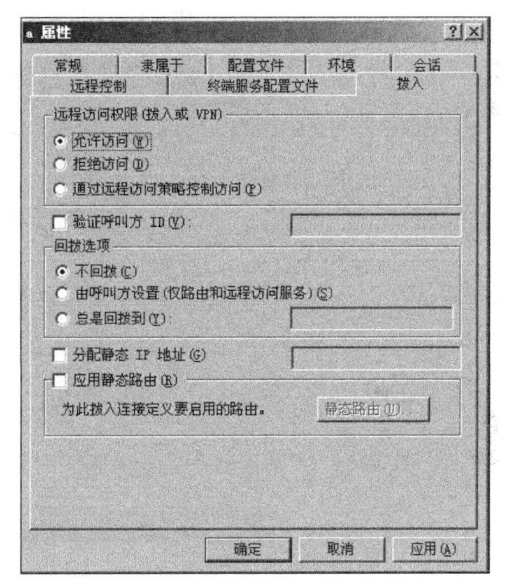

图 6.31　允许用户 a 访问

4. 配置客户端

客户端连接到 VPN 服务器,这里介绍的是单台 PC 客户端连接 VPN 服务器的情况,即单机和网络的连接。单机连接 Server 2003 做的 VPN 服务器非常简单,和平时调制解调器拨号上网差不多。区别在于原来填写电话号码的地方现在必须填写 VPN 服务器的 IP 地址或域名。另外需要记住,VPN 是一种建立在已有网络连接上的专用连接,即任何 VPN 都需要一个底层的网络连接,可以在建立 VPN 拨号连接的时候指定底层连接(如连接互联网的拨号连接),这样在拨号连接 VPN 的时候计算机会自动拨号连接互联网。当然,如果使用多种互联网连接或直接使用局域网类型的连接,可以不指定这个底层连接,在拨号连接 VPN 之前自己手动拨号连接互联网。

首先介绍 Windows XP 系统下设置 VPN 客户端的过程,实验步骤如下。

(1) 打开控制面板,双击“网络连接”图标,在弹出的“网络连接”窗口中的“网络任务”面板中单击“创建一个新的连接”链接,弹出“新建连接向导”对话框,单击“下一步”按钮,如图 6.32 所示。

(2) 在向导“网络连接类型”页面中选中“连接到我的工作场所的网络”单选按钮,如图 6.33 所示。

图 6.32 新建连接向导

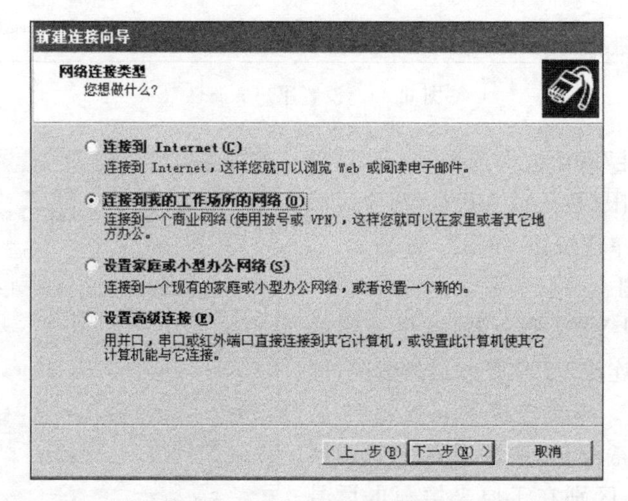

图 6.33 网络连接类型

(3) 在向导“网络连接”页面中选中“虚拟专用网络连接”单选按钮,如图 6.34 所示。

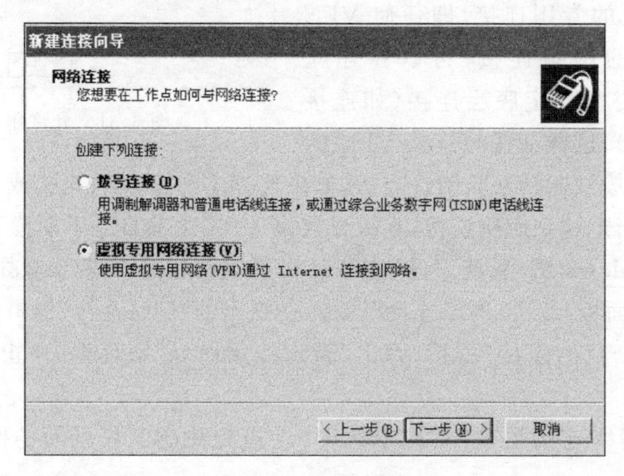

图 6.34 网络连接

(4) 在向导“连接名”页面中的“公司名”文本框中输入“VPN 服务”进行标示，如图 6.35 所示。

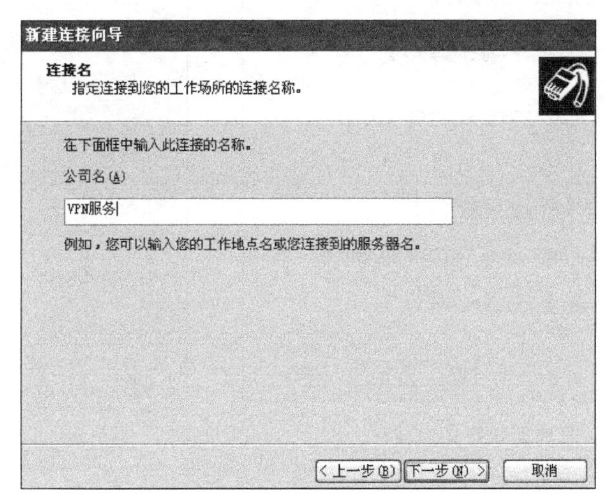

图 6.35　填写连接名

(5) 主机名可以填写服务器外网卡 IP 地址，如图 6.36 所示，单击“下一步”按钮。

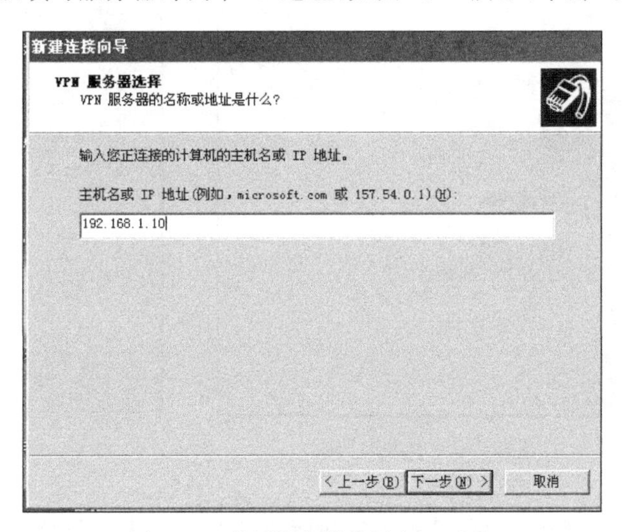

图 6.36　填写服务器外网卡 IP 地址

(6) 单击“完成”按钮，完成创建 VPN 客户端连接向导，并在桌面创建快捷方式，如图 6.37 所示。

(7) 双击“VPN 服务”桌面快捷方式，进行 VPN 连接，输入用户名 a 和密码 a，如图 6.38 所示，单击“连接”按钮。

(8) VPN 成功建立后会生成虚拟专用网络的图标，表示已连接上，如图 6.39 所示。

(9) 查看 VPN 状态属性，可以看到 VPN 采用的协议为 PPTP，还可查看身份验证、加密、压缩、服务器 IP 地址、客户端 IP 地址等属性，如图 6.40 所示。

下面介绍 Windows 7 系统下设置 VPN 客户端的过程，实验步骤如下。

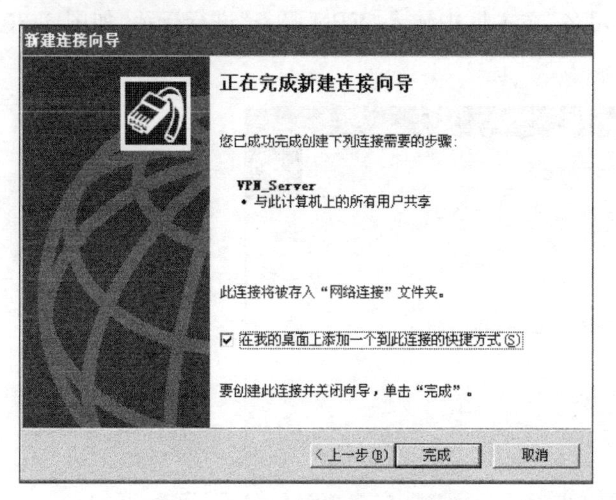

图 6.37　完成新建连接向导

图 6.38　进行连接

图 6.39　已连接 VPN 服务

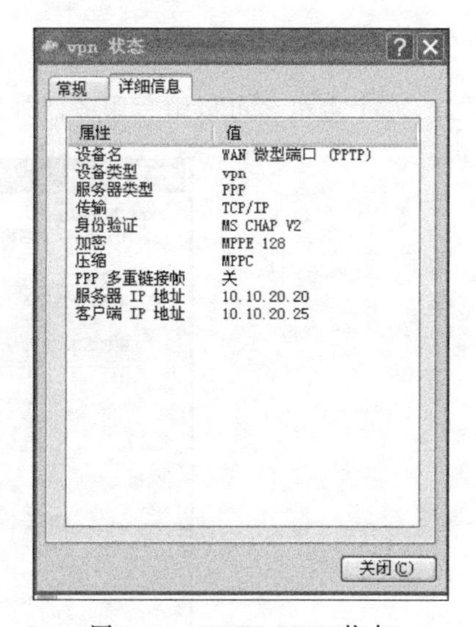

图 6.40　PPTP VPN 状态

(1) 右击桌面上"网络"图标,从弹出的快捷菜单中选择"打开网络和共享中心",在打开的窗口中单击"设置新的连接或网络"链接,如图 6.41 所示。

(2) 选择"连接到工作区"选项,单击"下一步"按钮,如图 6.42 所示。

(3) 选中"否,创建新连接"单选按钮,单击"下一步"按钮。

(4) 单击"使用我的 Internet 连接(VPN)",跳转到"键入要连接的 Internet 地址"页面,如图 6.43 所示,在"Internet 地址"文本框中输入 VPN 服务器提供的 IP 地址,单击"下一步"按钮。

(5) 输入 VPN 的用户名和密码,即前面创建的用户名 a 和密码 a,然后单击"创建"按钮,如图 6.44 所示。到这里就完成了 VPN 客户端的连接设置向导,单击"关闭"按钮。

(6) 在桌面上找到刚才建好的"VPN 连接"图标双击打开,输入 VPN 提供的用户名和

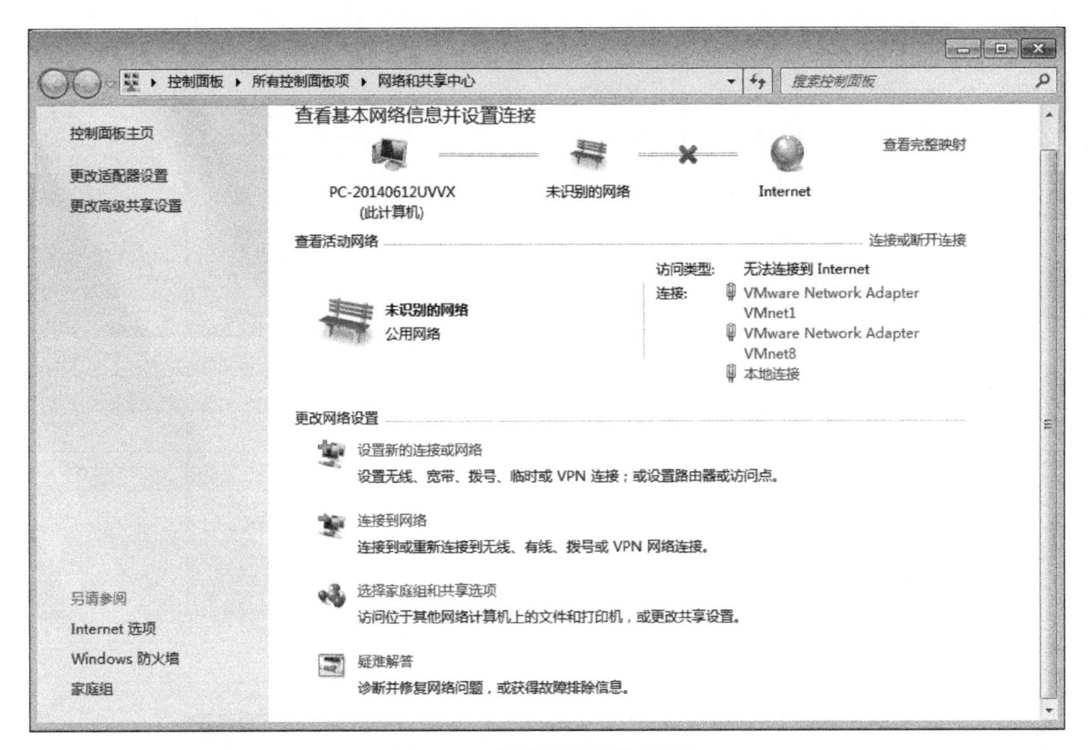

图 6.41　设置新的连接或网络

图 6.42　连接到工作区

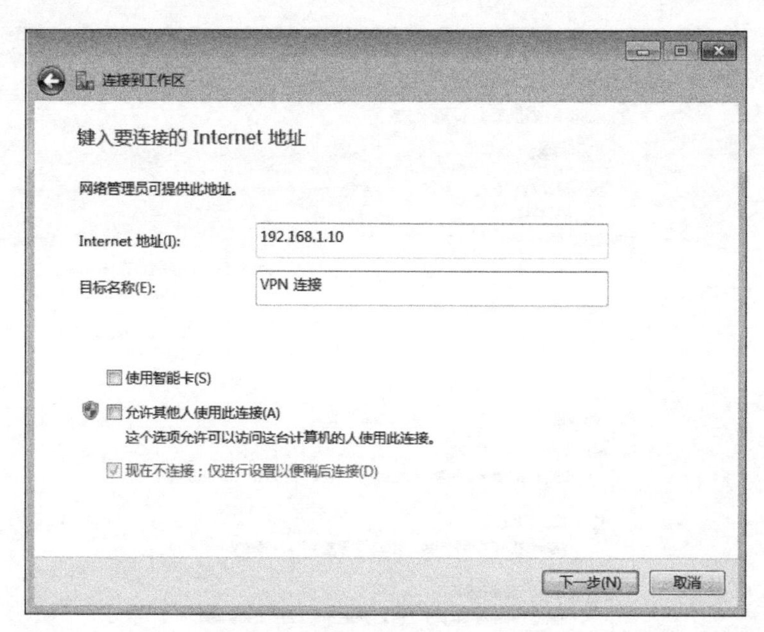

图 6.43　填写 VPN 服务器 IP 地址

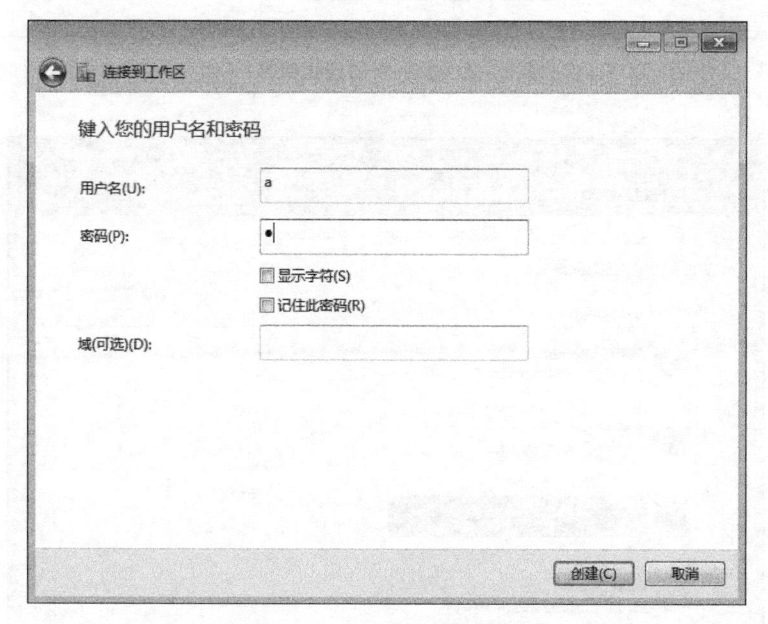

图 6.44　输入用户名和密码

密码,“域”可以不用填写。至此,整个 Windows 7 下的 VPN 客户端的配置就完成了。现在单击“连接”按钮就可以实现 VPN 的连接。如果连接成功,执行“开始”→“运行”命令,在打开的对话框中输入 cmd,单击“确定”按钮,在命令行窗口中输入 ipconfig/all,可以看到如图 6.45 所示的信息。

(7) 查看是否能 ping 通 VPN 服务器的外网和内网 IP 地址,若能 ping 通,会出现如图 6.46 所示信息。

```
管理员: C:\Windows\system32\cmd.exe

正在 Ping 10.10.10.11 具有 32 字节的数据:
Control-C
^C
C:\Users\Administrator>ipconfig/all

Windows IP 配置

   主机名  . . . . . . . . . . . . . : PC-20140612UVUX
   主 DNS 后缀 . . . . . . . . . . . :
   节点类型  . . . . . . . . . . . . : 混合
   IP 路由已启用 . . . . . . . . . . : 否
   WINS 代理已启用 . . . . . . . . . : 否

PPP 适配器 VPN 连接:

   连接特定的 DNS 后缀 . . . . . . . :
   描述. . . . . . . . . . . . . . . : VPN 连接
   物理地址. . . . . . . . . . . . . :
   DHCP 已启用 . . . . . . . . . . . : 否
   自动配置已启用. . . . . . . . . . : 是
   IPv4 地址 . . . . . . . . . . . . : 10.10.10.21(首选)
   子网掩码  . . . . . . . . . . . . : 255.255.255.255
   默认网关. . . . . . . . . . . . . : 0.0.0.0
   TCPIP 上的 NetBIOS  . . . . . . . : 已启用

以太网适配器 本地连接:

   连接特定的 DNS 后缀 . . . . . . . :
```

图 6.45　查看 VPN 连接信息

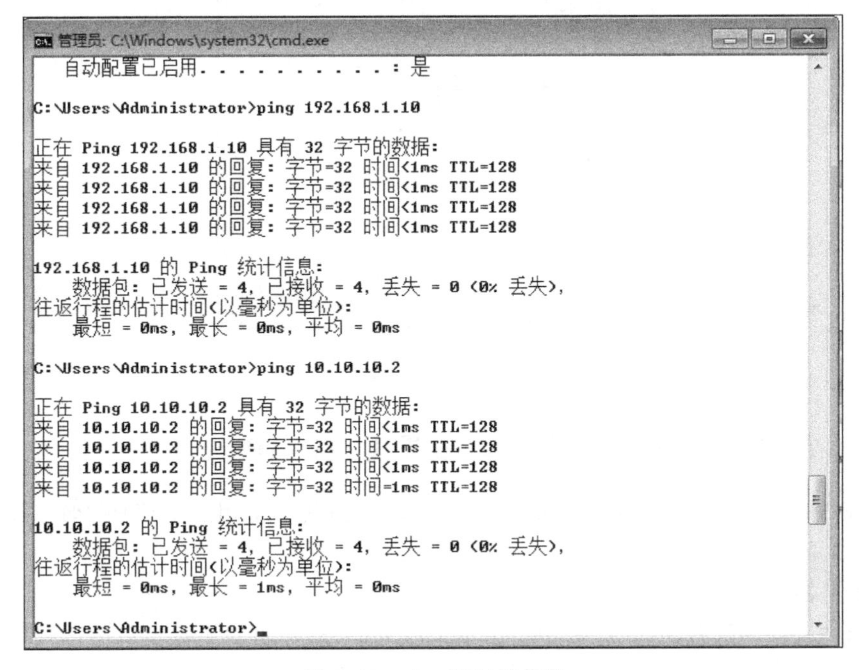

图 6.46　ping 通时的信息

(8) 访问 FTP 服务器,看是否能查看 FTP 服务器的资源,若能访问到资源,会出现如图 6.47 所示内容。

(9) 查看 VPN 状态属性,可以看到 VPN 采用的协议为 PPTP,还可查看身份验证、加密、压缩、服务器 IPv4 地址、客户端 IPv4 地址等属性,如图 6.48 所示。

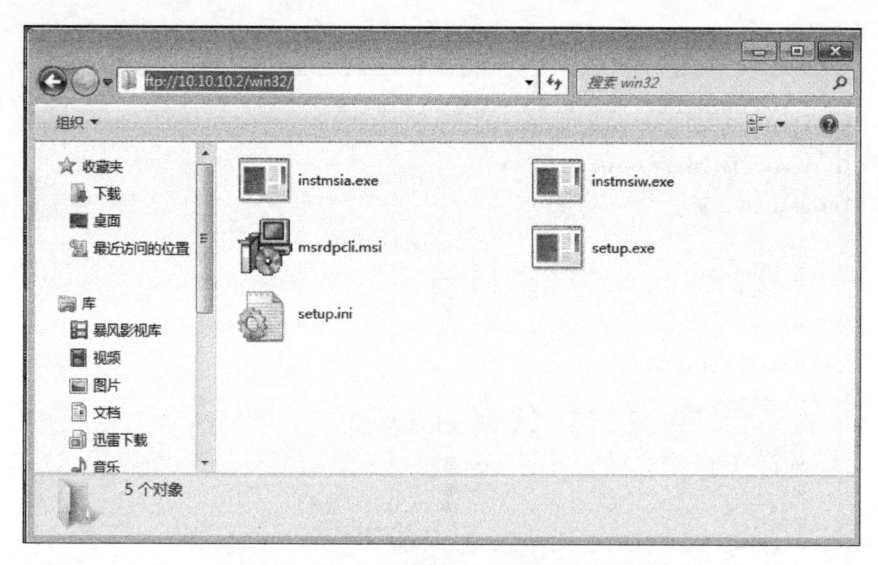

图 6.47　查看 FTP 资源

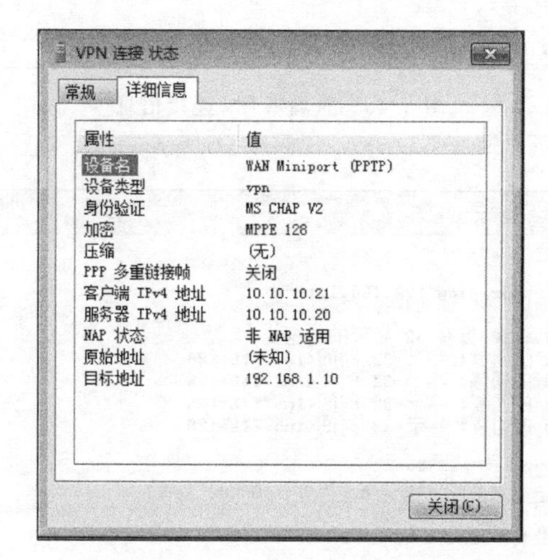

图 6.48　PPTP VPN 状态

6.2.3　在 PPTP VPN 的基础上配置 L2TP/IPSec VPN

L2TP/IPSec VPN 中身份验证的方法采用基于预共享密钥的 L2TP-IPSec 配置，具体配置过程如下。

1. 服务器端配置

(1) 在“路由和远程访问”服务中右击本地服务器，从弹出的快捷菜单中选择“属性”，如图 6.49 所示。

(2) 在服务器端设置预共享密钥，该密钥必须与之后在客户端设置的预共享密钥相同，如图 6.50 所示。

2. Windows XP 客户端配置

(1) 右击“网络连接”→“VPN 连接”图标，从弹出的快捷菜单中选择“属性”，如图 6.51 所示。

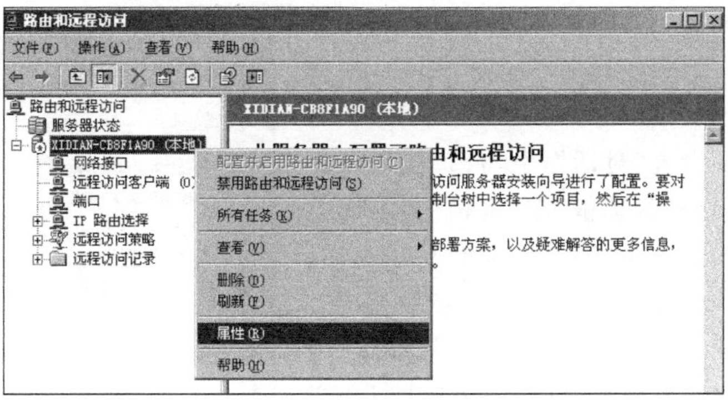

图 6.49　设置服务器属性

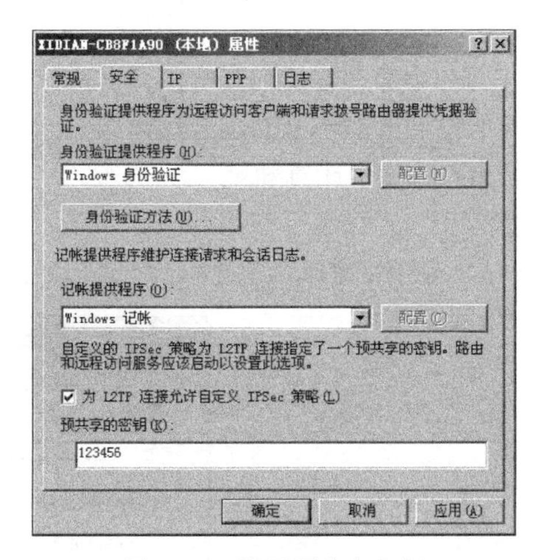

图 6.50　设置预共享密钥

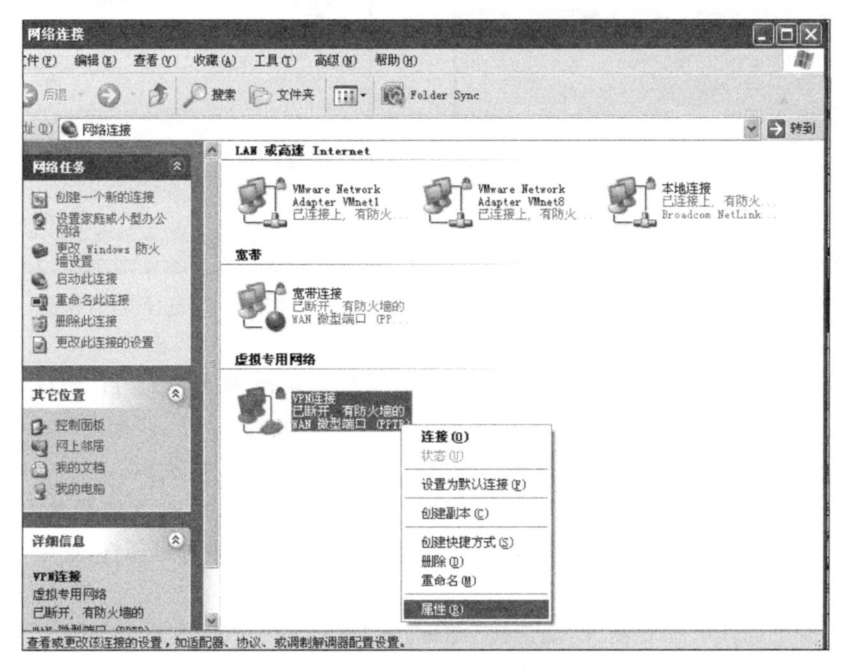

图 6.51　设置 VPN 连接属性

(2) 在"VPN 连接 属性"对话框中选择"安全"选项卡,单击"IPSec 设置"按钮,如图 6.52 所示。

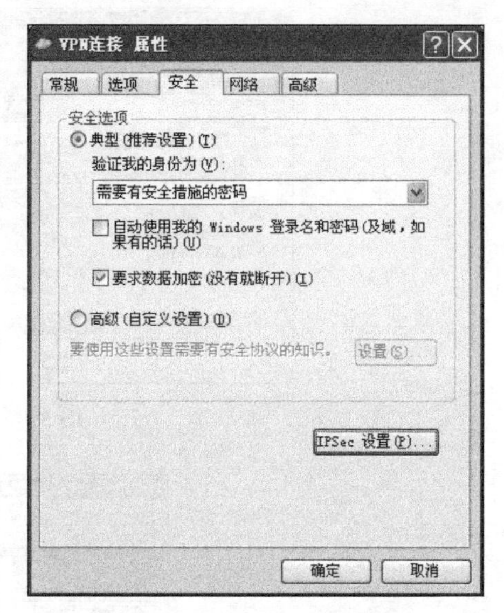

图 6.52 单击"IPSec 设置"按钮

(3) 在"IPSec 设置"对话框中勾选"使用预共享的密钥作身份验证"复选框,在"密钥"文本框中输入与服务器一致的预共享密钥,这里为 123456,如图 6.53 所示。

(4) 在"VPN 连接 属性"对话框中选择"网络"选项卡,在"VPN 类型"下拉列表中选择 L2TP IPSec VPN,如图 6.54 所示。

3. 客户端启用 IPSec 服务

(1) 如果是加密的 L2TP VPN,那么需要启用系统的 IPSec 服务。右击"我的电脑"图标,从弹出的快捷菜单中选择"管理",在打开的"计算机管理"窗口中选择"服务和应用程序"选项,然后双击"服务"选项,找到 IPSec Services 服务,确保状态为"已启动",如图 6.55 所示。

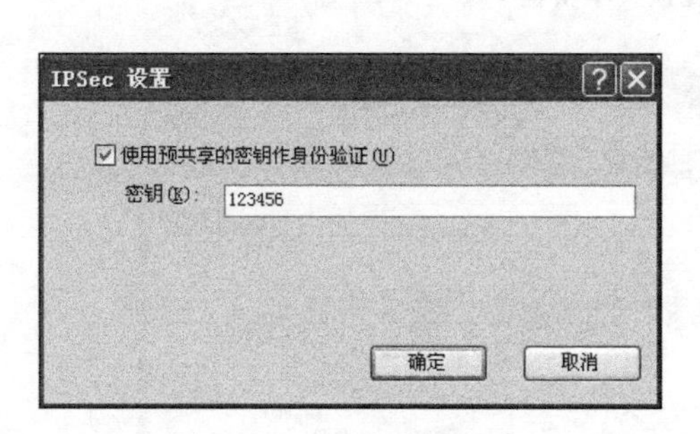

图 6.53 设置预共享密钥

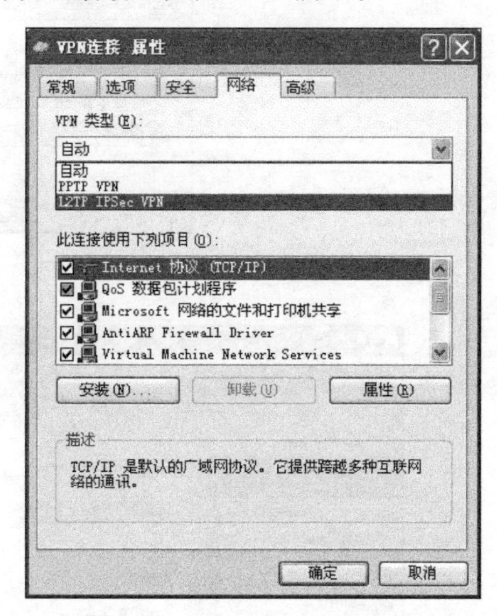

图 6.54 选择 VPN 类型

(2) 设置好后,客户端的"VPN 连接"图标显示该连接使用的是 L2TP 协议,如图 6.56 所示。

(3) 重新拨号,连接成功后显示为"已连接上"状态,如图 6.57 所示。

(4) 查看 VPN 状态属性,可以看到 VPN 采用的协议为 L2TP,加密算法变为 IPSec,ESP 3DES,还可查看身份验证、压缩、服务器 IP 地址、客户端 IP 地址等属性,如图 6.58 所示。

4. Windows 7 客户端配置

(1) 单击桌面任务栏右侧"网络连接"图标,在"拨号和 VPN"中右击"VPN 连接",从弹出的快捷菜单中选择"属性",如图 6.59 所示。

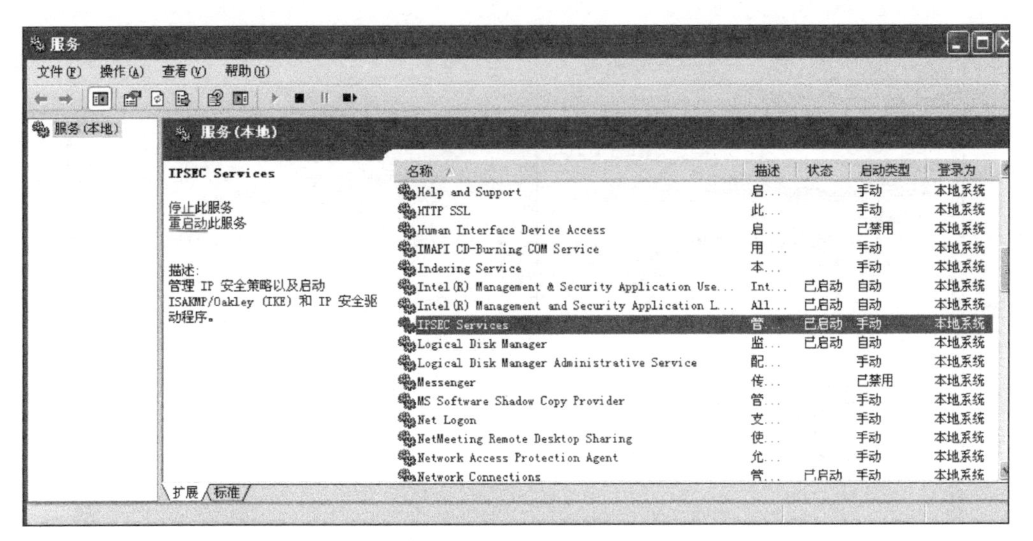

图 6.55　IPSec Services 状态

图 6.56　VPN 连接已断开

图 6.57　VPN 连接已连接上

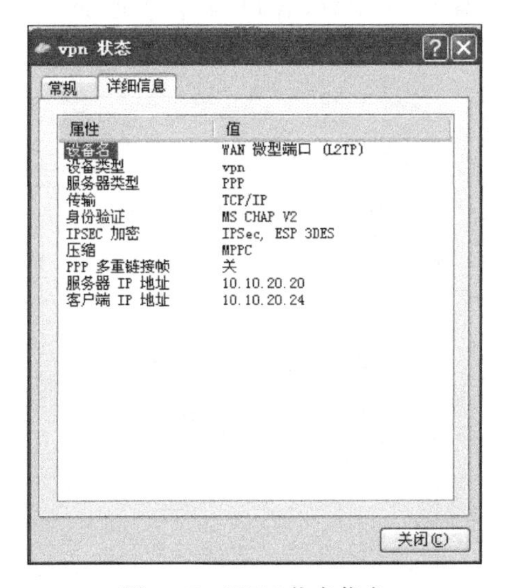

图 6.58　VPN 状态信息

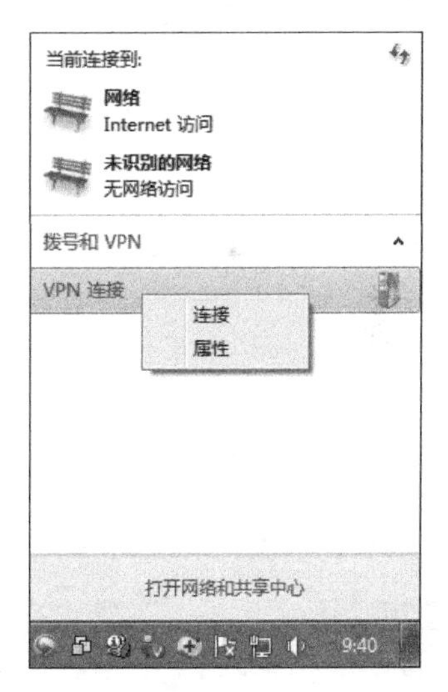

图 6.59　设置 VPN 连接属性

(2) 在“VPN 连接属性”对话框中选择“安全”选项卡，在“VPN 类型”下拉列表中选择“使用 IPSec 的第 2 层隧道协议(L2TP/IPSec)”，然后单击“高级设置”按钮，会弹出“高级属性”对话框，选中“使用预共享的密钥作身份验证”单选按钮，在“密钥”文本框中输入与服务器一致的预共享密钥，这里为 123456，如图 6.60 所示。

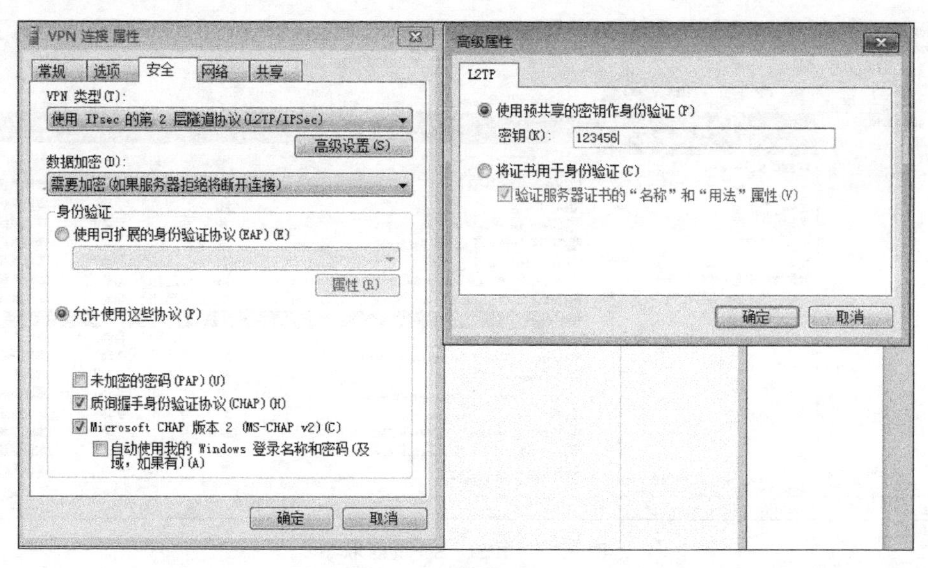

图 6.60 设置预共享密钥

(3) 启动 IPSec 服务,如果是加密的 L2TP VPN,那么需要启动系统的 IPSec 服务。右击"我的电脑"图标,从弹出的快捷菜单中选择"管理",在打开的"计算机管理"窗口中选择"服务和应用程序"选项,然后双击"服务"选项,找到 IPSec Policy Agent 服务,确保状态为"已启动",如图 6.61 所示。

(4) 查看 VPN 状态属性,可以看到 VPN 采用的协议为 L2TP,加密算法变为 IPSec,ESP 3DES,还可查看身份验证、压缩算法、服务器 IPv4 地址、客户端 IPv4 地址等属性,如图 6.62 所示。

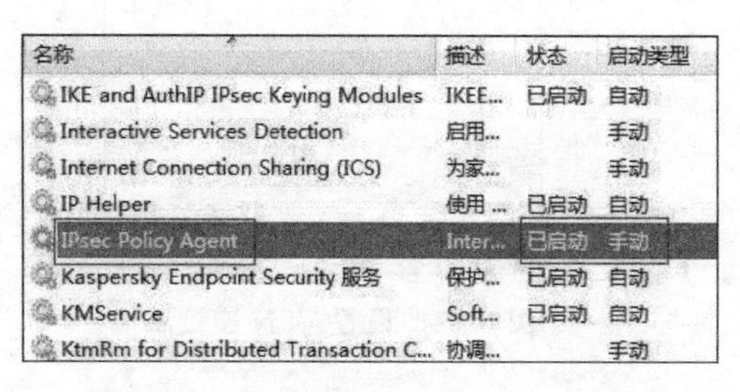

图 6.61 启动 IPSec Policy Agent 服务

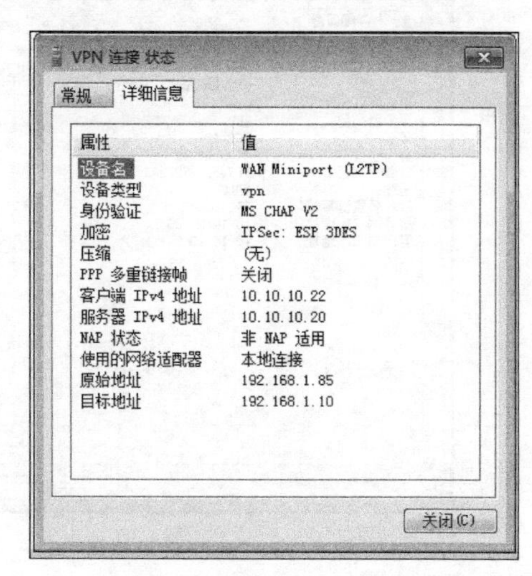

图 6.62 VPN 状态信息

5. 查看服务器端的状态信息

(1) 客户端连上后,可以看到服务器端有一个 WAN(Wide Area Network)微型端口(L2TP)的状态变为"活动",如图 6.63 所示。

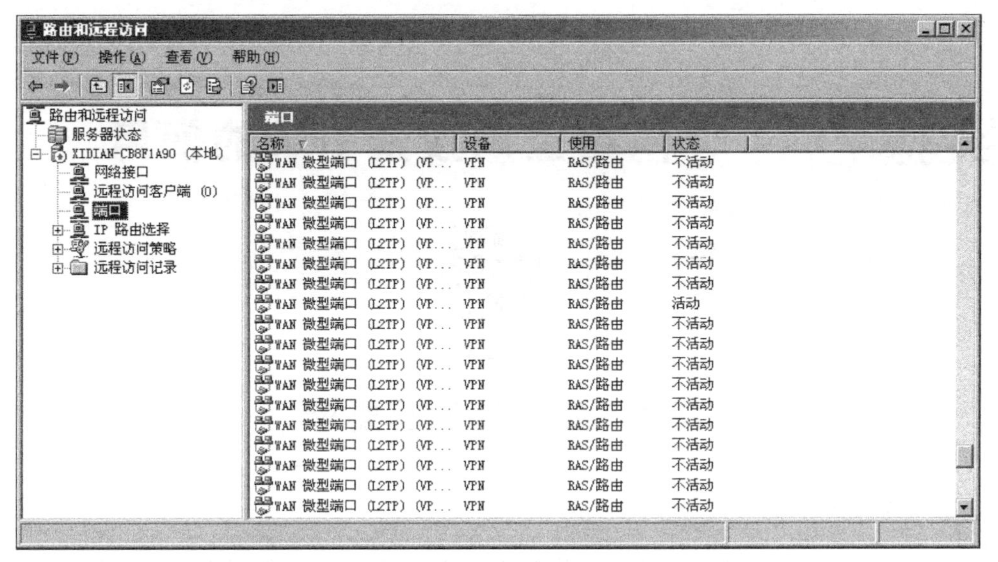

图 6.63　端口信息

(2) 在“远程访问客户端”列表中可以看到是哪个用户连接到服务器,如图 6.64 所示。

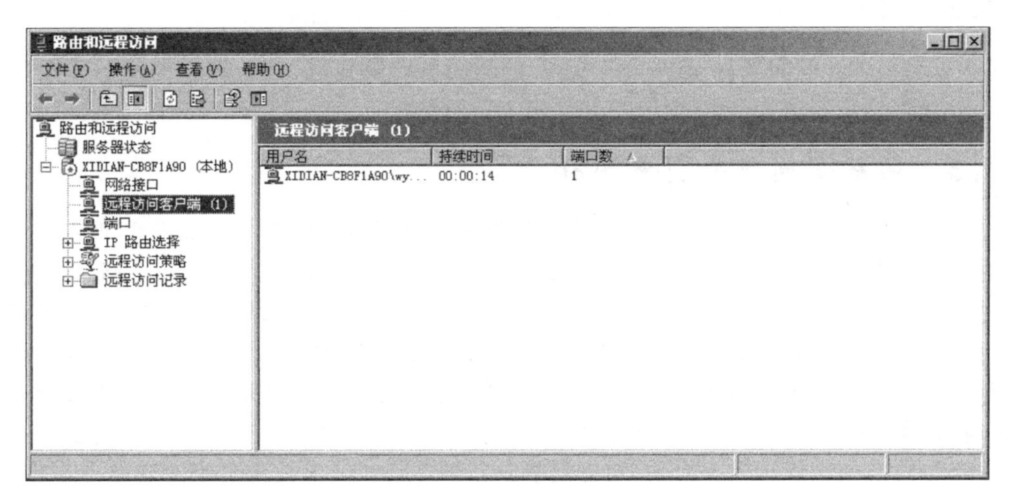

图 6.64　远程访问客户端信息

实验思考题

1. PPTP 和 L2TP 登录各有什么特点?
2. 在进行 VPN 拨号连接前是否能访问到内网资源? 为什么?
3. VPN 的配置服务器端主要配置什么内容?
4. VPN 的配置客户端主要配置什么内容?
5. 如何添加新的认证用户?
6. 如何在 Windows 7 客户端进行登录?
7. 预共享密钥的作用是什么?

实验 7　网络空间搜索引擎的使用

视频讲解

7.1　实验目的及要求

7.1.1　实验目的

通过实验操作掌握网络空间搜索引擎 ZoomEye 和 FOFA 的工作原理和基本语法规则，通过实训熟悉并掌握 ZoomEye 和 FOFA 的使用方法。

7.1.2　实验要求

根据教材中介绍的 ZoomEye 和 FOFA 的功能和步骤完成实验，在掌握基本功能的基础上，实现网络空间搜索引擎的使用，并给出实验总结报告。

7.1.3　网络空间搜索引擎简介

相比于传统搜索引擎，网络空间搜索引擎作为一个新颖的概念，它的诞生和研究则要滞后很多。以 Shodan 搜索引擎为例，Shodan 是在 2009 年由著名安全专家 John Matherly 所创建的，是全球第一个全网设备搜索引擎。不同于传统搜索引擎的以网页内容索引为主，Shodan 的搜索目标集中在全球的 IP 地址上，即搜索 IP 范围为 1.1.1.1～255.255.255.255 的所有设备和服务，这样的搜索结果对于普通网民来说可能没有意义，但对于网络安全研究人员来说，就是一个"聚宝盆"。相比国外，"网络空间搜索引擎"这个概念，是知道创宇安全公司于 2013 年首次在国内提出的，知道创宇成立于 2007 年，由数位资深的安全专家创办，并拥有由近百位国内一线安全人才组成的核心安全研究团队。知道创宇是国内较早提出云监测与云防御理念的网络安全公司之一，也在国内建立了第一个网络空间搜索引擎——ZoomEye，利用该引擎可以在互联网上找到大量配置不安全的设备。

网络空间资产检索系统(FOFA)是白帽汇推出的一款网络空间设备搜索引擎，是世界上数据覆盖更完整的 IT 设备搜索引擎，拥有全球联网 IT 设备更全的 DNA 信息，可以探索全球互联网的设备信息，进行设备及漏洞影响范围分析、应用分布统计、应用流行度态势感知等。它能够帮助用户迅速进行网络设备匹配，加快后续工作进程。

7.1.4　网络空间搜索引擎原理

网络空间搜索引擎能不间断地对全球 40 亿 IP 地址进行扫描及指纹识别，并提供快速、准确的结果搜索，每个月至少更新 4 亿的装置数据。网络空间搜索引擎来源于传统搜索引擎，传统搜索引擎的基础技术主要包括 4 个重要环节：网络爬虫、建立索引、内容检索和链接分析。网络空间搜索引擎因处理的对象不同,故模块的重点也与传统搜索引擎有所不同,相比而言,前者技术上更容易实现。我们将网络空间搜索引擎的框架模型分为 5 个部分:扫描和指纹识别、分布存储、索引、用户界面和调度程序,其中数据在前 3 个部分之间的传输都是双向的,调度程序则保证整个流程的运行。这个模型不难理解,是一个比较通用的搜索引擎框架,遵循了数据输入—数据处理—数据输出的基本原则。

作为一个安全搜索引擎,网络空间搜索引擎的建设初衷就是为网络攻防提供服务,其在攻防实战中优秀的表现也让安全研究人员更重视、更青睐。因此,学会在实践中熟练地使用网络空间搜索引擎,不仅能大大减少工作量,还能为研究人员带来想象不到的收获和乐趣。

7.2 ZoomEye 基础功能介绍与操作

7.2.1 ZoomEye 工具介绍

ZoomEye 网址为 https://www.zoomeye.org/,如图 7.1 所示,可以直接在网页中使用此工具,也可以在 Kali 的 Metasploit 工具中安装 ZoomEye 插件。

图 7.1　ZoomEye 首页

使用场景:随着互联网的发展,各种各样的设备都可以接入网络,如路由器、交换机、电话系统、网络打印机等,如果一些经验不丰富的工作人员对这个设备进行配置时使用系统默认的密码或密码为空,那么就可以很轻易地控制这些设备。

7.2.2 ZoomEye 的搜索关键词

ZoomEye 提供了很多关键词,可以供我们搜索不同的信息。

- hostname:搜索指定的主机或域名,如 hostname:baidu.com。
- port:搜索指定的端口或服务,如 port:21。
- country:搜索指定的国家,如 country:china。
- city:搜索指定的城市,如 city:beijing。
- os:搜索指定的操作系统,如 os:windows。
- app:搜索指定的应用或产品,如 app:ProFTP。

- device：搜索指定的设备类型，如 device:router。
- ip：搜索指定的 IP 地址，如 ip:212.108.76.42。
- cidr：搜索指定的 CIDR(Classless Inter-Domain Routing)格式地址，例如 cidr:192.168.1.1/24。
- service：搜索指定的服务类型，如 service:http。
- app：组件名，如 app:"Apache httpd"。
- ver：组件版本，如 ver:"2.2.16"。
- site：网站域名，如 site:google.com。
- title：页面标题，如 title:Nginx。
- keywords：定义的页面关键字，如 keywords:Nginx。
- headers：HTPP 请求中的 Headers，如 headers:Server。

可以组合进行搜索，如搜索中国的 Apache 服务器：app:Apache ＋country:CN。

7.2.3 实训 1：搜索一个设备

下面演示在网络中搜索华为设备的过程。

(1) 在文本框中输入“华为”，会有下拉列表显示华为设备的情况，如图 7.2 所示，选择一个想查看的设备，单击放大镜按钮。

图 7.2 搜索华为设备

之后就会返回如图 7.3 所示的搜索结果页面。app："华为 S9310"代表搜索关键词，每个设备的 IP、服务、使用的端口、国家、城市和搜索的时间等都显示出来。

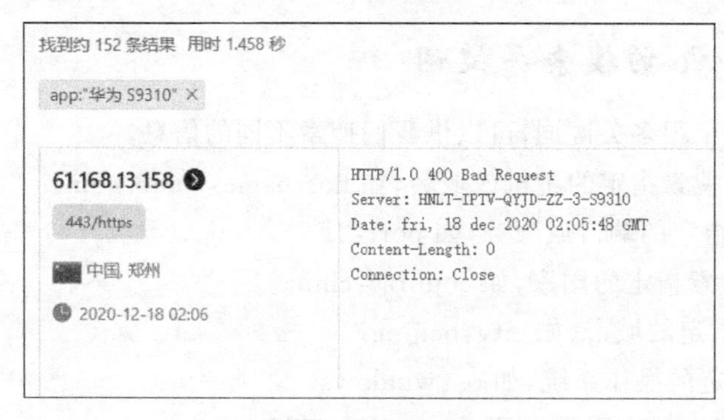

图 7.3 搜索结果页面

(2) 单击 IP 地址后的箭头图标还可以访问相应设备的登录界面,如图 7.4 所示。

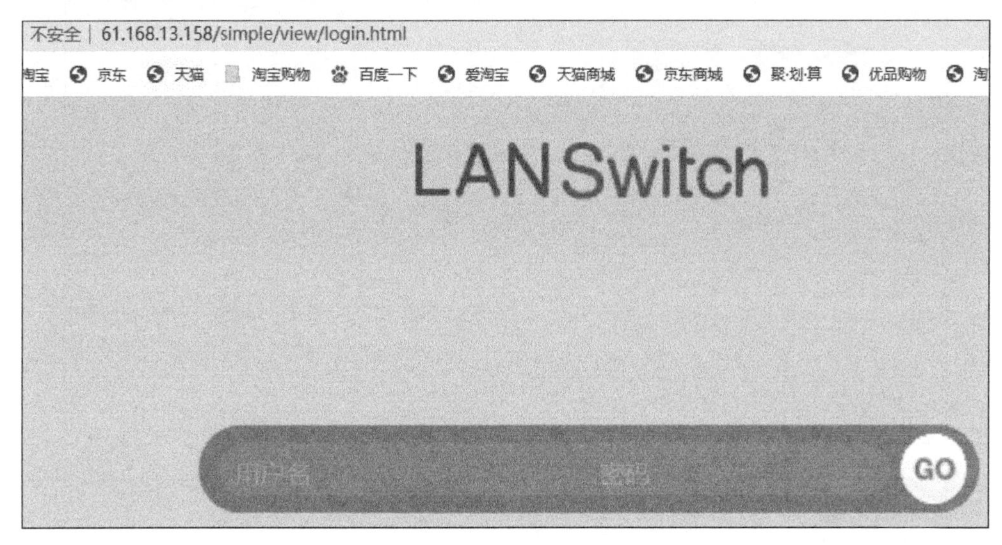

图 7.4 设备登录界面

(3) 单击设备的 IP,就会进入该设备的详细信息界面,如图 7.5 所示。下面还有这些设备使用的端口信息,如图 7.6 所示。如果端口后有箭头图标,就可以单击链接到设备的登录界面。

图 7.5 设备的详细信息界面

(4) 现在找到一个使用 SSH(Secure Shell)协议的端口,并用 Telnet 协议登录这个设备,如图 7.7 所示。可以看到连接成功,但是需要输入密码,如图 7.8 所示。

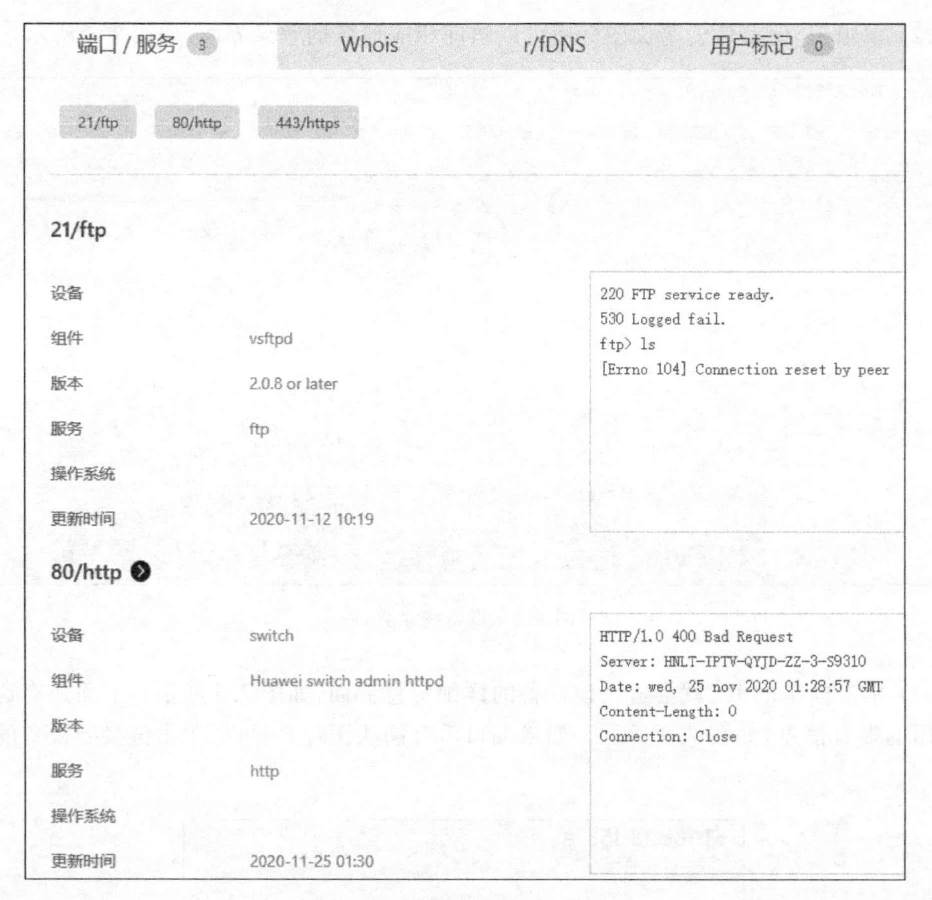

图 7.6　设备使用的端口信息

图 7.7　查找使用 SSH 和 Telnet 协议的设备

图 7.8　使用 SSH 新建会话连接

7.2.4　实训 2：搜索多个关键词

例如，搜索中国的华为(huawei)设备，可以输入如图 7.9 所示的关键词。返回的结果如图 7.10 所示，如果单击设备后的箭头图标可以跳转到设备的登录界面，如图 7.11 所示。

图 7.9　搜索多个关键词

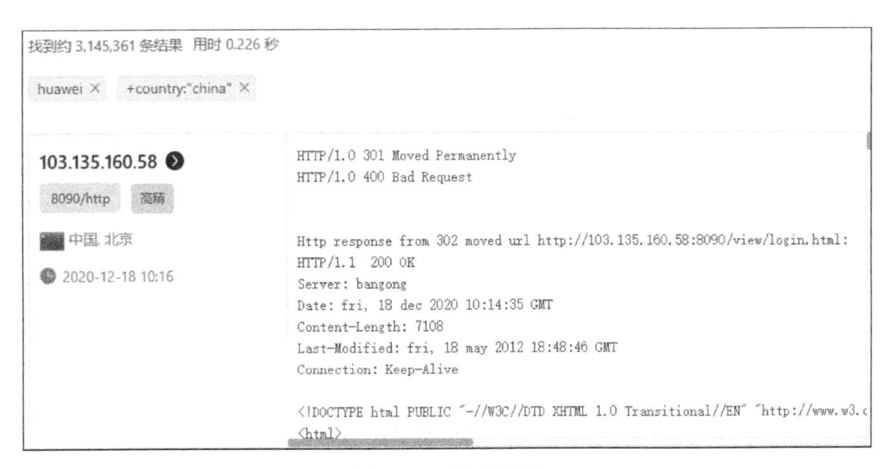

图 7.10　搜索结果

图 7.11　设备的登录界面

7.2.5　实训 3：搜索操作系统＋城市

例如,搜索操作系统为 Windows,位于北京的设备,可以输入以下格式的关键词,如图 7.12 所示。返回的结果如图 7.13 所示。

图 7.12　搜索操作系统＋城市

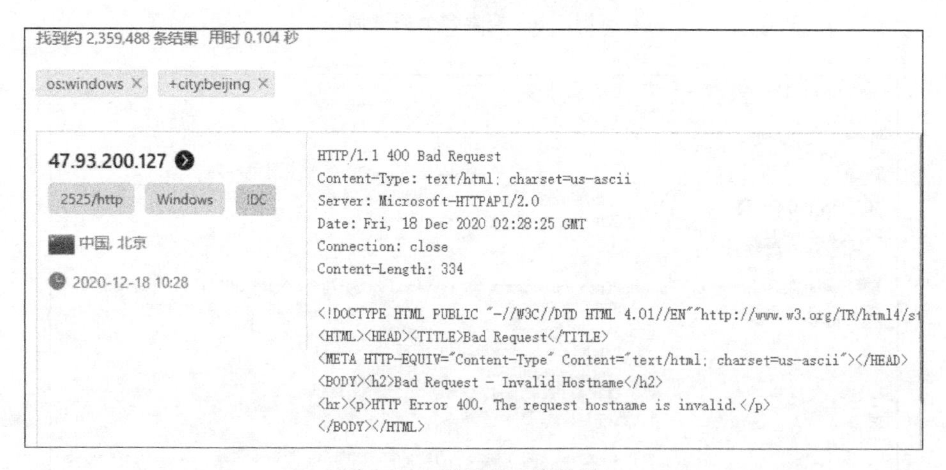

图 7.13　返回的查询结果

7.2.6 实训 4：搜索某个机构的设备

下面演示搜索清华大学的设备，可以输入以下格式的关键词，如图 7.14 所示。返回的结果如图 7.15 所示。

图 7.14 搜索清华大学的设备

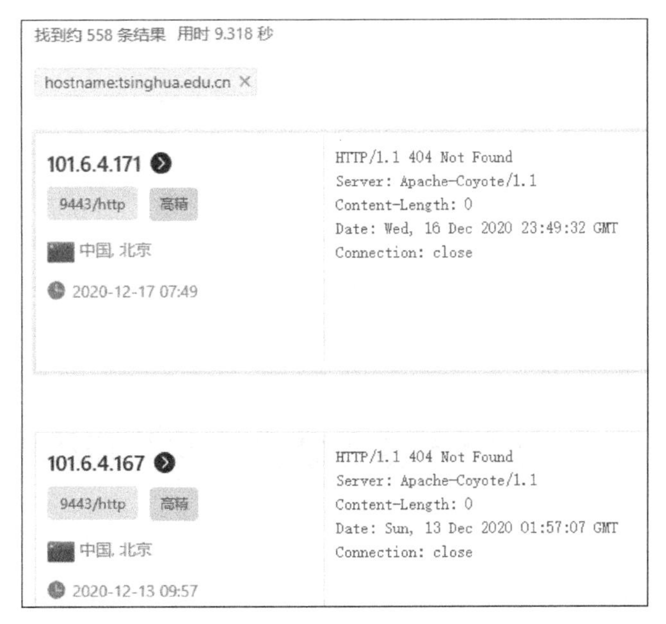

图 7.15 返回的查询结果

在"统计报告"选项卡中可以查看互联网上网站和设备统计的结果，图 7.16 所示。

图 7.16 统计报告

在"相关漏洞"选项卡中可以查看相关设备目前漏洞情况，如果显示为"高危"，代表非常危险，应该及时采取相关措施，如图 7.17 所示。

图 7.17　相关漏洞

7.3　FOFA 基础功能介绍与操作

7.3.1　FOFA 工具介绍

FOFA 可以简单理解为一个中国本土加强版的 Shodan，可以查询某产品在互联网的部署情况、获取一个根域名所有子域名网站、根据 IP 确认企业、根据一个子域名网站找到与它在一个 IP 的其他网站、全网漏洞扫描、查询一个新的漏洞全网的影响范围。当前版本覆盖服务数量为 1 782 570 754 个，覆盖网站数量为 1 266 995 627 个，覆盖规则数量为 262 585 条。

FOFA 的网站地址为 https://www.fofa.so/。

FOFA 可以帮助用户发现未知设备，进行有效的监管和保护，避免潜在的安全隐患；帮助用户在突发的安全漏洞和安全攻击事件中，快速定位受影响的设备范围，变被动攻击为主动防御，抢占时间优势；提供更好的网络空间设备研究工具，加快其相关课题的研究效率，保证其在行业内的权威性与前瞻性地位。

FOFA 的产品优势如下：包括标签在内的 HTML 代码级全文索引和检索，其检索内容更丰富，效果更快速、更精准；预置超过 50 000 条产品特征规则，且用户可以随时自行动态增加，灵活度更高；深厚的全网数据积累，高效的数据检索技术，快速提高用户的网络设备发现能力；实际应用场景中稳定运行超过 4 年，成功部署于各类企业用户的生产环境中，发挥重要作用。

FOFA 的技术特点如下：支持主动扫描、流量监控、搜索引擎、社交平台等多种设备采集方式；提供包括 HTTP、数据库协议、工控协议在内的多种协议分析功能；对采集到的设备进行标签化的特征提取，包括软硬件、操作系统、应用产品等，便于分类统计和快速检索；提供私有化部署方式，可对内网设备进行扫描和检索，搭建企业自有检索平台；内置全网漏洞扫描引擎，用户可编写私有的漏洞规则，针对漏洞规则进行分钟级别的快速验证。

7.3.2 FOFA 基本查询语法

FOFA 是一个搜索引擎，我们要熟悉它的查询语法，类似 Google 语法，FOFA 的查询语法也很简单易懂，主要分为检索字段和运算符，所有的查询语句都是由这两种元素组成的。目前支持的检索字段包括 domain，host，ip，title，server，header，body，port，cert，country，city，os，appserver，middleware，language，tags，user_tag 等，支持的逻辑运算符包括=，==，!=，&&，||。了解了检索字段和逻辑运算符之后，就基本掌握了 FOFA 的用法了。例如，搜索 title 字段中存在后台的网站，只需要在搜索栏中输入 title="后台"，输出的结果即为全网标题中存在"后台"两个字的网站。对于黑客，可以利用得到的信息继续进行渗透攻击，对网站后台进行密码暴力破解、密码找回等攻击行为，这样就可以轻松、愉快地开始一次简单渗透攻击之旅；而企业用户也可以利用得到的信息进行内部弱口令排查等，防患于未然。

- title="abc"：从标题中搜索 abc，如搜索标题中有"beijing"的网站，即 title="beijing"。
- header="abc"：从 HTTP 头中搜索 abc，如搜索 jboss 服务器，即 header="jboss"。
- body="abc"：从 HTML 正文中搜索 abc，如搜索正文包含 Hacked by 的网站，即 body="Hacked by"。
- domain="qq. com"：搜索根域名中带有 qq. com 的网站。
- host=". gov. cn"：从 URL 中搜索. gov. cn，注意搜索要用 host 作为名称，如搜索非营利性组织网站，即 host=". org"，教育网站，即 host=". edu. cn"。
- port="443"：查找对应 443 端口的设备。
- ip="1. 1. 1. 1"：从 IP 中搜索包含 1. 1. 1. 1 的网站，注意搜索要用 IP 作为名称。例如，ip="202. 118. 66. 66"，表示查询 IP 为 202. 118. 66. 66 的网站；如果想要查询网段，可以搜索 ip="202. 118. 66. 66/24"，表示查询 IP 为 202. 118. 66. 66 的 C 网段所有设备信息。
- protocol="https"：搜索指定协议类型的设备(在开启端口扫描的情况下有效)。
- city="Hangzhou"：搜索指定城市的设备。
- region="Zhejiang"：搜索指定行政区的设备。
- country="CN"：搜索指定国家(编码)的设备。
- cert="google"：搜索证书(HTTPS 或 IMAPS 等)中带有 google 的设备。
- banner=users && protocol=ftp：搜索 FTP 协议中带有 users 文本的设备。
- type=service：搜索所有协议设备，支持 subdomain 和 service 两种。
- os=windows：搜索操作系统是 Windows 的设备。
- server="Microsoft-IIS/7. 5"：搜索 IIS 7. 5 服务器。
- app="海康威视-视频监控"：搜索海康威视视频监控设备。
- after="2017" && before="2019. 10-01"：时间范围搜索。注意：after 是大于或等于，before 是小于，这里 after="2017" 就是日期大于或等于 2017. 01-01 的数据，而 before="2019. 10-01" 则是日期小于 2019. 10-01 的数据。

- asn="19551"：搜索指定自治系统编号 asn 的设备。
- org="Amazon.com,Inc."：搜索指定组织的设备。
- base_protocol="udp"：搜索指定 UDP 协议的设备。
- is_ipv6=true：搜索 IPv6 的设备，只接受 true 和 false。
- is_domain=true：搜索域名的设备，只接受 true 和 false。
- ip_ports="80,443" 或 ports="80,443"：搜索同时开放 80 和 443 端口的 IP 设备(以 IP 为单位的设备数据)。
- ip_ports=="80,443" 或 ports=="80,443"：搜索同时开放 80 和 443 端口的 IP 设备(以 IP 为单位的设备数据)。
- ip_country="CN"：搜索中国的 IP 设备(以 IP 为单位的设备数据)。
- ip_region="Zhejiang"：搜索指定行政区的 IP 设备(以 IP 为单位的设备数据)。
- ip_city="Hangzhou"：搜索指定城市的 IP 设备(以 IP 为单位的设备数据)。
- ip_after="2019.01-01"：搜索 2019.01-01 以后的 IP 设备(以 IP 为单位的设备数据)。
- ip_before="2019.01-01"：搜索 2019.01-01 以前的 IP 设备(以 IP 为单位的设备数据)。

7.3.3 FOFA 高级查询语法

逻辑运算符可以使用括号以及 &&,||,!=等符号，如下所示。

title="powered by" && title!=discuz

title!="powered by" && body=discuz

(body="content="WordPress" || (header="X-Pingback" && header="/xmlrpc.php" && body="/wp-includes/")) && host="gov.cn"

注意：

(1) 如果查询表达式有多个与/或关系，尽量在外面用括号包含起来。

(2) 直接输入查询语句，将从标题、HTML 内容、HTTP 头信息、URL 字段中搜索；

(3) 新增完全匹配符号==，可以加快搜索速度，如查找 qq.com 所有主机，可以搜索 domain=="qq.com"。

7.3.4 实训 5：搜索一个域名

(1) 使用任意浏览器访问 FOFA 官方网站(https://fofa.so/)，如图 7.18 所示。

图 7.18 FOFA 官方网站

(2) 搜索腾讯所有的子域名：domain="qq.com"，返回的结果如图 7.19 所示。

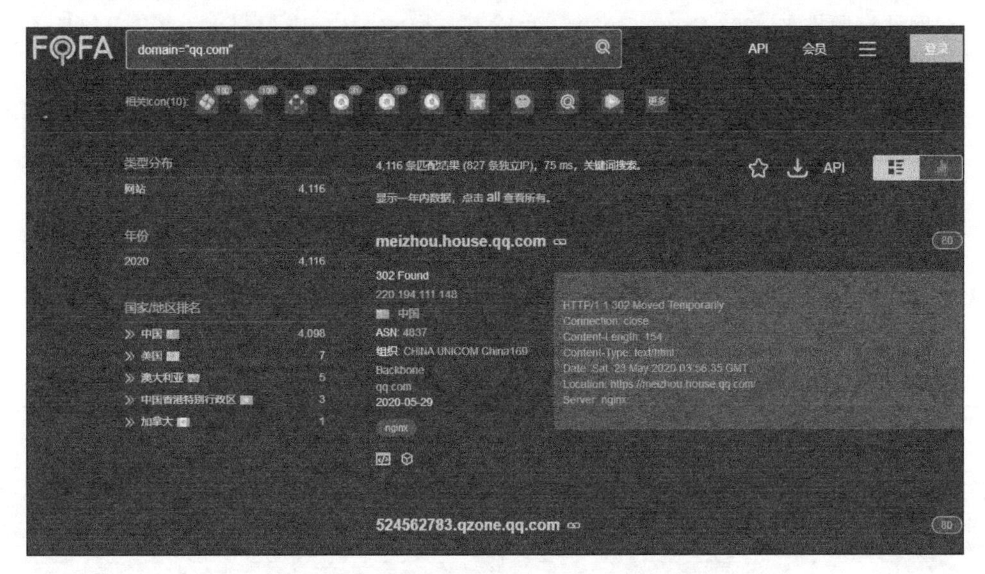

图 7.19　搜索 domain="qq.com"显示结果

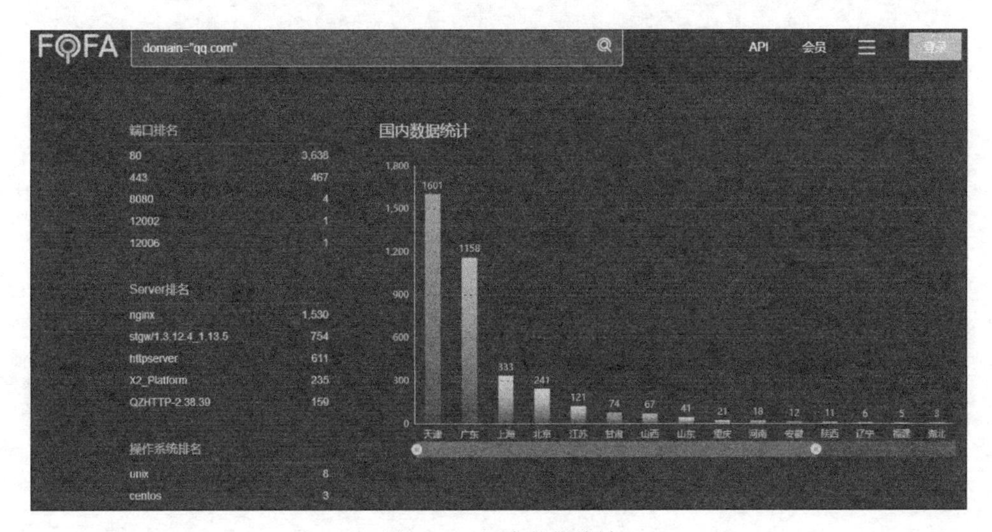

图 7.20　国内数据统计

主要统计的数据内容如下，如图 7.20 所示。

- 国家/地区排名：中国(4098)；美国(7)；澳大利亚(5)；中国香港特别行政区(3)；加拿大(1)。
- 端口排名：80 端口(3638)；443 端口(467)；8080 端口(4)；12002 端口(1)；12006 端口(1)。
- Server 排名：Nginx(一款高性能的 HTTP 服务器/反向代理服务器，1530)；stgw(Secure Tencent Gateway，腾讯安全网关—7 层转发代理)/1.3.12.4_1.13.5(754)；httpserver(最基本的 Web Server 类型，611)；X2_Platform(235)；QZHTTP-2.38.39(腾讯出品的 QZHTTP 是一种 Web Server，159)。

- 操作系统排名：unix(8)；centos(3)。
- 网站标题排名：302 Found(1080)；301 Moved Permanently(464)；403 Forbidden(115)；腾讯课堂(114)；QQ 邮箱(链接无效提醒)(75)。
- 组织排名：Yueyang(1424)；China Telecom (Group)(1125)；CHINA UNICOM China169 Backbone(485)；China Unicom Guangdong IP network(197)；No. 31, Jin-rong Street(188)。
- IPV4/IPV6：IPV4(4108)；IPV6(8)。

7.3.5 实训 6：搜索主机

搜索主机内所有带有 qq. com 的域名：host="qq. com"，结果如图 7.21 所示。

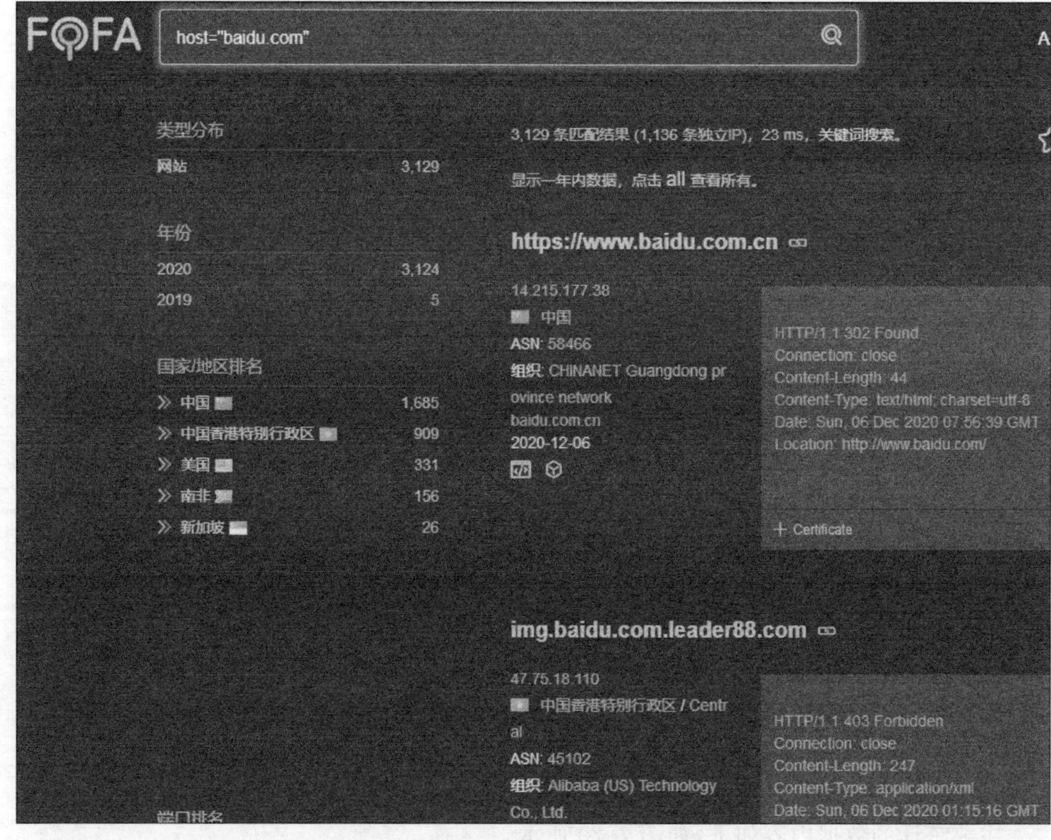

图 7.21 host="qq. com"搜索结果

主要统计的数据内容如下。

- 端口排名：80 端口(2798)；443 端口(310)；2345 端口(5)；10311 端口(1)；1555 端口(1)。
- Server 排名：nginx(1066)；Apache(716)；Microsoft-IIS/6. 0(552)；JSP3/2. 0. 14(132)；bfe(70)。
- 操作系统排名：windows(587)；ubuntu(3)；debian(2)；unix(1)。

7.3.6　实训 7：搜索 IP 地址

搜索某个 IP 上的相关信息：ip="220.181.38.149"，结果如图 7.22 所示。

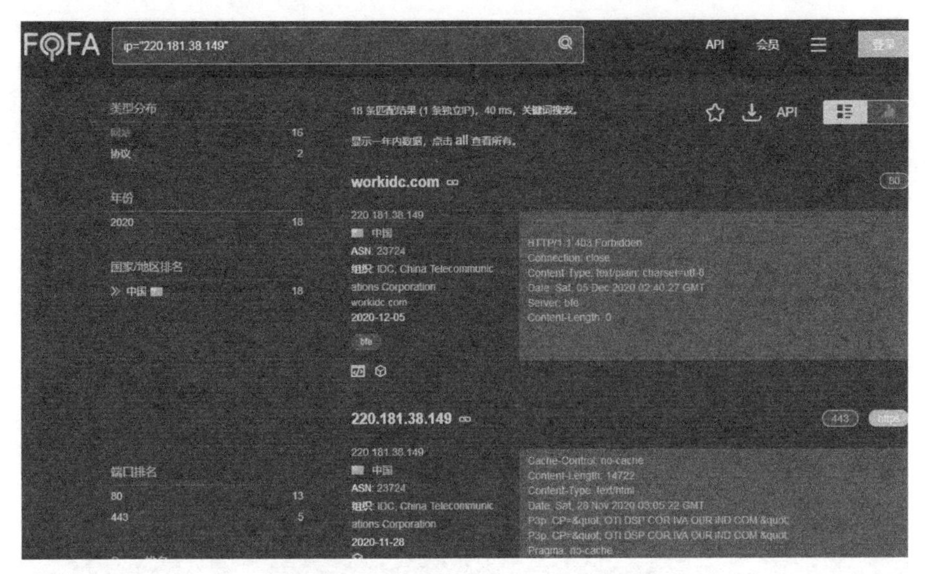

图 7.22　ip="220.181.38.149"搜索结果

支持 IP 段搜索，如 ip = "220. 181. 38. 149/8"，ip = "220. 181. 38. 149/16"，ip = "220.181.38.149/24"等，结果如图 7.23 所示。

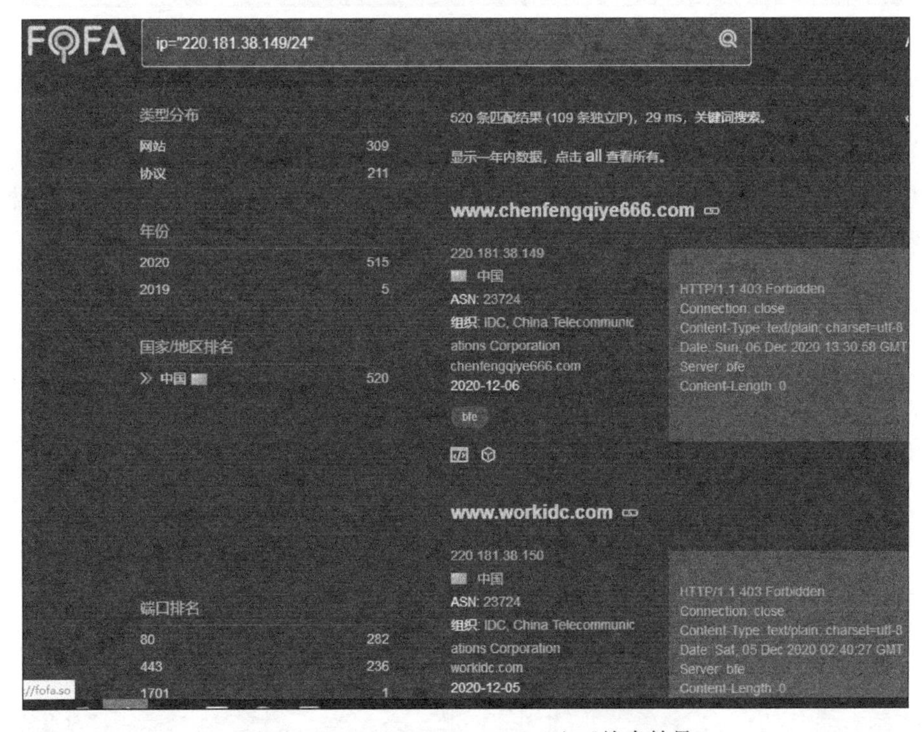

图 7.23　ip="220.181.38.149/24"搜索结果

7.3.7 实训 8：搜索标题

搜索标题包含“漏洞”的 IP：title="漏洞"，结果如图 7.24 所示。

图 7.24 title="漏洞"搜索结果

7.3.8 实训 9：搜索服务器

例如，Apache 出来了一个高危漏洞，我们需要统计全球 Apache 服务器，在搜索框中输入 server="Apache"，结果如图 7.25 所示。

图 7.25 server="Apache"搜索结果

如果再加上服务器的版本号，结果如图 7.26 所示。

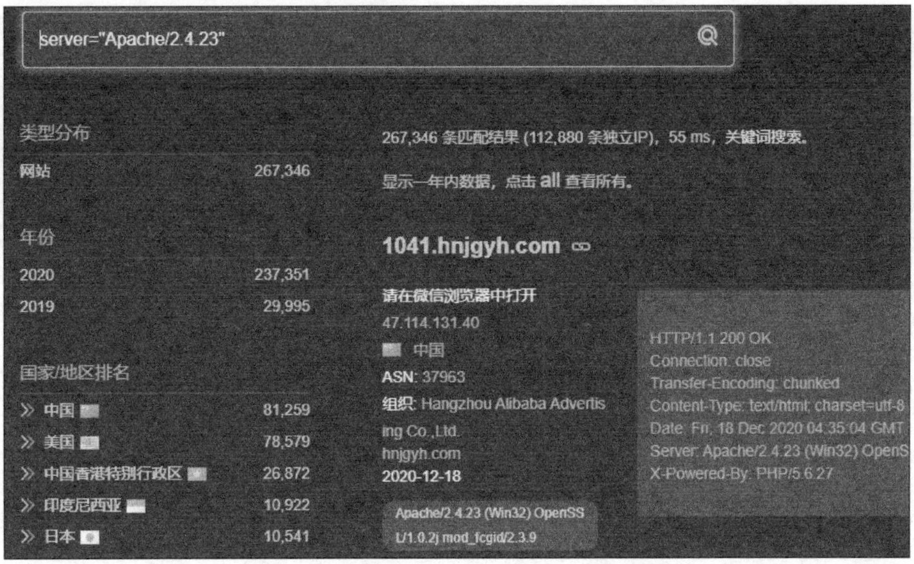

图 7.26　server="Apache/2.4.23"搜索结果

7.3.9　实训 10：搜索页面头部信息

搜索 header="baidu"，返回的结果如图 7.27 所示。

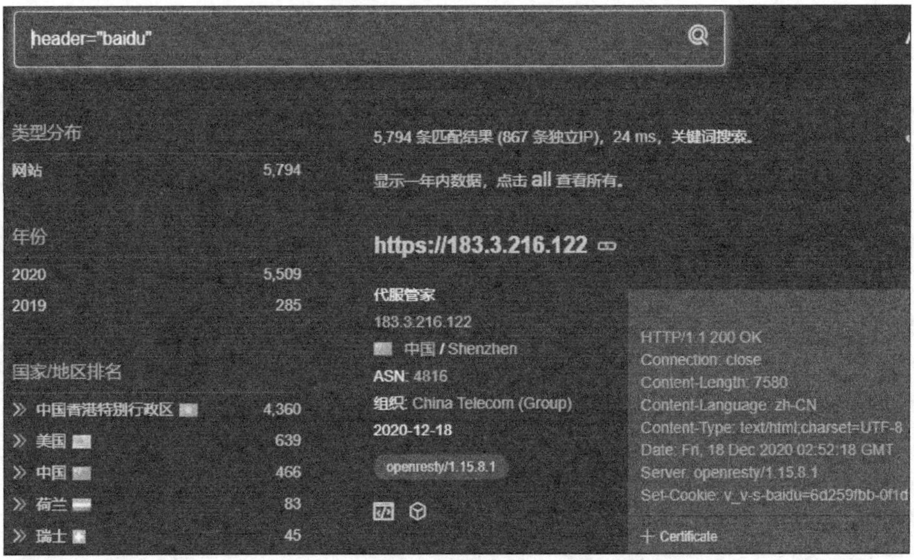

图 7.27　header="baidu"搜索结果

7.3.10　实训 11：搜索页面主体信息

想要搜索淘宝网的后台，域名为 taobao.com，并且网页主体包含“后台”，在搜索框内输入，body="后台" && domain="taobao.com"，结果如图 7.28 所示。

&& 表示与,搜索结果需要同时满足两个条件。

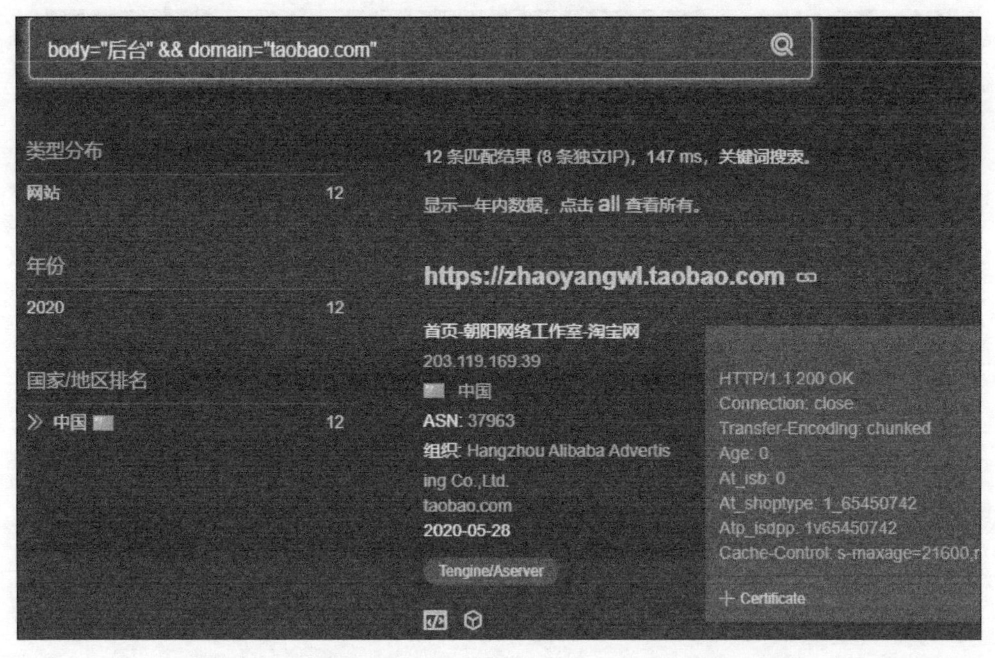

图 7.28　body="后台" && domain="taobao.com"搜索结果

7.3.11　实训 12：搜索端口号

想要搜索 21 端口(FTP 服务),在搜索框中输入 port ="21",结果如图 7.29 所示。

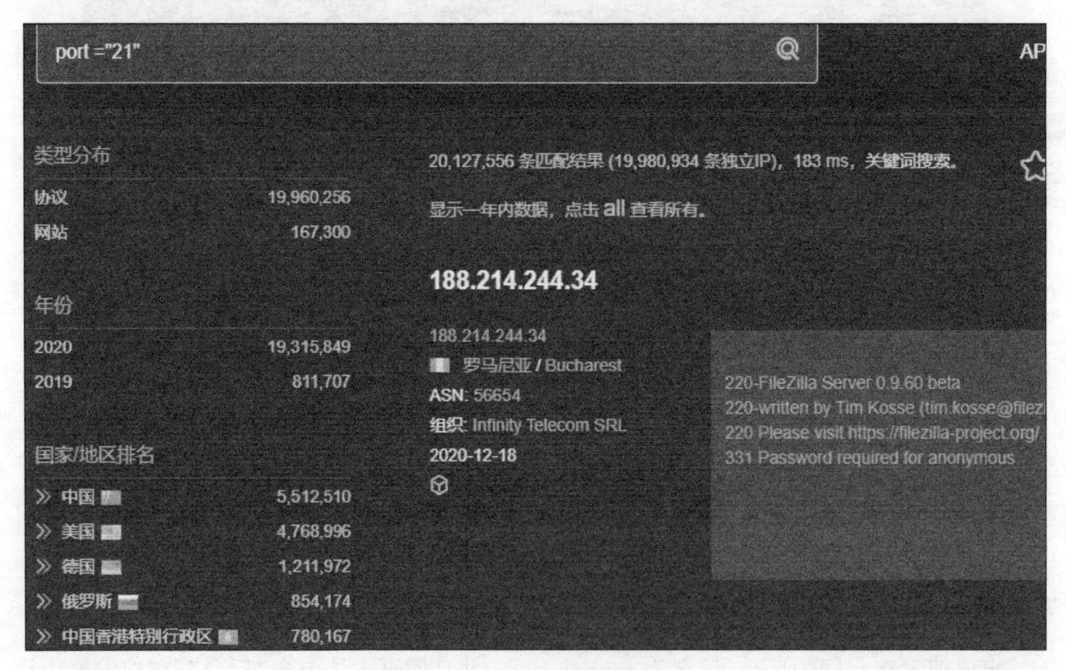

图 7.29　port ="21"搜索结果

想要搜索非 80 端口，输入 port ！="80"，结果如图 7.30 所示。

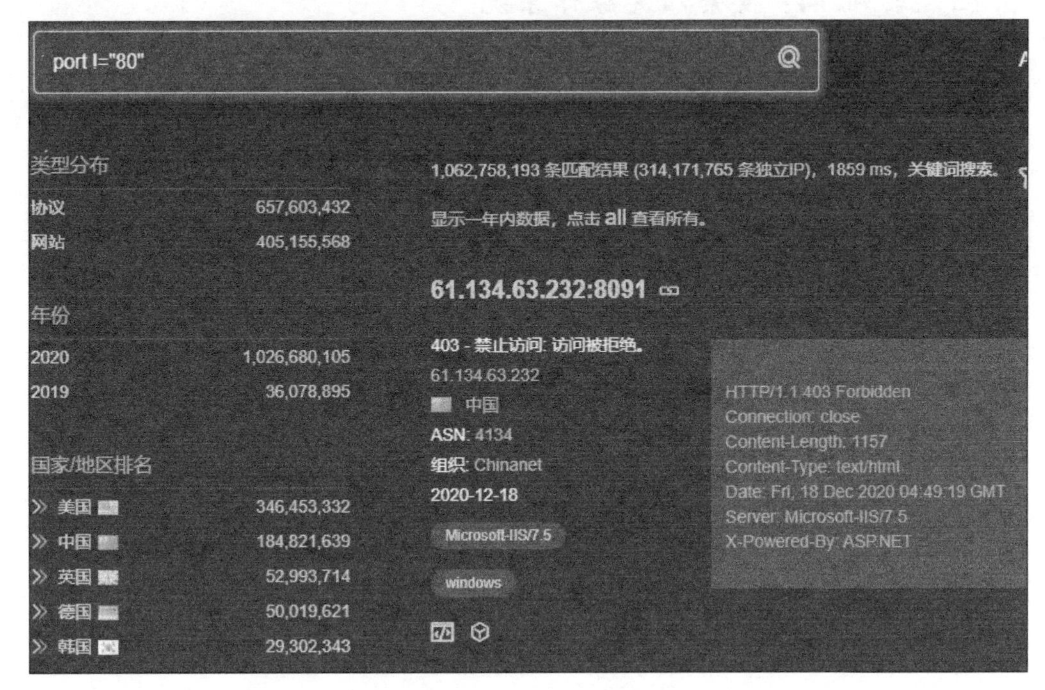

图 7.30　port ！="80"搜索结果

7.3.12　实训 13：搜索指定城市的设备

搜索上海的服务器，输入 city="Shanghai"，结果如图 7.31 所示。注意：搜索城市时填写城市的全称，首字母必须大写。

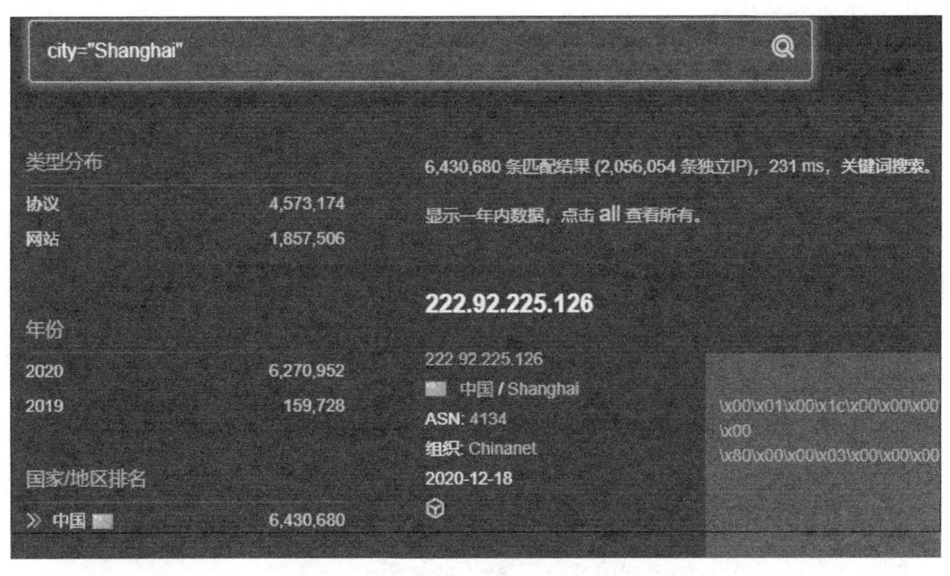

图 7.31　city="Shanghai"搜索结果

7.3.13 实训 14：搜索指定操作系统

搜索所有 Linux 主机，输入 os="linux"，结果如图 7.32 所示。

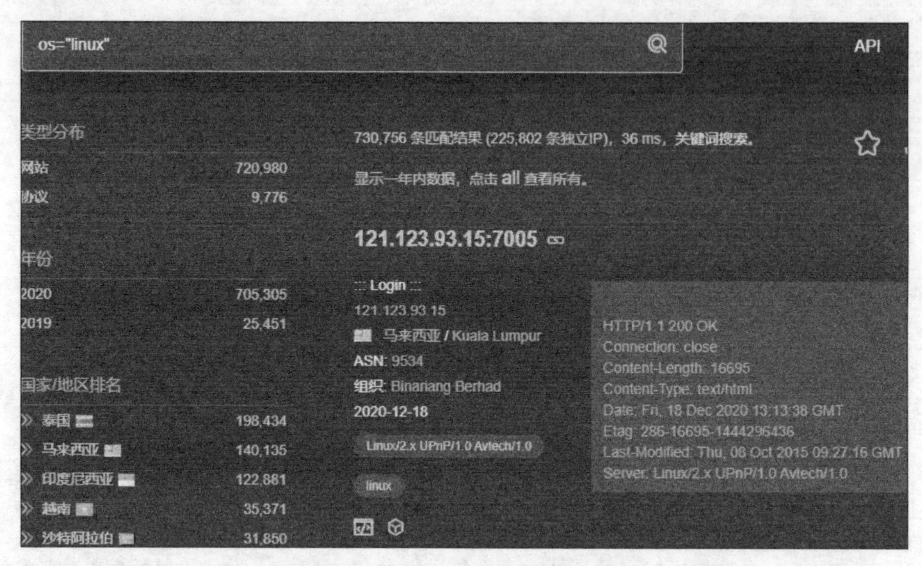

图 7.32　os="linux"搜索结果

7.3.14 实训 15：高级查询

了解了基础查询，我们再来看看高级查询，其实也很简单，就是将多个基础查询语句用逻辑连接符连接。例如，我们要搜索上海的 Windows 设备，搜索语句为 os="windows" && city="Shanghai"，结果如图 7.33 所示。利用高级查询可以更细致地了解网络空间中每个用户关注的设备信息。

图 7.33　os="windows"&& city="Shanghai"搜索结果

实验思考题

1. 网络空间搜索引擎主要搜索哪些内容?
2. ZoomEye 主要有哪些参数设置?
3. FOFA 主要有哪些参数设置?
4. ZoomEye 组合查询有哪些符号可以使用?

实验8 MBSA软件的安装与使用

视频讲解

8.1 实验目的及要求

8.1.1 实验目的

通过实验操作掌握微软基准安全分析器(Microsoft Baseline Security Analyzer,MBSA)软件的安装与基本功能使用,对于扫描软件的原理有一定的了解。要求掌握扫描软件的操作及扫描报告的解读。

8.1.2 实验要求

根据教材内容和步骤完成MBSA软件的安装及使用,在掌握基本功能的基础上,实现日常扫描应用。要求在实验操作的过程中,每个操作步骤及屏幕输出都要截取操作结果图片,粘贴在Word文档中,生成在线实验操作报告并提交(报告以"学生姓名+实验名称"命名)。

8.1.3 实验设备及软件

一台安装Windows XP或Windows 10的计算机,一台安装Windows Server 2008或更高版本的服务器,局域网环境,MBSA安装软件,SQL Server 2008或更高版本软件(可选)。如果没有专用的Windows Server服务器,作为替代方案,可以在Windows 10平台上安装VMware Workstation,在其上创建一个Windows Server 2008虚拟机,完成实验。

8.2 MBSA的安装与使用

8.2.1 MBSA简介

MBSA软件用于本地及远程扫描一台或多台计算机终端或服务器,以发现常见的安全问题或漏洞。MBSA仅能扫描基于Windows各个版本操作系统的计算机,并要求登录账户具备系统管理员权限。MBSA能够检查操作系统本身以及已安装的其他组件(如IIS,SQL Server,Office和桌面软件等),以发现安全方面的配置错误、弱口令、漏洞等,并提供链接,推荐修补建议。

可以以图形用户界面(Graphical User Interface,GUI)或命令行方式运行MBSA。GUI可执行程序为Mbsa.exe,命令行可执行程序为Mbsacli.exe。MBSA使用138和139端口执行扫描。MBSA 需要对扫描的计算机具有管理员特权。命令行方式中参数/u（用户名）和 /p（密码）可用于指定运行扫描的用户。必须启用/安装以下服务：Server 服务、Remote Registry 服务、文件和打印共享(File & Print Sharing)。

8.2.2 安装 MBSA

找到安装软件所在目录，双击 MBSA Setup 文件，进入安装提示界面，如图 8.1 所示。

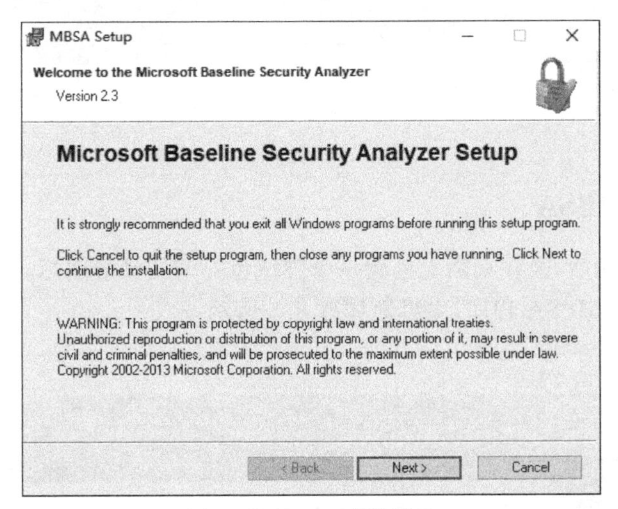

图 8.1　MBSA 安装提示

微软建议在安装 MBSA 之前退出所有 Windows 程序，如 IE 浏览器、Office 软件等。单击 Cancel 按钮可以退出安装。要继续安装，单击 Next 按钮，进入许可授权协议页面，如图 8.2 所示。

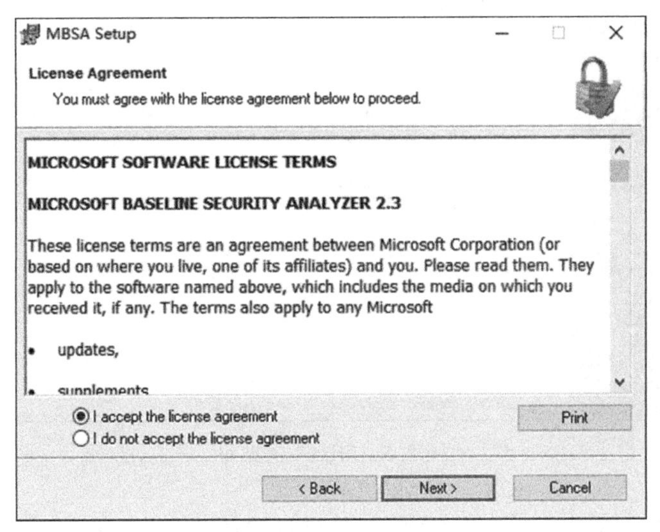

图 8.2　许可授权协议

选中 I accept the license agreement 单选按钮，然后单击 Next 按钮，进入安装目录选择界面，没有特别需要的话使用默认目录即可，直接单击 Next 按钮进入开始安装界面，单击

Install 按钮开始安装,完成安装后如图 8.3 所示,在桌面上生成的图标如图 8.4 所示。

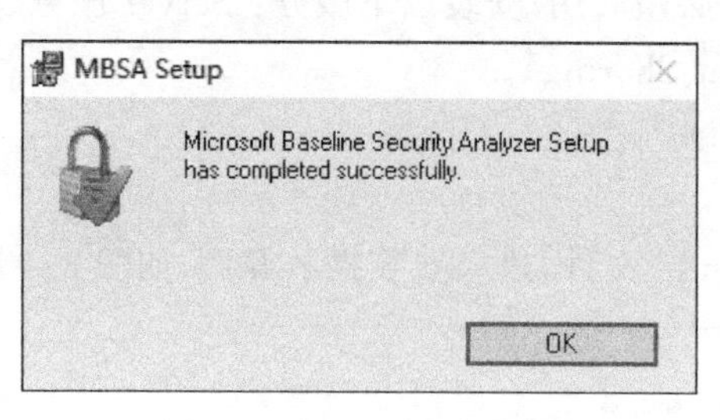

图 8.3 MBSA 成功安装

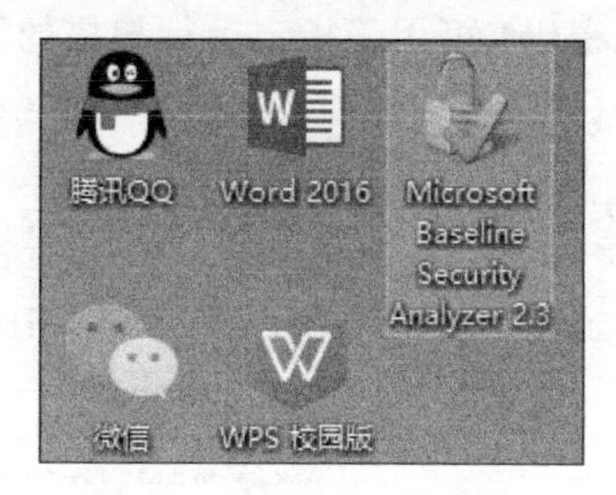

图 8.4 MBSA 软件图标

8.2.3 运行 MBSA

MBSA 安装成功后,会在桌面上创建一个带绿色对勾的锁形图标,如图 8.4 所示。双击图标,运行 MBSA 程序,主界面如图 8.5 所示。

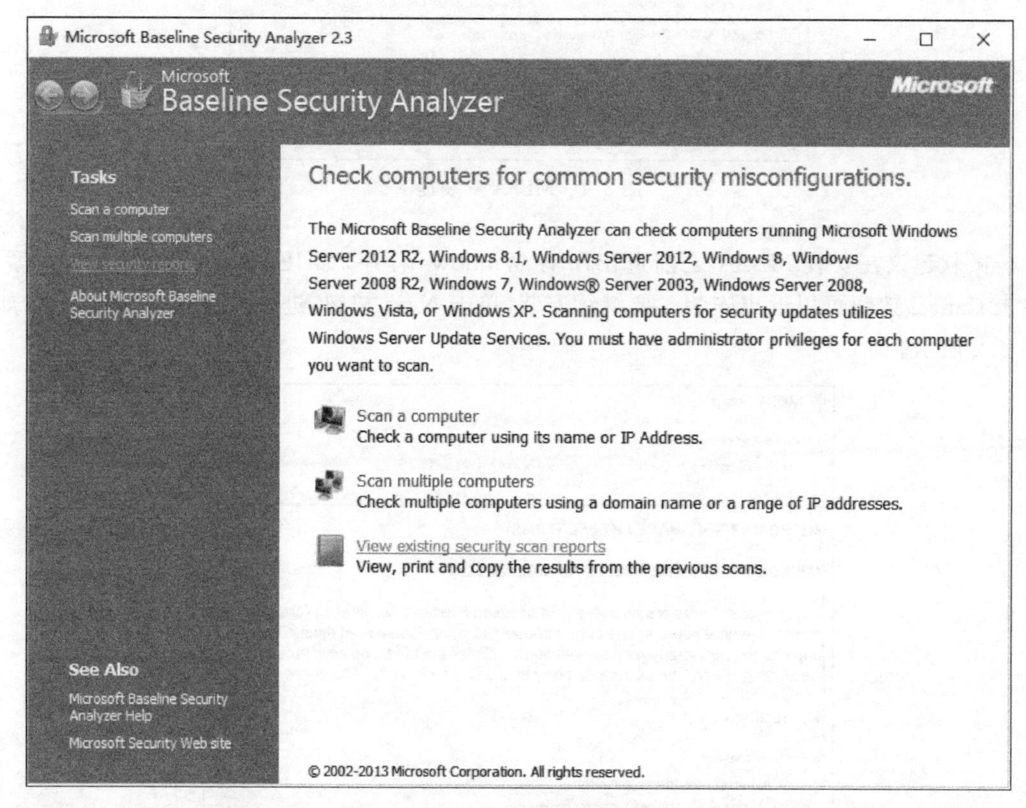

图 8.5 MBSA 主界面

主界面左侧窗口是任务栏,表示软件可以执行的任务列表;右侧窗口说明软件的作用及适用范围,并给出软件可以执行的 3 项任务链接,如下所示。

(1) 扫描单台计算机 (Scan a computer):使用计算机名或 IP 地址扫描一台计算机,检查其存在的问题。

(2) 扫描多台计算机(Scan multiple computers)：使用域名或 IP 地址范围扫描多台计算机，检查组内每台计算机存在的问题。

(3) 查询已存在的安全扫描报告(View existing security scan reports)：如果是第一次安装，还没开始使用，则不存在安全报告，这时该链接是灰色的，不可用；如果已经执行过一次扫描，软件会自动保存扫描结果，通过该链接可以打开扫描结果报告，查询安全评估报告的详细情况，获得进一步的修改建议和指导。

8.2.4 扫描单台计算机

单击 Scan a computer 链接，进入参数设置界面，如图 8.6 所示。

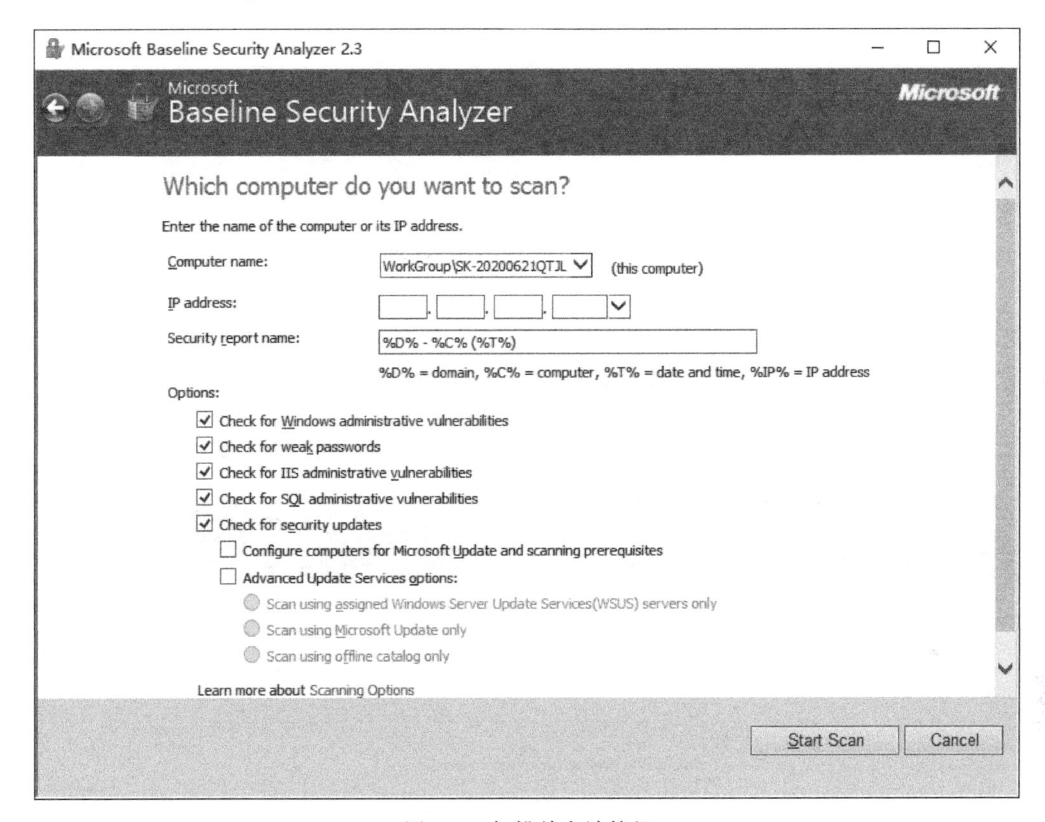

图 8.6 扫描单台计算机

有 3 个输入项和一组选项，如下所示。

1) 计算机名(Computer name)

该输入框默认显示当前计算机的名字，如果是扫描 MBSA 软件所在的计算机，则不需要输入任何参数，直接单击 Start Scan 按钮，开始扫描。软件会首先连接微软官方网站，下载安全更新信息，根据最新的信息检查当前计算机的安全情况，如图 8.7 所示。

因此，运行本软件的计算机最好具有联网功能，以便连接官方的安全数据库。如果联网成功，则能顺利连接数据库，完成数据下载，如图 8.8 所示。

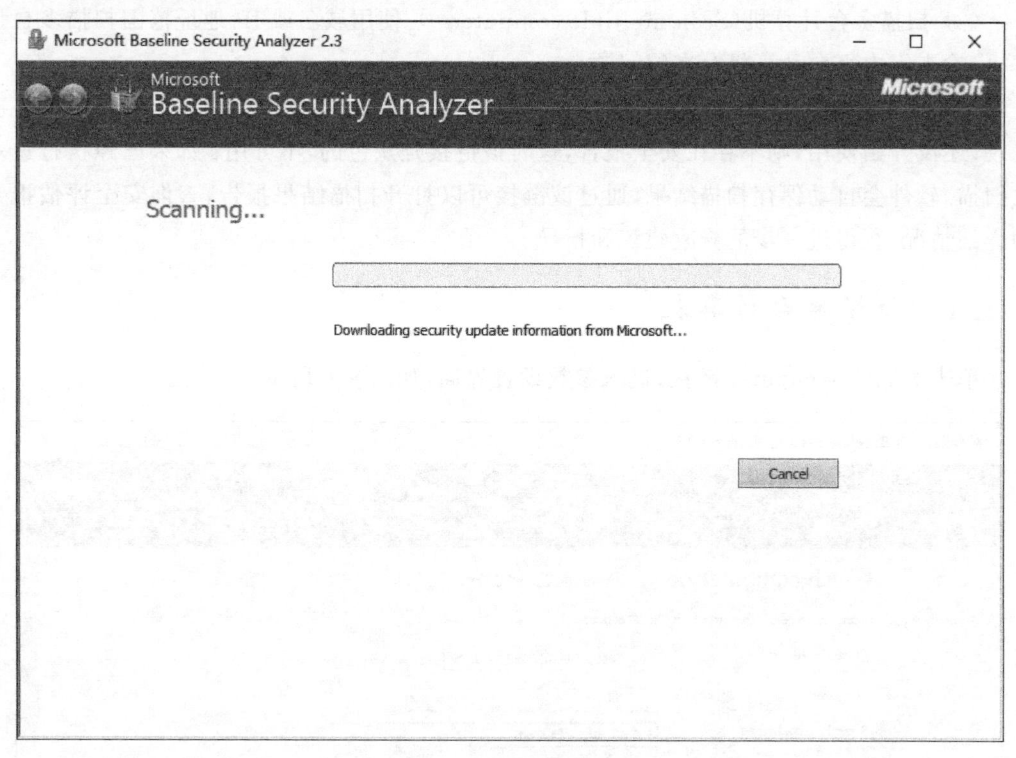

图 8.7　下载安全更新信息

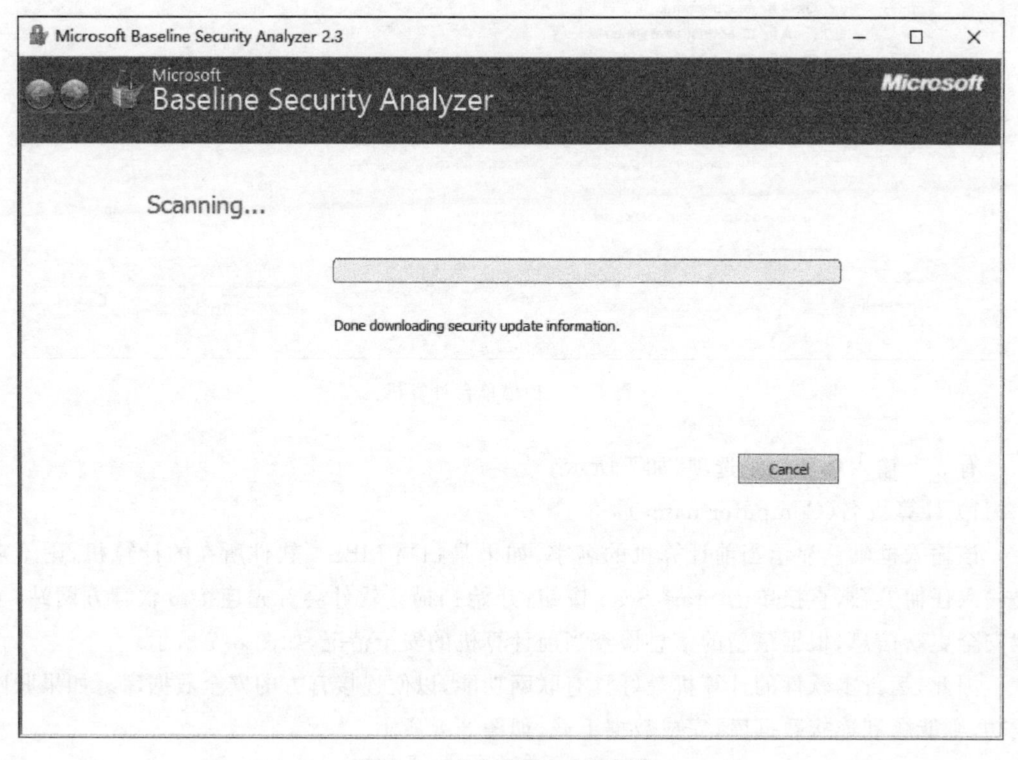

图 8.8　成功下载安全数据库

如果网络不通，导致连接失败，则无法正常下载安全更新数据，提示下载失败，如图 8.9 所示。

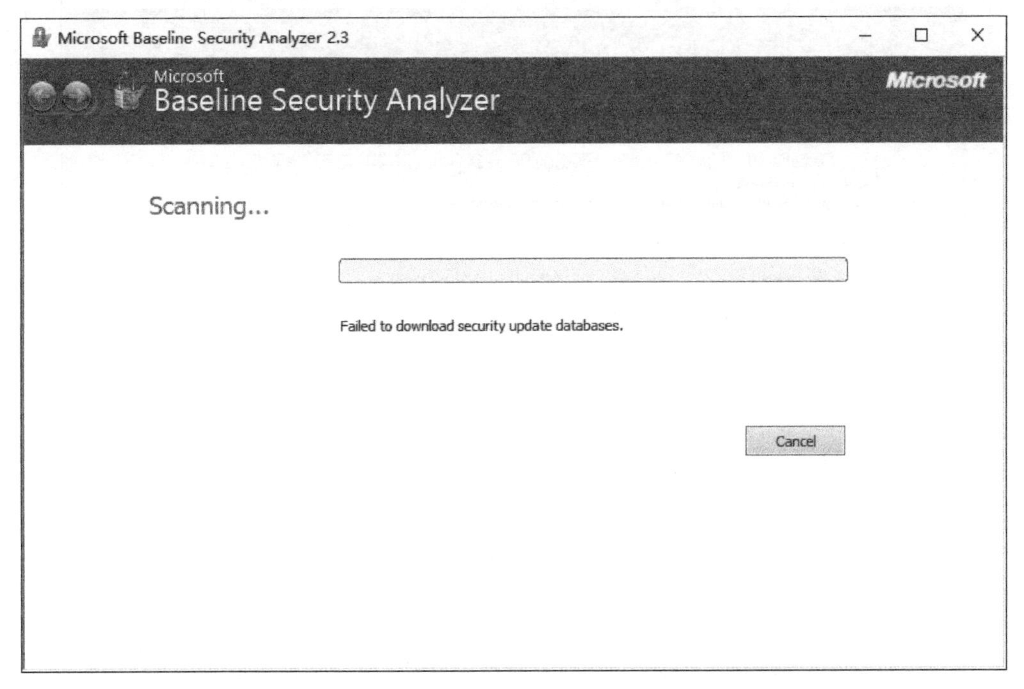

图 8.9 安全更新数据下载失败

当然，如果连接失败，无法下载安全更新数据，也不影响软件的扫描工作。扫描工作会继续进行，并提示扫描进度，如图 8.10 所示。

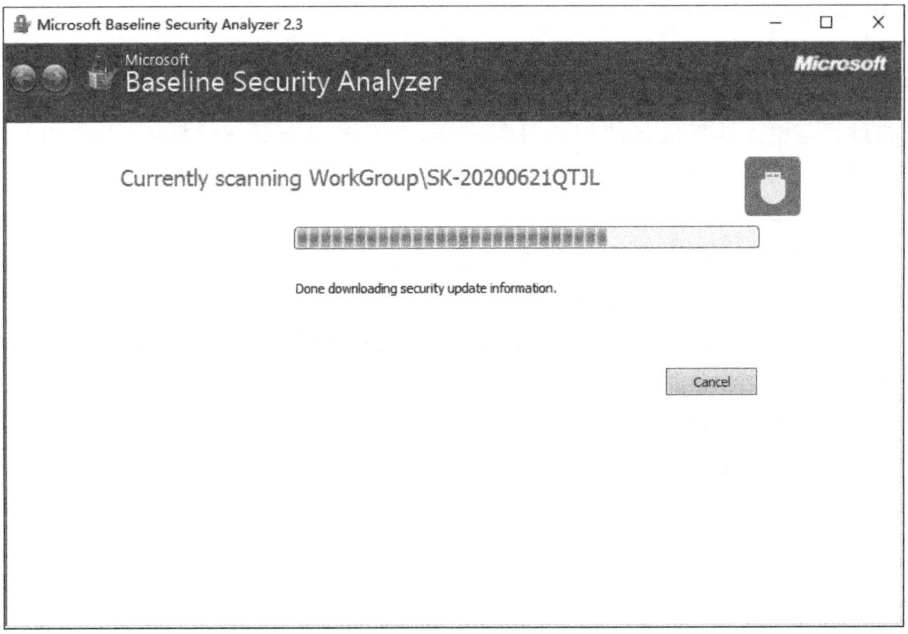

图 8.10 扫描进度提示

扫描结束会直接显示扫描结果报告,如图 8.11 所示。

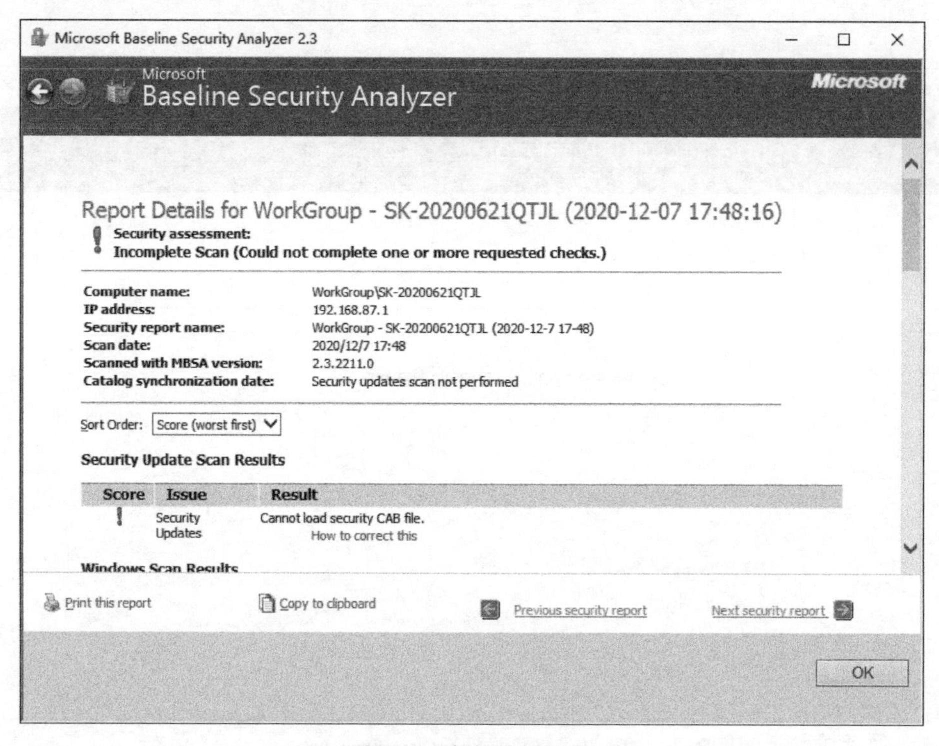

图 8.11　扫描结果报告

如果不是扫描本机,而是扫描另一台计算机,则输入另一台计算机的名字,然后单击 Start Scan 按钮即可开始扫描,前提是知道该计算机的名字及其 Administrator 账户的密码。

2) IP 地址(IP address)

这个输入框用于输入被扫描主机的 IP 地址,地址输入完毕后,Computer name 输入框会自动清空,可以直接单击 Start Scan 按钮开始扫描,无须输入计算机名和安全报告文件名。扫描过程与输入计算机名的扫描过程一样,先连接安全更新数据库,下载相关安全信息,然后再扫描。扫描完毕后显示扫描结果报告。

3) 安全报告名(Security report name)

安全报告的名字是任意的,由用户自己命名,自己记住其含义即可。注意不要使用带有盘符的路径,也不要加扩展名,仅用一个名字表示即可,系统会默认加上扩展名.mbsa。用户也可以使用软件系统默认的安全报告名,格式为域名-计算机名(扫描日期及时间)。安全报告存放在 C:\Users\Administrator\SecurityScans 目录下。

下面我们使用 IP 地址扫描本机,并指定安全报告名 test,如图 8.12 所示。

扫描结果如图 8.13 所示。

4) 安全扫描选项

安全扫描选项包括以下几项。

(1) Check for Windows administrative vulnerabilities:该项检查 Windows 安全管理漏洞。这是对 Windows 操作系统的基本检查,每次检查都应该包括这项。

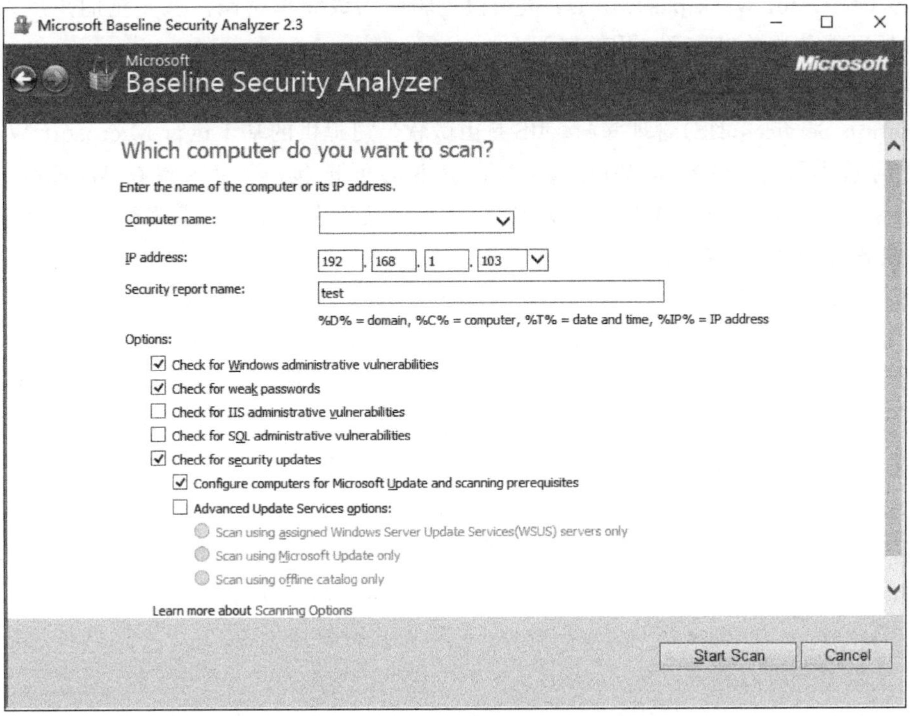

Microsoft Baseline Security Analyzer 2.3

Microsoft
Baseline Security Analyzer
Microsoft

Which computer do you want to scan?

Enter the name of the computer or its IP address.

Computer name:

IP address: 192 . 168 . 1 . 103

Security report name: test

%D% = domain, %C% = computer, %T% = date and time, %IP% = IP address

Options:

- ☑ Check for Windows administrative vulnerabilities
- ☑ Check for weak passwords
- ☐ Check for IIS administrative vulnerabilities
- ☐ Check for SQL administrative vulnerabilities
- ☑ Check for security updates
  - ☑ Configure computers for Microsoft Update and scanning prerequisites
  - ☐ Advanced Update Services options:
    - Scan using assigned Windows Server Update Services(WSUS) servers only
    - Scan using Microsoft Update only
    - Scan using offline catalog only

Learn more about Scanning Options

Start Scan　Cancel

图 8.12　基于 IP 地址的扫描

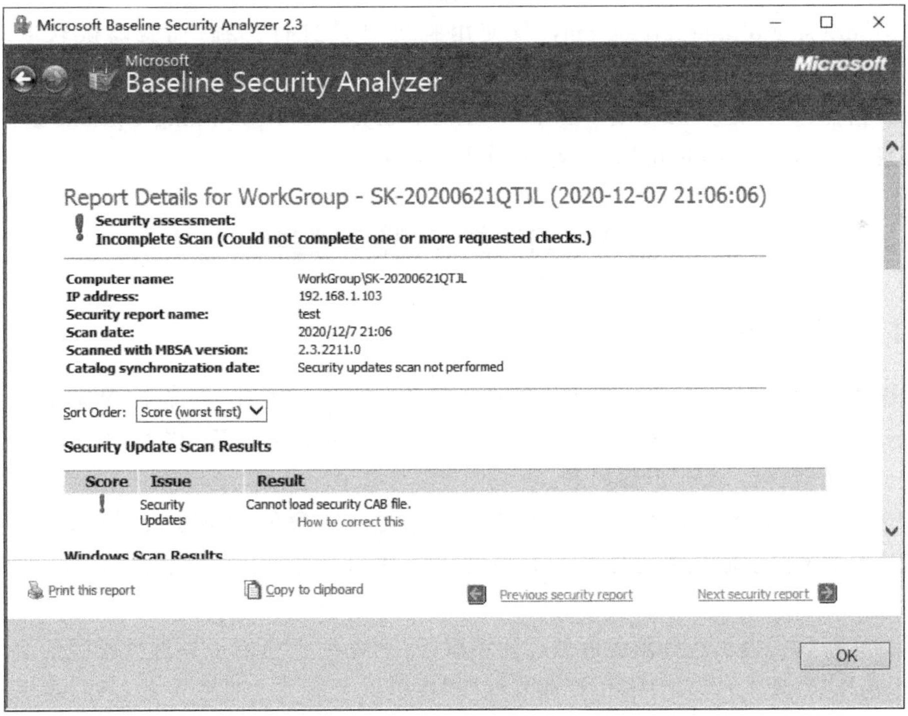

Microsoft Baseline Security Analyzer 2.3

Microsoft
Baseline Security Analyzer
Microsoft

Report Details for WorkGroup - SK-20200621QTJL (2020-12-07 21:06:06)

Security assessment:
Incomplete Scan (Could not complete one or more requested checks.)

Computer name:	WorkGroup\SK-20200621QTJL
IP address:	192.168.1.103
Security report name:	test
Scan date:	2020/12/7 21:06
Scanned with MBSA version:	2.3.2211.0
Catalog synchronization date:	Security updates scan not performed

Sort Order: Score (worst first)

Security Update Scan Results

Score	Issue	Result
!	Security Updates	Cannot load security CAB file. How to correct this

Windows Scan Results

Print this report　Copy to clipboard　Previous security report　Next security report

OK

图 8.13　基于 IP 地址的扫描结果

(2) Check for weak passwords：该项检查弱密码或简单密码。从安全的角度来说，希望用户尽可能使用复杂密码，提高安全性。

(3) Check for IIS administrative vulnerabilities：该项检查互联网信息服务(Internet Information Services，IIS)管理漏洞。IIS是由微软公司提供的基于运行 Microsoft Windows 的互联网基本服务，最初是 Windows NT 版本的可选包，随后内置在 Windows 2000，Windows XP Professional 和 Windows Server 2003 及以上版本中一起发行。当系统中配置有 IIS 服务时，请勾选该项。

(4) Check for SQL administrative vulnerabilities：该项检查 SQL Server 的安全管理漏洞。如果 Windows 系统中安装了 SQL Server 服务器，建议勾选该项。

(5) Check for security updates：该项为 Windows 安全更新检查。微软的操作系统经常发布更新打补丁，如果漏打补丁，系统存在的漏洞就很容易被黑客利用。因此，系统扫描时，这项是必选的。在这个选项下还可以执行两个子操作。

① Configure computers for Microsoft Update and scanning prerequisites 为微软更新及扫描先决条件而配置计算机：这个选项默认是关闭的，不是必选项。如果勾选，则 MBSA 会主动配置客户计算机的系统更新代理，即激活 Windows 系统更新。

② Advanced Update Services options(高级更新服务选项，适合于不同的环境，可在以下 3 个子选项中任选其一)：

- Scan using assigned Windows Server Update Services(WSUS) servers only(仅使用微软专门配置的更新服务器进行扫描)；
- Scan using Microsoft Update only(仅使用微软更新网站进行扫描)；
- Scan using offline catalog only(仅使用脱机目录进行扫描，而忽略微软更新网站内容)。

有关扫描选项的进一步解释，可以单击 Learn more about Scanning Options 链接，或打开安装目录下的 optionshelp.html 文档，其中有详细的说明。

8.3 IIS 的安装与扫描

8.3.1 IIS 的安装

MBSA 提供对 IIS 服务的扫描，需要开启 IIS 服务。为此，我们在 Windows XP 或 Windows 10 操作系统上的 Windows Server 2008 虚拟机上安装 IIS 服务(虚拟机的安装请参考其他安装资料)。操作步骤如下。

在虚拟机的“服务器管理器”中添加 Web 服务器(IIS)角色，如图 8.14 所示。

在这里系统提示添加管理服务所必备的功能，单击“添加必需的功能”按钮，如图 8.15 所示。

添加完毕后将提示选择角色服务，“角色服务”列表框中列出了供选择安装的必要的服务，这里选择“管理工具”及“IIS 6 管理兼容性”各项以及有关文件服务的各项，尽可能选全面一些，其他默认，如图 8.16 所示。

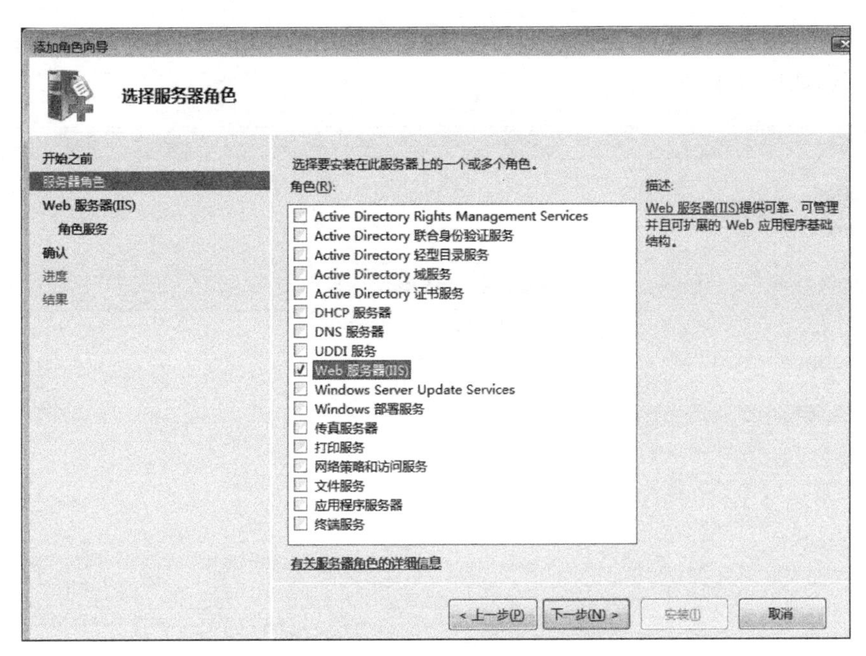

图 8.14　添加 Web 服务器角色

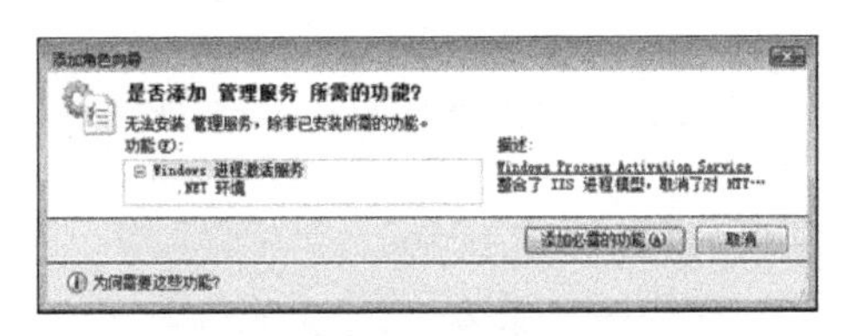

图 8.15　添加管理服务必备功能

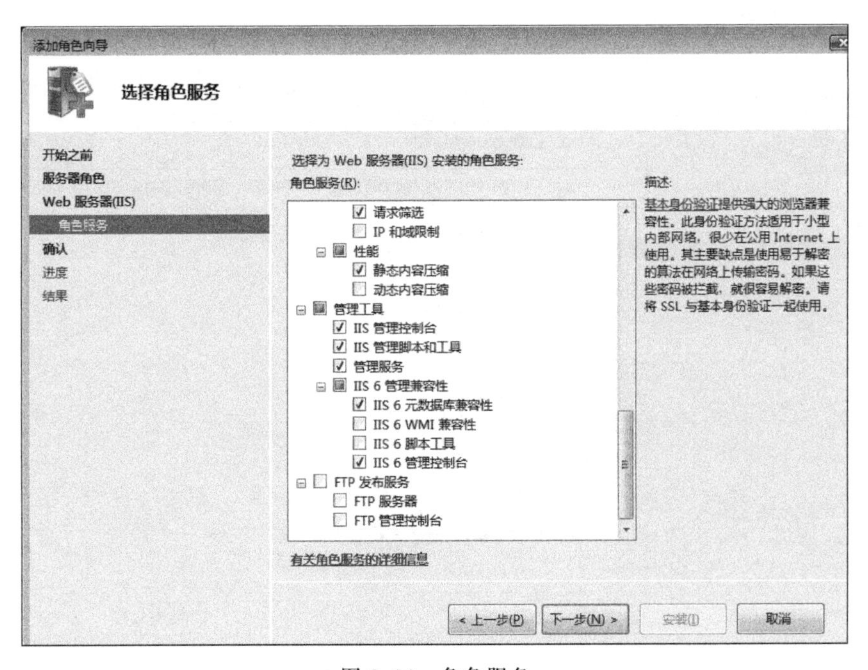

图 8.16　角色服务

最后,安装前会提示要安装的全部角色,确定没问题后单击“安装”按钮,开始安装,出现安装进度条,如图 8.17 所示。

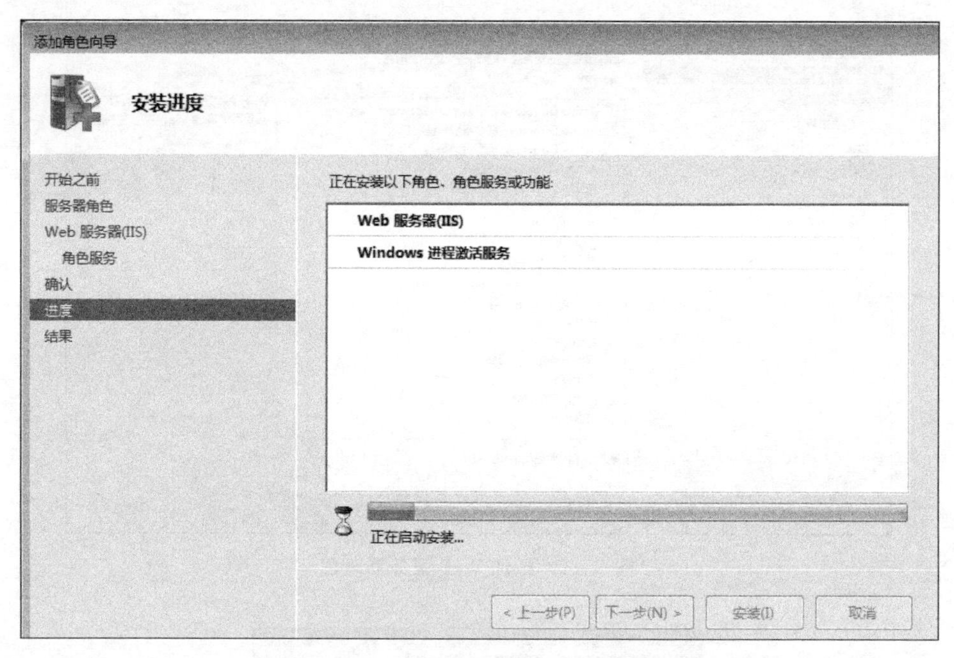

图 8.17　Web 服务器(IIS)安装进度

安装完毕将提示安装结果,如图 8.18 所示。

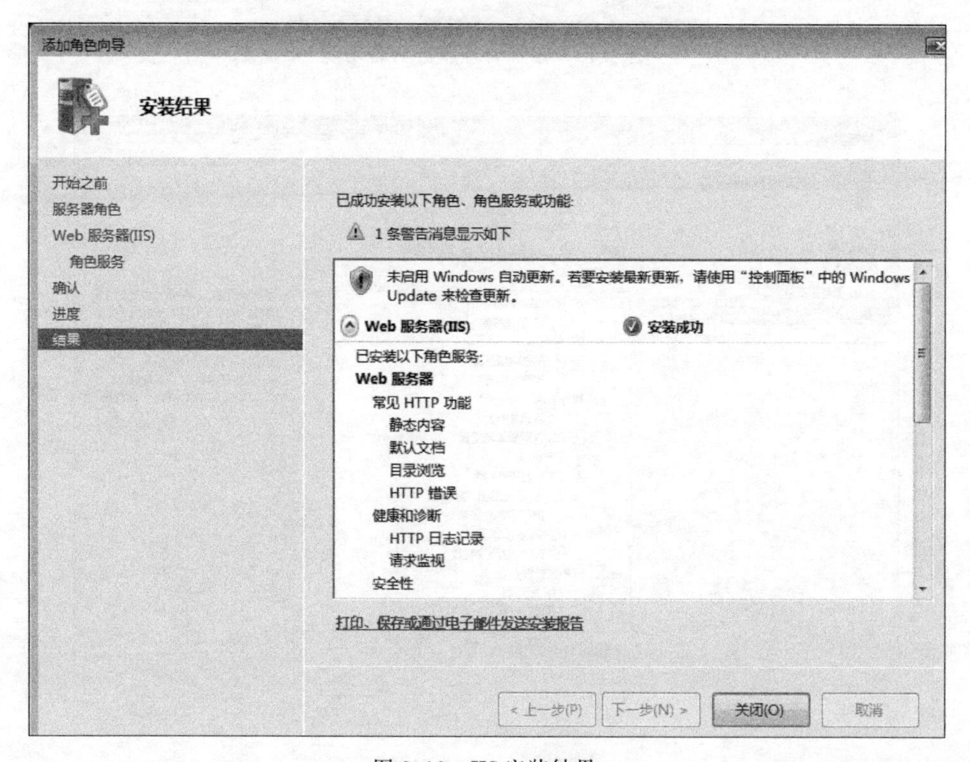

图 8.18　IIS 安装结果

8.3.2 执行 IIS 扫描

前面已经安装了 IIS 服务，下面使用 MBSA 扫描 Windows Server 2008 虚拟机，分析扫描结果。如果是在 Windows XP 或 Windows 10 平台上运行 MBSA，则需要将虚拟机与外面平台的 IP 地址设置在同一个网段上，保持相互间可以 ping 通。例如，安装 MBSA 软件的 Windows 10 平台的网卡 IP 地址为 192.168.20.10/255.255.255.0，则建议虚拟机平台 Windows Server 2008 的网卡 IP 地址设置成 192.168.20.20/255.255.255.0。同时，还要保证 Windows10 操作系统与 Windows Server 2008 操作系统的 Administrator 账号的密码相同，启动 Windows Server 2008 的 Server 服务、Remote Registry 服务、文件和打印共享 (File & Print Sharing)服务。执行 MBSA 扫描的时候，使用单机扫描模式，将虚拟机的 IP 地址输入主机 IP 地址的位置，即可开始扫描。扫描结果如图 8.19 所示。

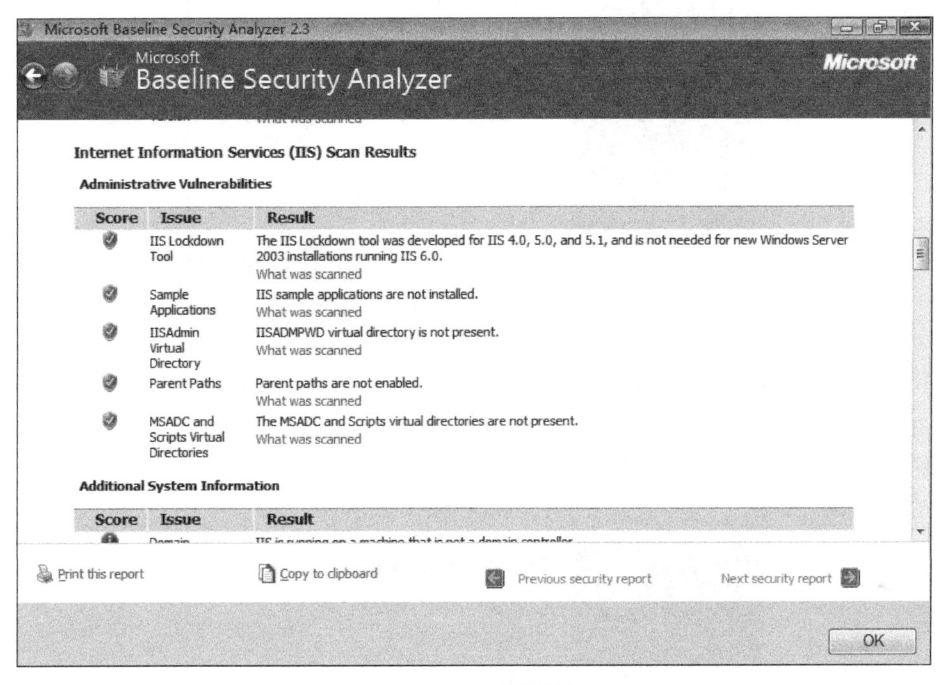

图 8.19 IIS 扫描结果

另外，可以将 MBSA 软件直接安装在虚拟机上，在虚拟机上执行 MBSA 扫描本机，扫描结果也是一样的。有关扫描结果的详细解读请参考 8.5 节。

8.4 SQL Server 的安装与扫描

由于 MBSA 提供对 SQL Server 的扫描服务，因此也需要一个具备 SQL Server 服务的环境。因此，我们在 Windows Server 2008 虚拟机上再安装一个 SQL Server 2008 服务器。然后，再执行对 SQL Server 服务器的扫描。具体工作分两步实施：首先安装 SQL Server 服务器；然后执行 MBSA 扫描。

8.4.1 安装虚拟光驱

由于 SQL Server 2008 安装包为镜像文件,需要虚拟光驱驱动解压,因此,这里先安装虚拟光驱。如果虚拟机上已经有了虚拟光驱,则这步可以省略。虚拟光驱种类很多,这里仅以 UltraISO 的安装为例,说明虚拟光驱的安装步骤与使用。首先,找到 UltraISO 压缩包所在的目录,在该目录下解压 UltraISO 压缩包;然后,打开解压后的文件夹,双击文件夹中的 uiso9_cn.exe 可执行文件,出现如图 8.20 所示的安装界面。

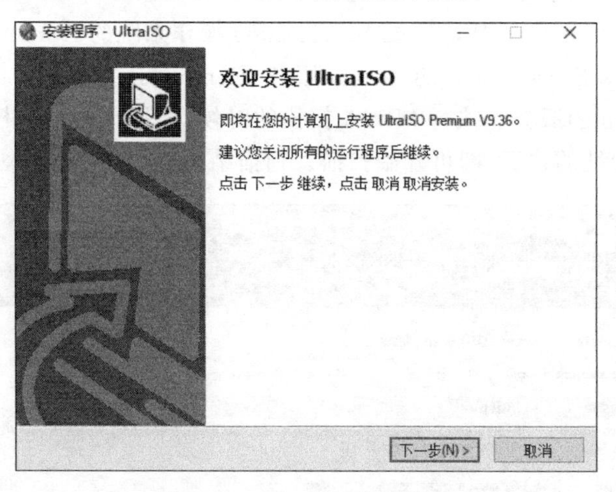

图 8.20 UltraISO 安装界面

单击"下一步"按钮,出现许可协议界面,选择"我同意",然后单击"下一步"按钮。在之后的界面中保持默认设置,依次单击"下一步"按钮,直至提示安装前准备完毕,直接单击"安装"按钮,开始安装。安装完毕,如图 8.21 所示。

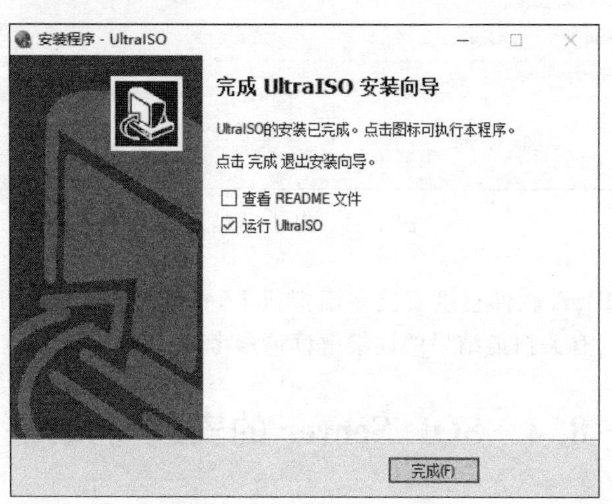

图 8.21 UltralSO 安装完毕

单击"完成"按钮即可打开虚拟光驱。第一次使用时要求输入注册码,如图 8.22 所示。

解压后的安装文件夹中有一个注册文件 uiso9_cn.txt,该文件中保存了注册名和注册码。单击"输入注册码"按钮,将注册文件中的内容复制、粘贴到"注册"对话框中就可以完成注册,如图 8.23 所示。

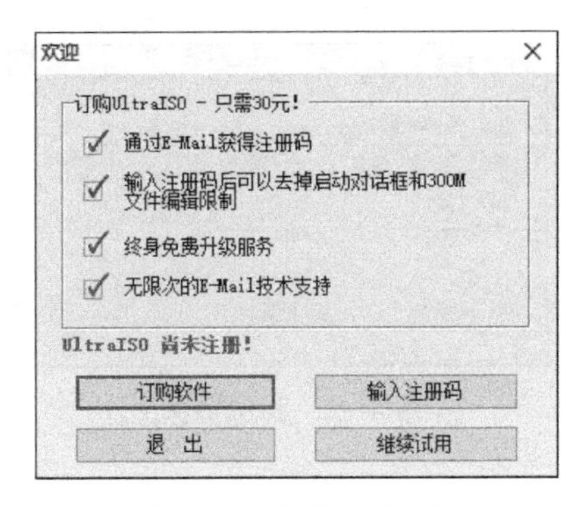

图 8.22 虚拟光驱注册

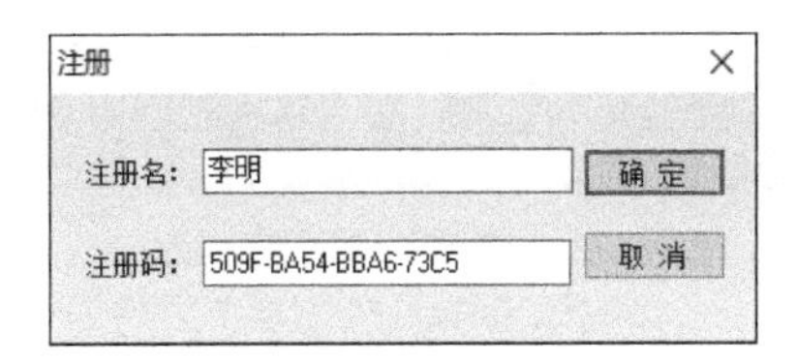

图 8.23 注册内容

单击"确定"按钮完成注册,软件会提示注册码已经录入,重新启动软件。双击桌面上的虚拟光驱快捷方式,打开虚拟光驱,如图 8.24 所示。

图 8.24 虚拟光驱主界面

8.4.2 安装 SQL Server 2008

首先要将 SQL Server 2008 镜像文件加载到虚拟光驱上,具体操作步骤如下。打开虚拟光驱,单击主菜单栏中的"工具"菜单项,在下拉菜单中选择"加载到虚拟光驱 F6",弹出"虚拟光驱"对话框,如图 8.25 所示。

单击"映像文件"文本框右侧的"浏览"按钮...,在硬盘中找到 SQL Server 2008 镜像文件 SQLFULL_CHS2008.iso,双击该文件,回到镜像文件加载界面,单击"加载"按钮,完成镜像文件加载工作,如图 8.26 所示。

图 8.25 镜像文件加载界面

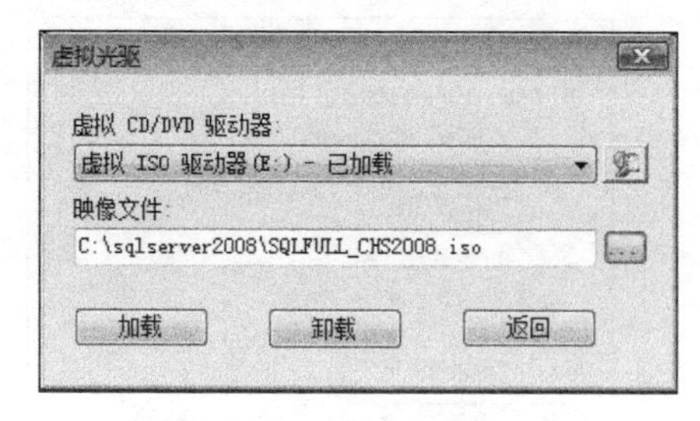

图 8.26 加载镜像文件

接着单击“返回”按钮,就可以将该 ISO 文件加载到虚拟光驱中并返回主界面。关闭虚拟光驱主界面,回到桌面,双击“计算机”图标,打开资源管理器,如图 8.27 所示。

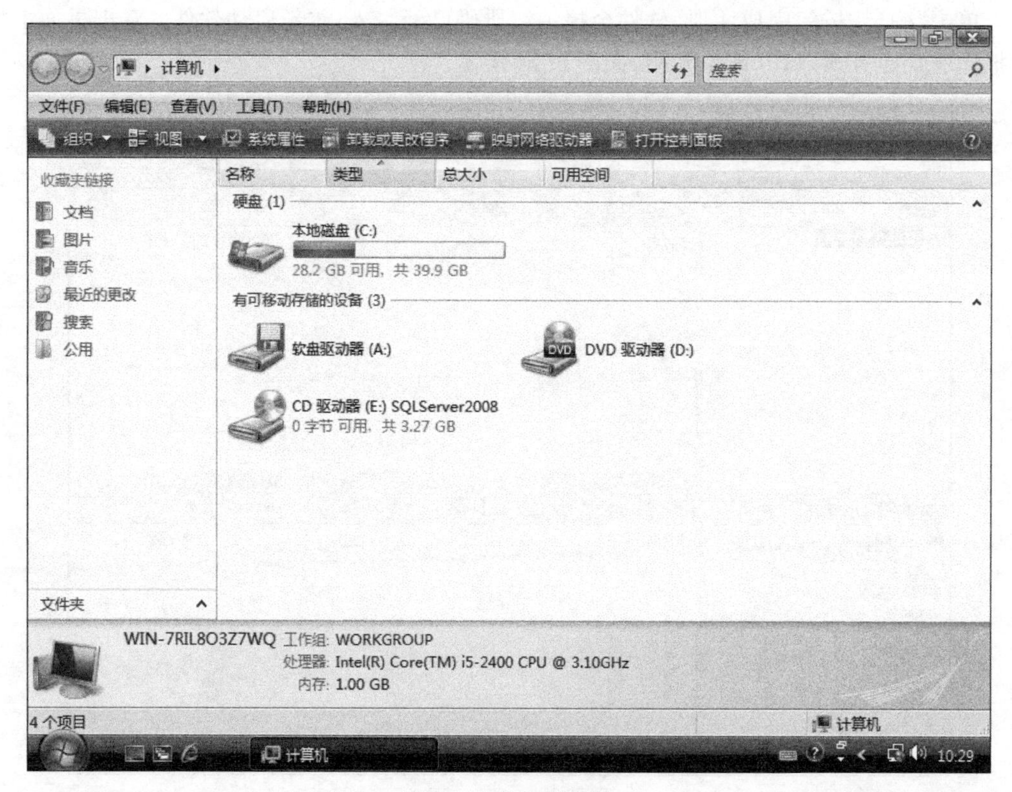

图 8.27 资源管理器

双击“CD 驱动器(E:)SQLServer2008”虚拟光驱,打开镜像文件目录,如图 8.28 所示。

双击 setup.exe 文件,安装程序先检查安装环境,提示需要安装.NET 框架,如图 8.29 所示。

单击“确定”按钮,系统会自动下载安装组件。因此,需要保持网络畅通,才能顺利下载必要的组件,如图 8.30 所示。

图 8.28　SQL Server 安装包目录

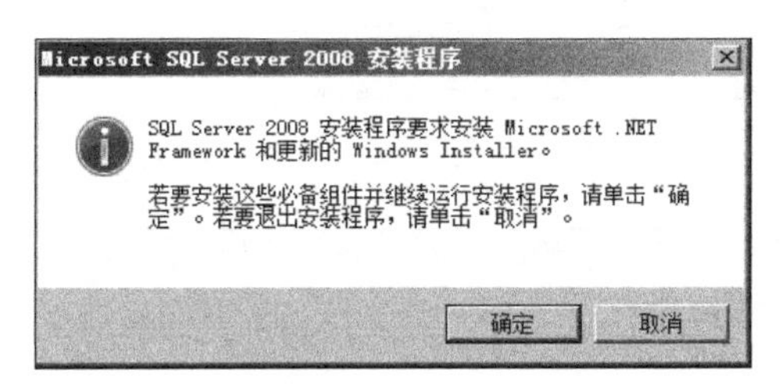

图 8.29　SQL Server 安装环境要求

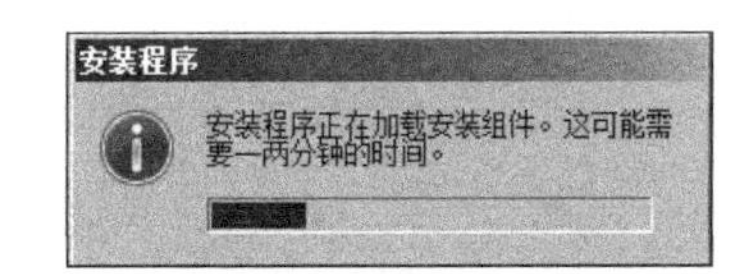

图 8.30　下载安装组件

在弹出的.NET 框架安装界面中选中“我已阅读并接受许可协议中的条款”单选按钮，然后单击“安装”按钮开始安装，如图 8.31 所示。

提示下载完毕并显示安装进度，安装完毕，如图 8.32 所示。

单击“退出”按钮后，SQL Server 安装程序继续执行安装任务，首先进入 SQL Server 安装中心，如图 8.33 所示。

安装中心主要包括计划、安装、维护、工具、资源、高级、选项等项目。在安装中心界面左侧单击“安装”项目，在右侧界面中选择第一项“全新 SQL Server 独立安装或向现有安装添加功能”，如图 8.34 所示。

接着会检查安装程序支持规则，检查结果统计如图 8.35 所示。

必须保证所有支持规则全部通过，失败数目为零，才可以继续安装。单击“确定”按钮进入“产品密钥”界面。在安装包的解压目录下有一个 sn.txt 文件，文件中含有产品密钥，打开该文件，将密钥复制过来，粘贴到密钥输入框即可，如图 8.36 所示。

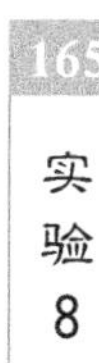

图 8.31　.NET 框架安装

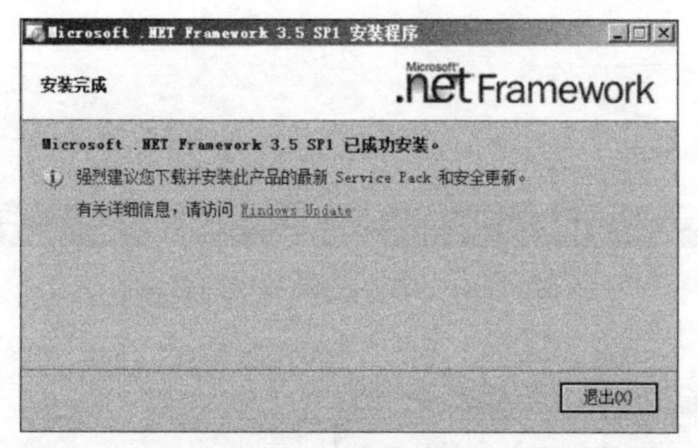

图 8.32　.NET 框架安装完毕

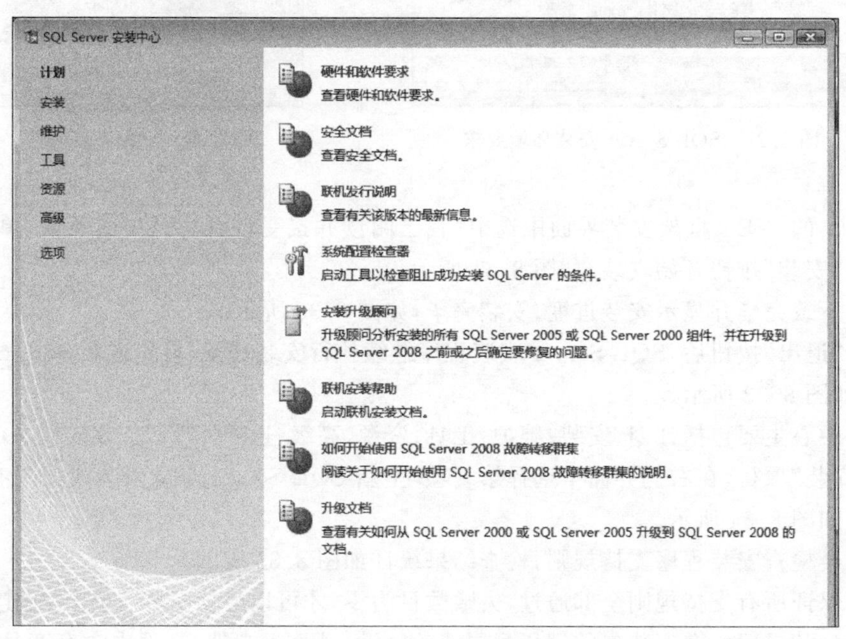

图 8.33　SQL Server 安装中心

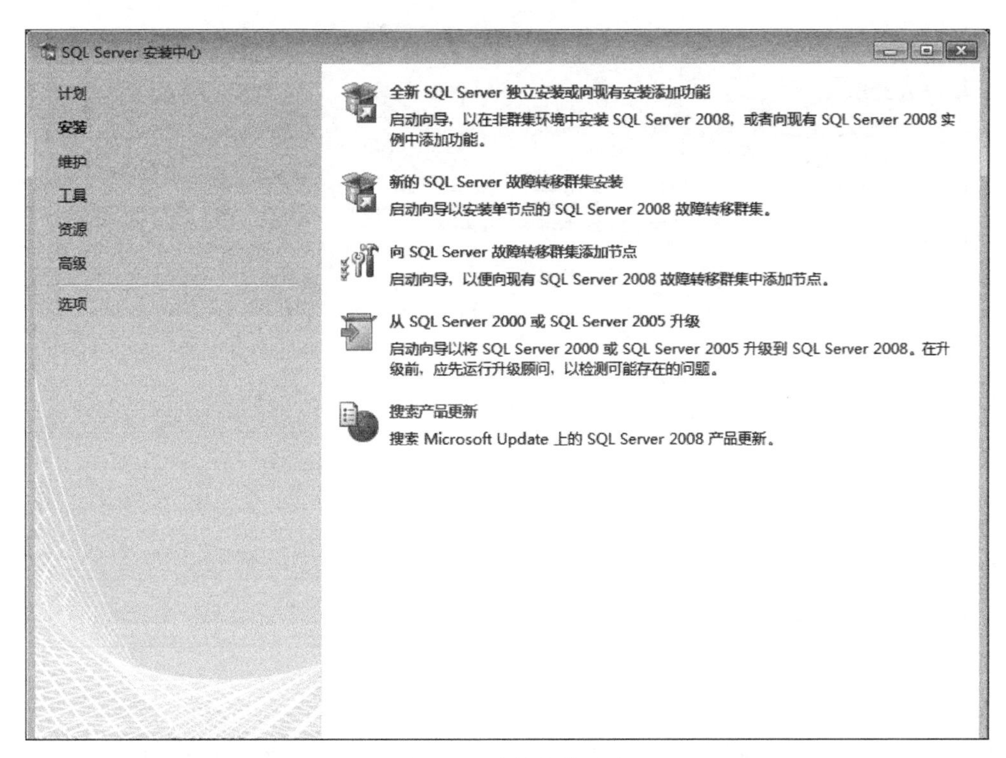

图 8.34　选择安装项目

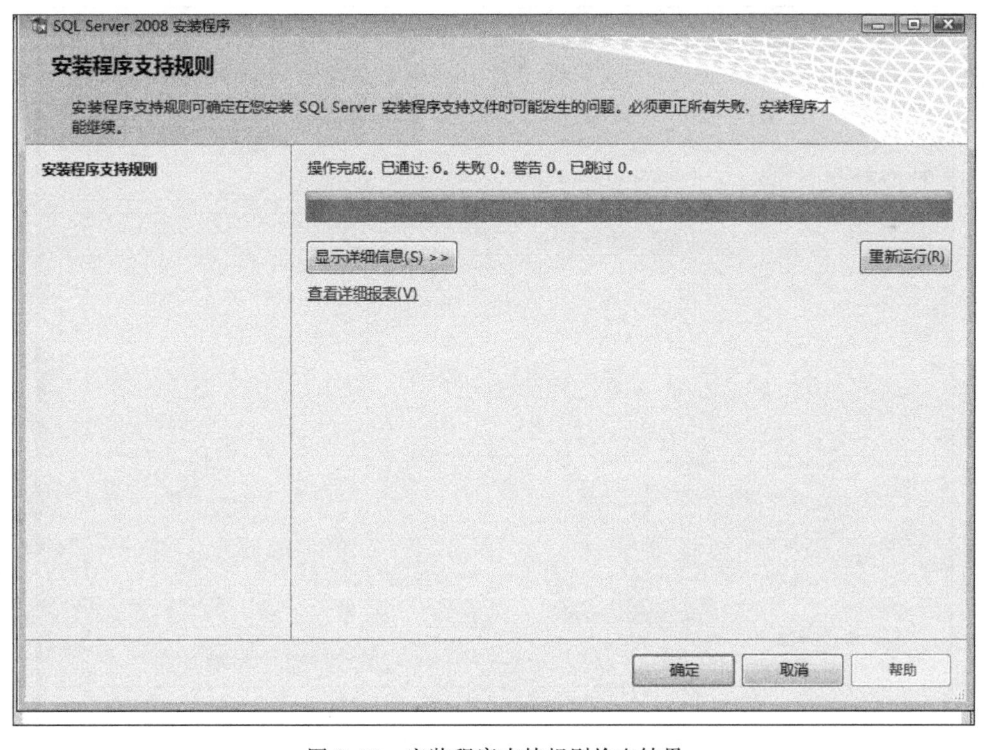

图 8.35　安装程序支持规则检查结果

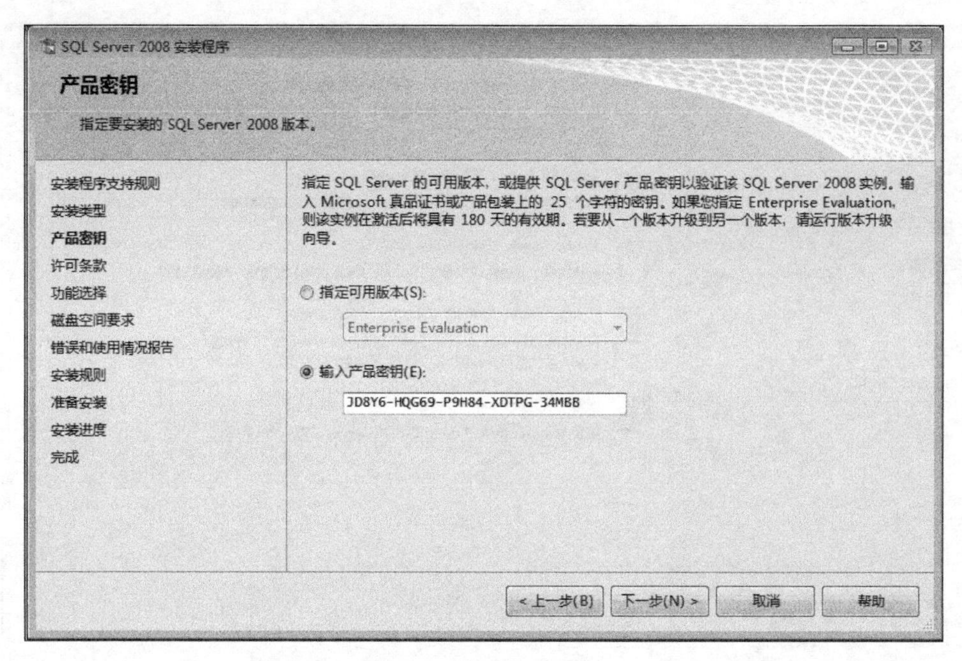

图 8.36　输入产品密钥

单击“下一步”按钮，选择“我接受许可条款”后进入“安装程序支持文件”界面，如图 8.37 所示，单击“安装”按钮，开始安装。

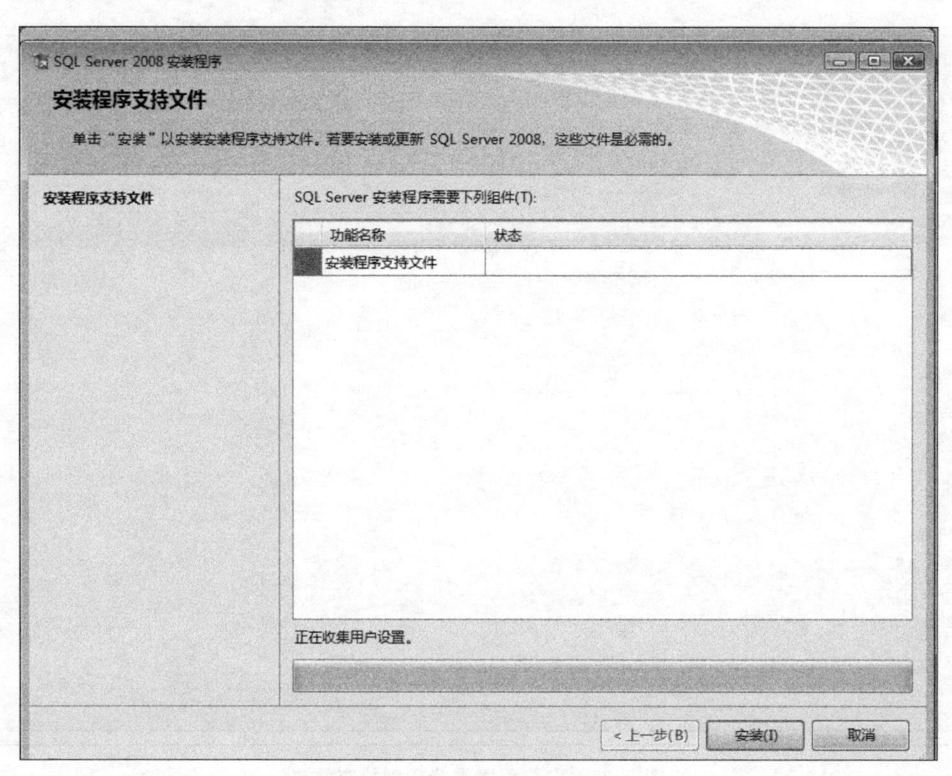

图 8.37　安装程序支持文件

安装完毕后会提示安装结果，包括通过数量、失败数量、警告数量和跳过数量等，如图 8.38 所示。

图 8.38　支持文件安装结果

如果失败数为 0，则直接单击“下一步”按钮，进入“功能选择”界面，单击“全选”按钮，选择所有功能，如图 8.39 所示。

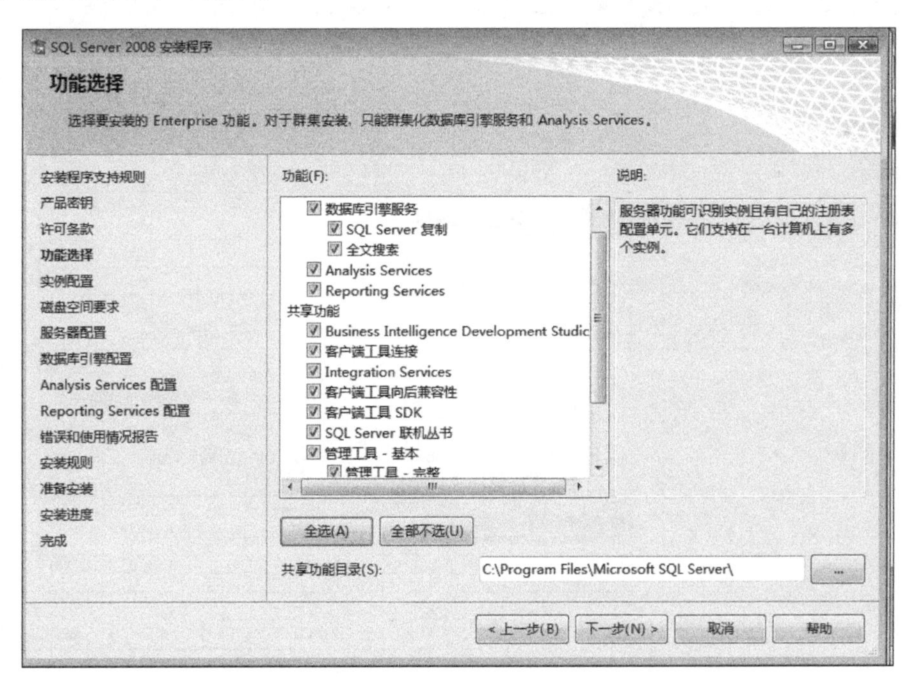

图 8.39　功能选择

单击“下一步”按钮,进入“实例配置”界面,如图 8.40 所示。

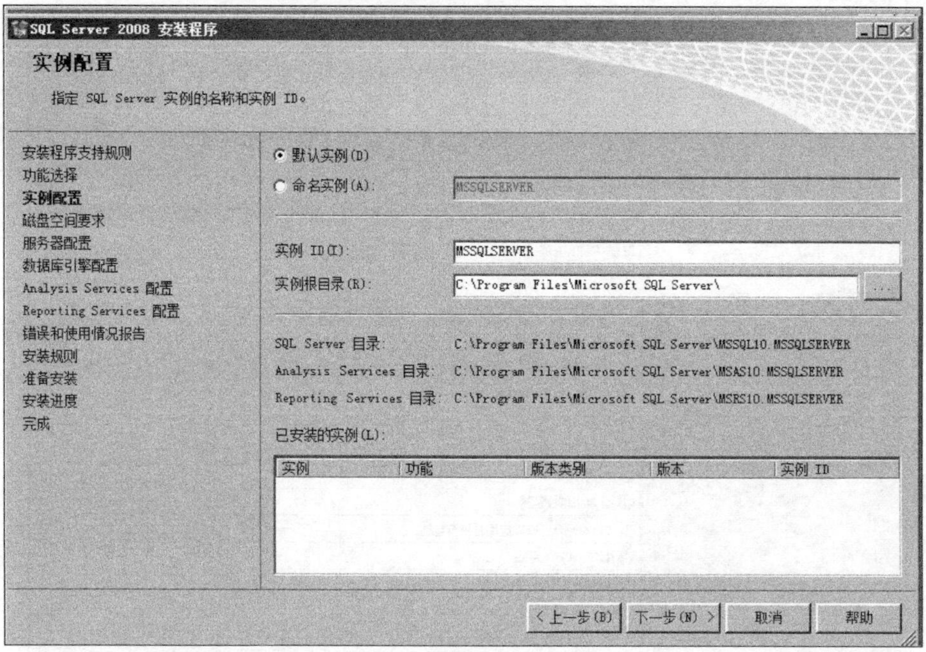

SQL Server 2008 安装程序

实例配置

指定 SQL Server 实例的名称和实例 ID。

安装程序支持规则
功能选择
实例配置
磁盘空间要求
服务器配置
数据库引擎配置
Analysis Services 配置
Reporting Services 配置
错误和使用情况报告
安装规则
准备安装
安装进度
完成

默认实例(D)
命名实例(A): MSSQLSERVER

实例 ID(I): MSSQLSERVER
实例根目录(R): C:\Program Files\Microsoft SQL Server\

SQL Server 目录: C:\Program Files\Microsoft SQL Server\MSSQL10.MSSQLSERVER
Analysis Services 目录: C:\Program Files\Microsoft SQL Server\MSAS10.MSSQLSERVER
Reporting Services 目录: C:\Program Files\Microsoft SQL Server\MSRS10.MSSQLSERVER

已安装的实例(L):

实例	功能	版本类别	版本	实例 ID

< 上一步(B)　下一步(N) >　取消　帮助

图 8.40　实例配置

在这里,我们选择默认实例,直接单击“下一步”按钮,出现“磁盘空间需求”界面,直接单击“下一步”按钮,进入“服务器配置”界面,如图 8.41 所示。

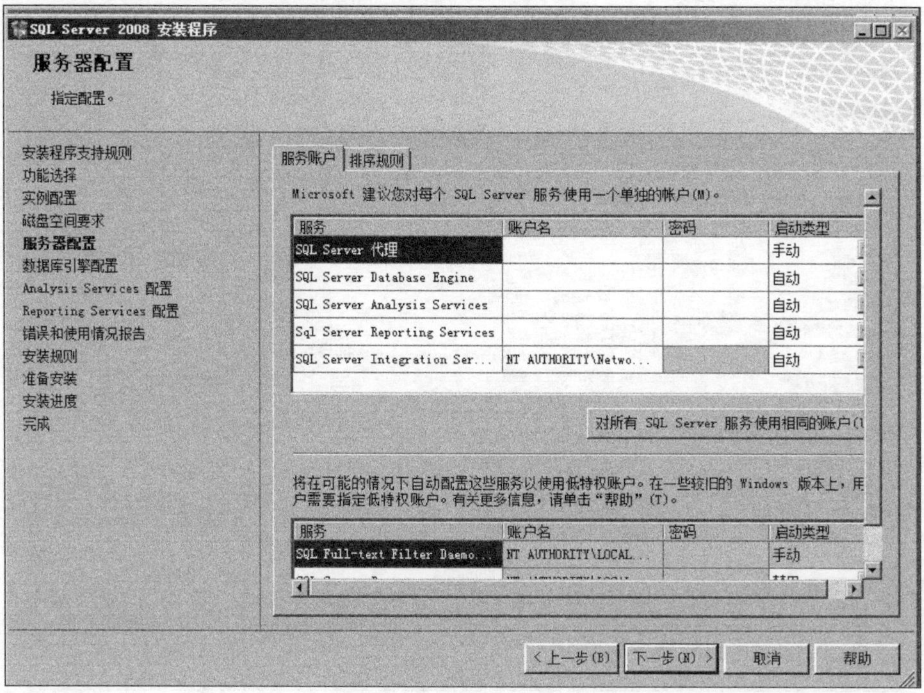

SQL Server 2008 安装程序

服务器配置

指定配置。

安装程序支持规则
功能选择
实例配置
磁盘空间要求
服务器配置
数据库引擎配置
Analysis Services 配置
Reporting Services 配置
错误和使用情况报告
安装规则
准备安装
安装进度
完成

服务账户 | 排序规则

Microsoft 建议您对每个 SQL Server 服务使用一个单独的帐户(M)。

服务	账户名	密码	启动类型
SQL Server 代理			手动
SQL Server Database Engine			自动
SQL Server Analysis Services			自动
Sql Server Reporting Services			自动
SQL Server Integration Ser...	NT AUTHORITY\Netwo...		自动

对所有 SQL Server 服务使用相同的账户(U)

将在可能的情况下自动配置这些服务以使用低特权账户。在一些较旧的 Windows 版本上,用户需要指定低特权账户。有关更多信息,请单击“帮助”(T)。

服务	账户名	密码	启动类型
SQL Full-text Filter Daemo...	NT AUTHORITY\LOCAL...		手动

< 上一步(B)　下一步(N) >　取消　帮助

图 8.41　服务器配置

这里的配置比较复杂，需要引起注意。单击“对所有 SQL 服务使用相同账户”按钮，在弹出的对话框中单击“浏览”按钮，弹出“选择用户或组”对话框，如图 8.42 所示。

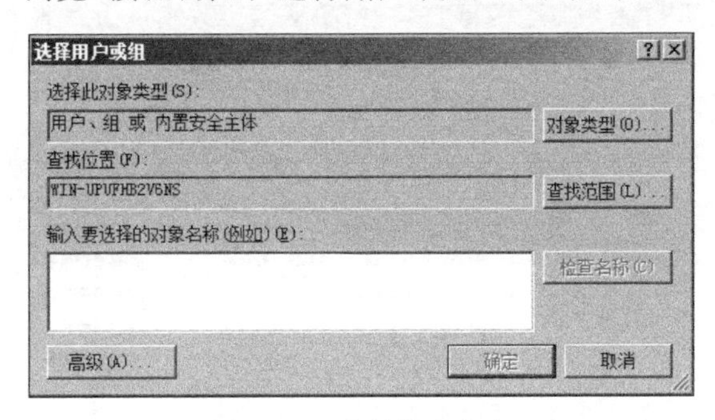

图 8.42　选择管理账户

单击“高级”按钮进入账户选择界面，单击“立即查找”按钮，在“搜索结果”列表框中选择 Administrator 账户，如图 8.43 所示。

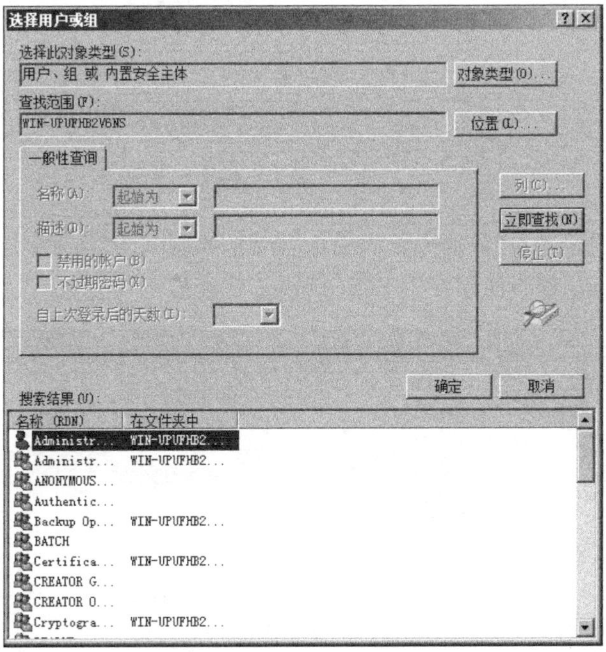

图 8.43　选择 Administrator 账户

单击“确定”按钮返回，再单击“确定”按钮，返回到账户密码输入界面，在该界面中手工输入管理员密码，如图 8.44 所示。

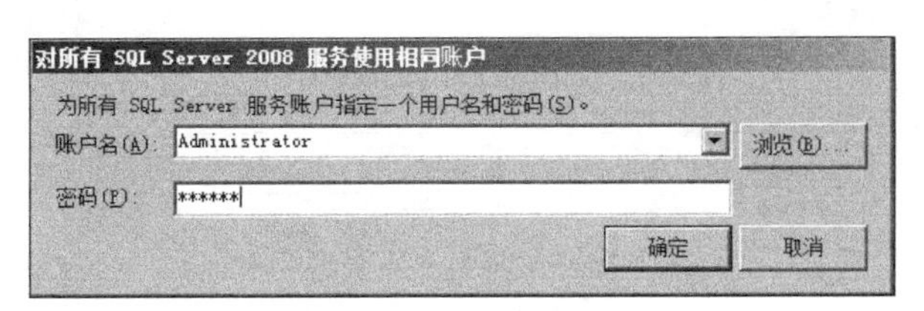

图 8.44　指定账户密码

单击“确定”按钮,完成输入,结果如图 8.45 所示。

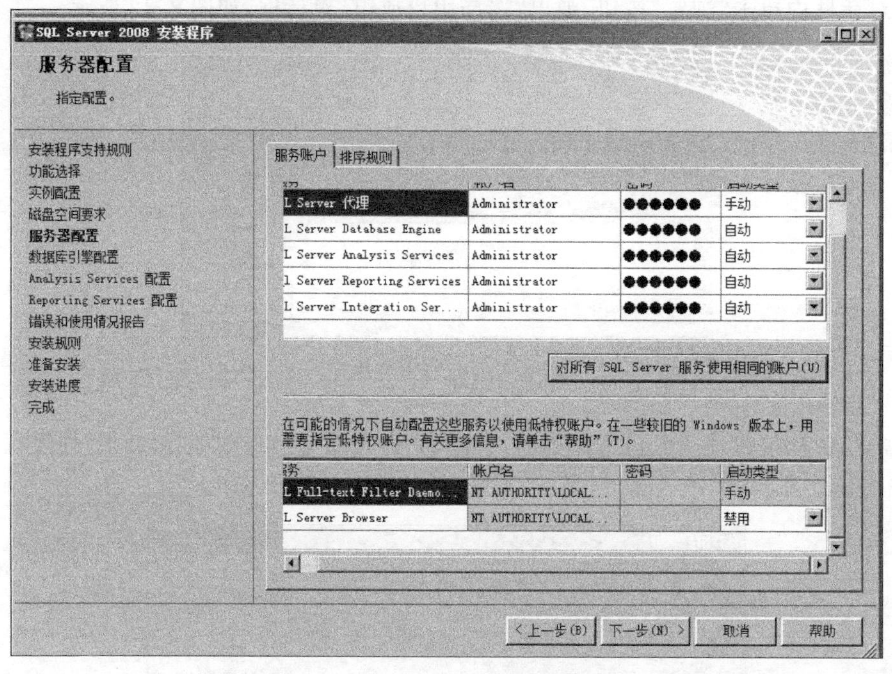

图 8.45　为各种服务指定账户密码

单击“下一步”按钮进入“数据库引擎配置”界面,如图 8.46 所示。选中“Windows 身份验证模式”单选按钮,添加当前用户为 SQL Server 管理员。

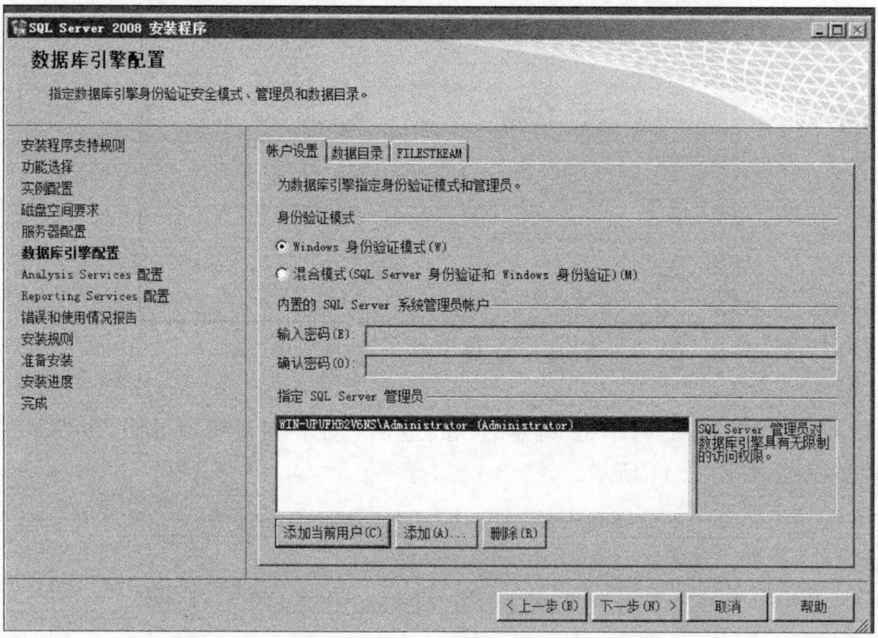

图 8.46　数据库引擎配置

单击“下一步”按钮进入“Analysis Services 配置”页面，单击“添加当前用户”按钮，指定当前用户作为 Analysis Services 管理员，如图 8.47 所示。

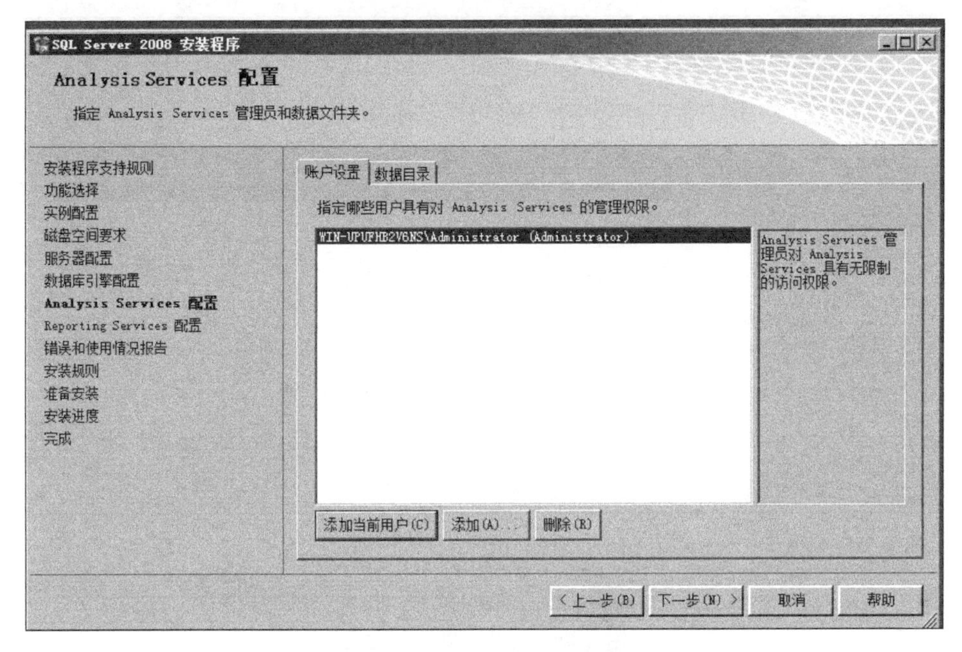

图 8.47　Analysis Services 配置

单击“下一步”按钮进入“Reporting Services 配置”页面，选中“安装本机模式默认配置”单选按钮，如图 8.48 所示。

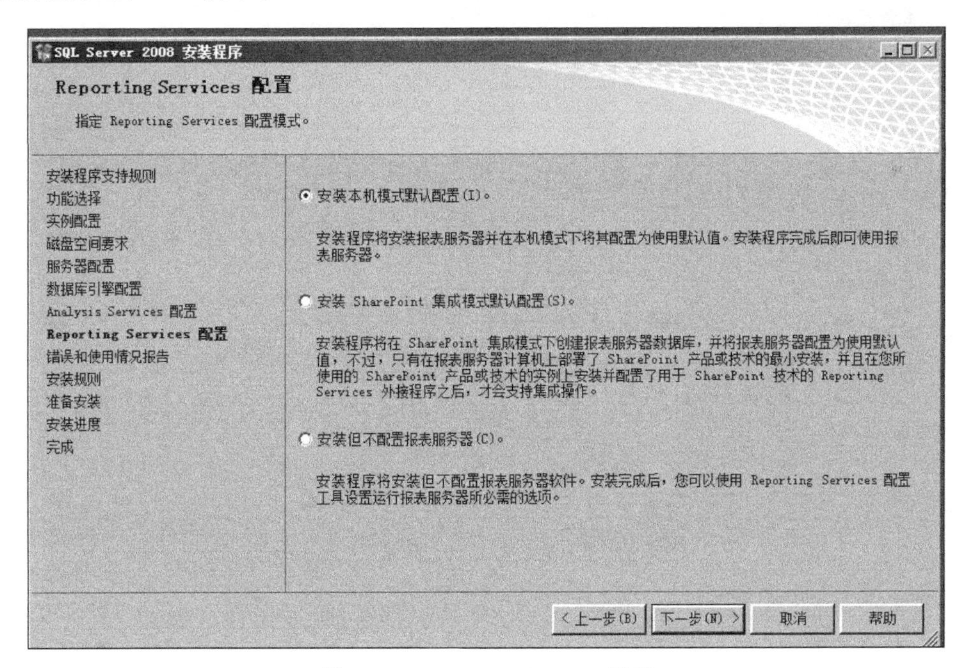

图 8.48　Reporting Services 配置

单击“下一步”按钮，选择错误和使用情况报告方式，可以不选择，直接单击“下一步”按钮，显示安装规则运行结果，如图 8.49 所示。

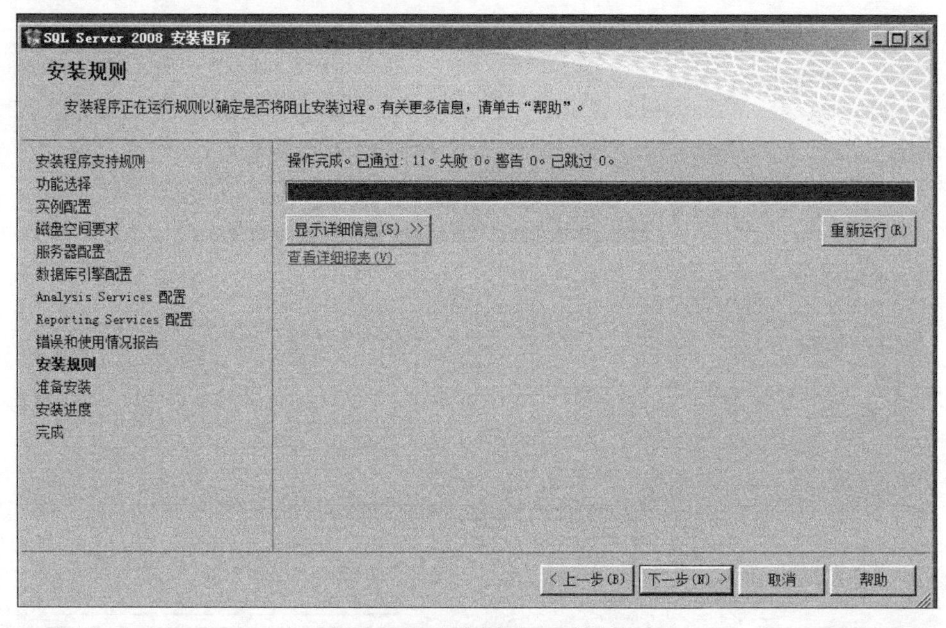

图 8.49　安装规则运行结果

单击“下一步”按钮进入“准备安装”页面，显示安装的功能摘要信息，如图 8.50 所示。

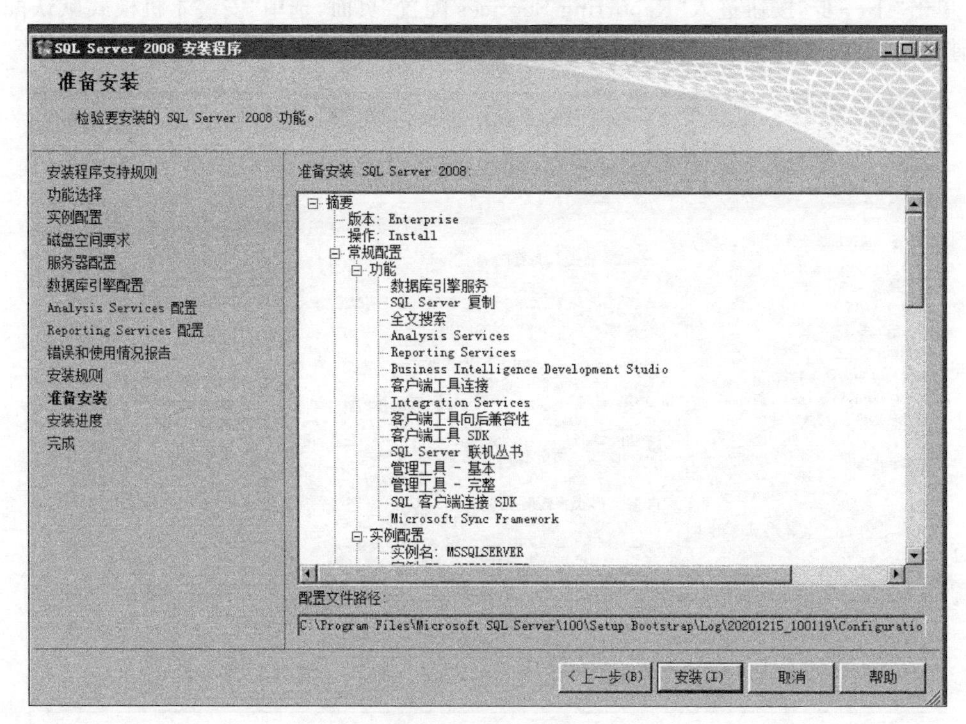

图 8.50　准备安装

单击“安装”按钮开始安装，安装完毕，如图 8.51 所示。

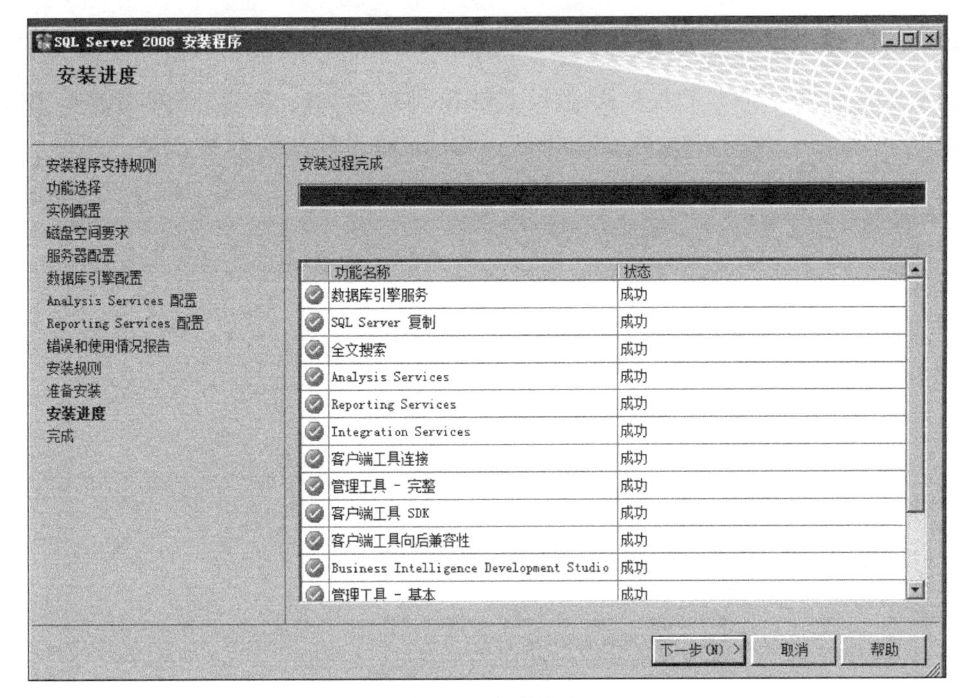

图 8.51　安装进度

单击“下一步”按钮，完成安装，如图 8.52 所示。

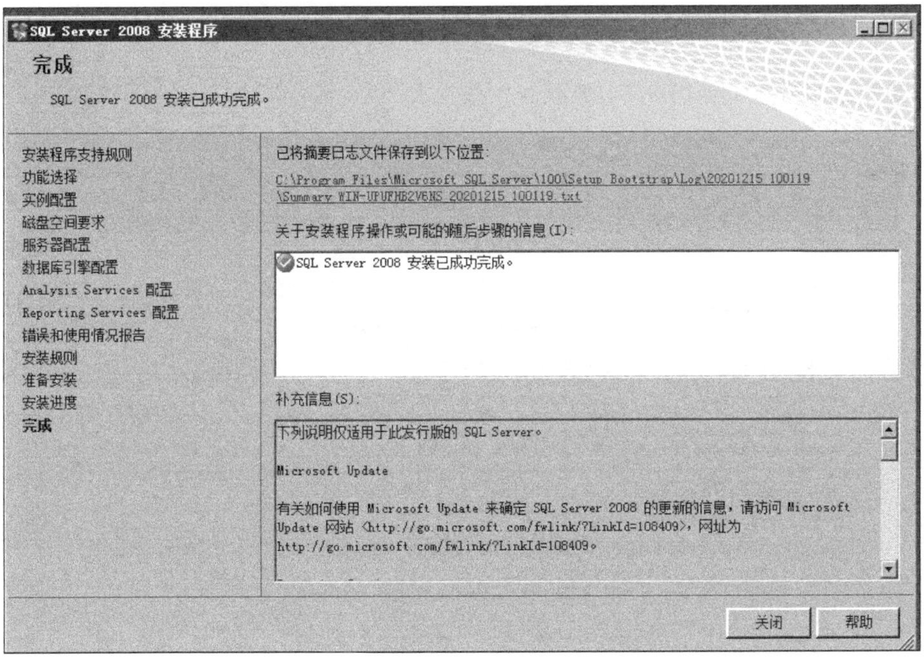

SQL Server 2008 安装程序
完成
SQL Server 2008 安装已成功完成。
安装程序支持规则
功能选择
实例配置
磁盘空间要求
服务器配置
数据库引擎配置
Analysis Services 配置
Reporting Services 配置
错误和使用情况报告
安装规则
准备安装
安装进度
完成
已将摘要日志文件保存到以下位置:
C:\Program Files\Microsoft SQL Server\100\Setup Bootstrap\Log\20201215_100119\Summary_WIN-UFUFHB2VENS_20201215_100119.txt
关于安装程序操作或可能的随后步骤的信息(I):
SQL Server 2008 安装已成功完成。
补充信息(S):
下列说明仅适用于此发行版的 SQL Server。
Microsoft Update
有关如何使用 Microsoft Update 来确定 SQL Server 2008 的更新的信息，请访问 Microsoft Update 网站 <http://go.microsoft.com/fwlink/?LinkId=108409>，网址为 http://go.microsoft.com/fwlink/?LinkId=108409。
关闭
帮助

图 8.52　安装完成

单击“关闭”按钮,返回安装中心。接着关闭安装中心,结束安装。

8.4.3 扫描 SQL Server

启动 MBSA,选择单机扫描模式,假设本地 IP 地址为 169.254.186.12,虚拟机 IP 地址为 169.254.186.10。输入虚拟机的 IP 地址,开始扫描,如图 8.53 所示。

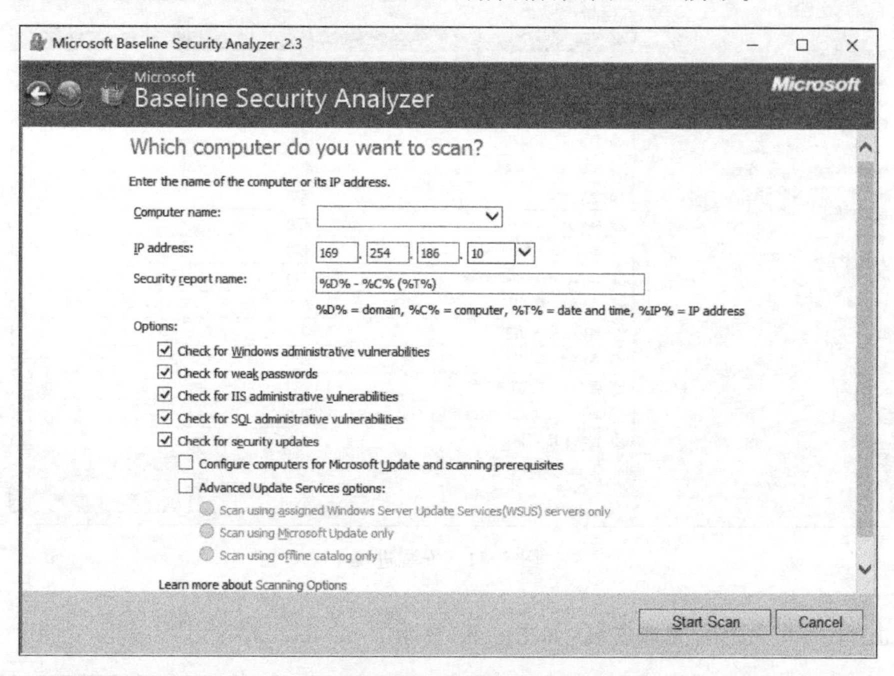

图 8.53　虚拟机扫描

扫描结果报告头部如图 8.54 所示。

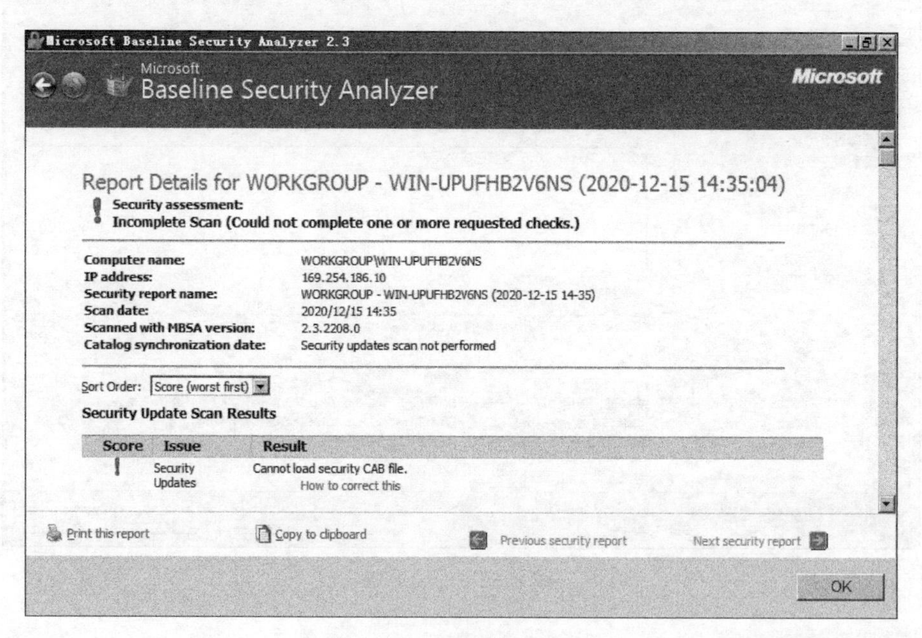

图 8.54　虚拟机扫描结果

其中，系统更新和操作系统存在的问题如图 8.55 所示。

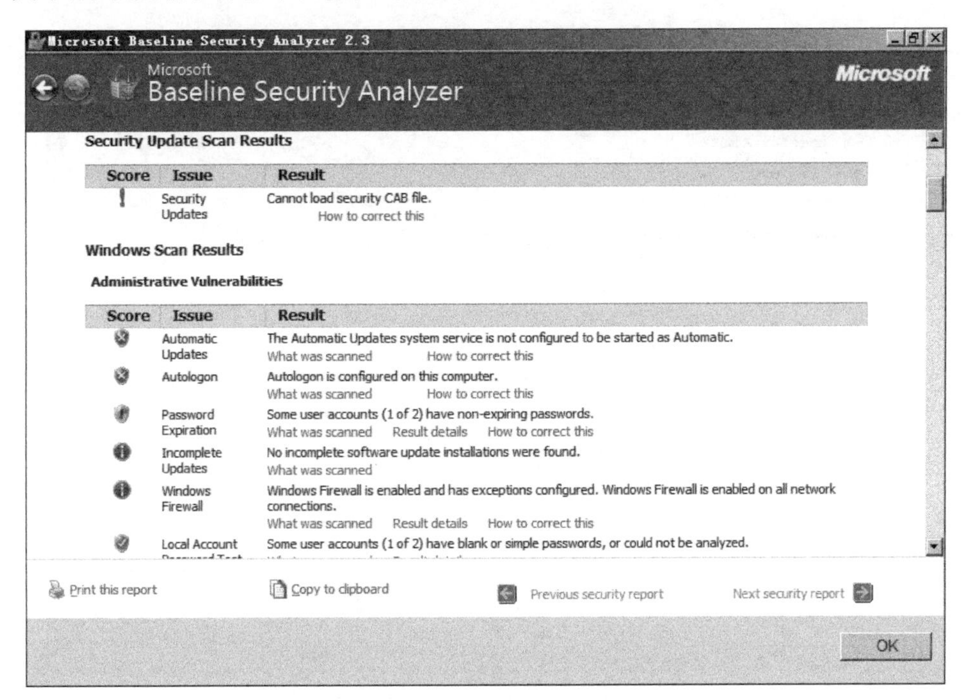

图 8.55　系统更新和操作系统存在的问题

IIS 扫描结果如图 8.56 所示。

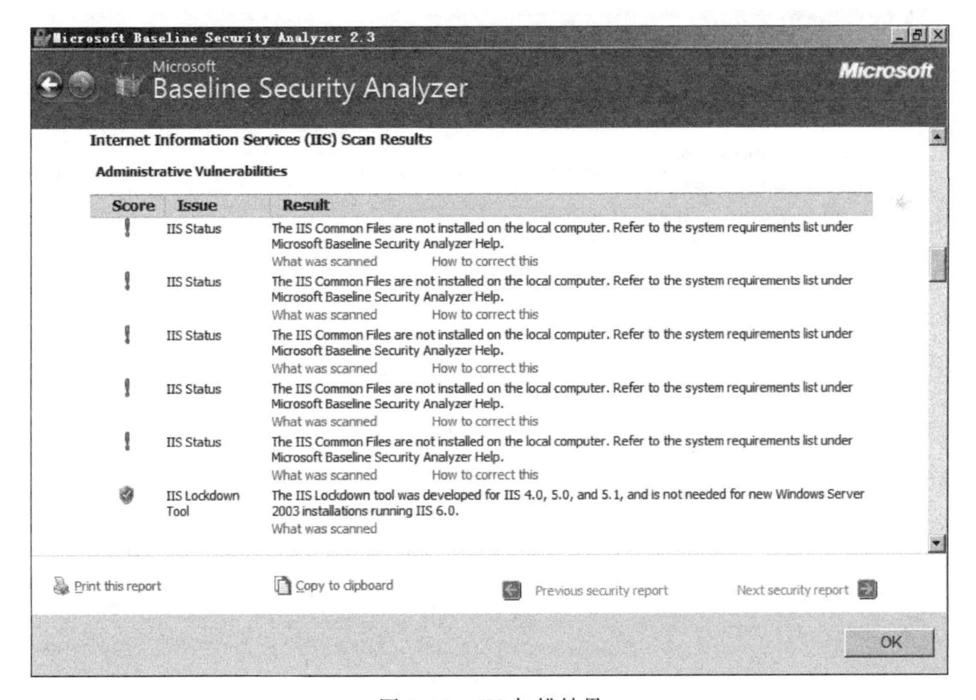

图 8.56　IIS 扫描结果

SQL Server 扫描结果如图 8.57 所示。

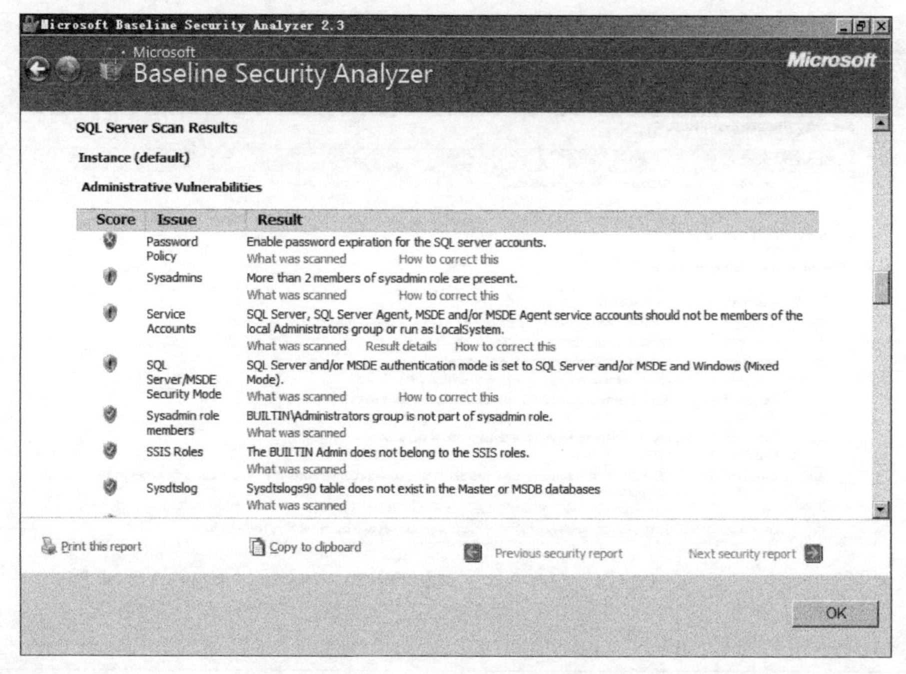

图 8.57　SQL Server 扫描结果

桌面文件扫描结果如图 8.58 所示。

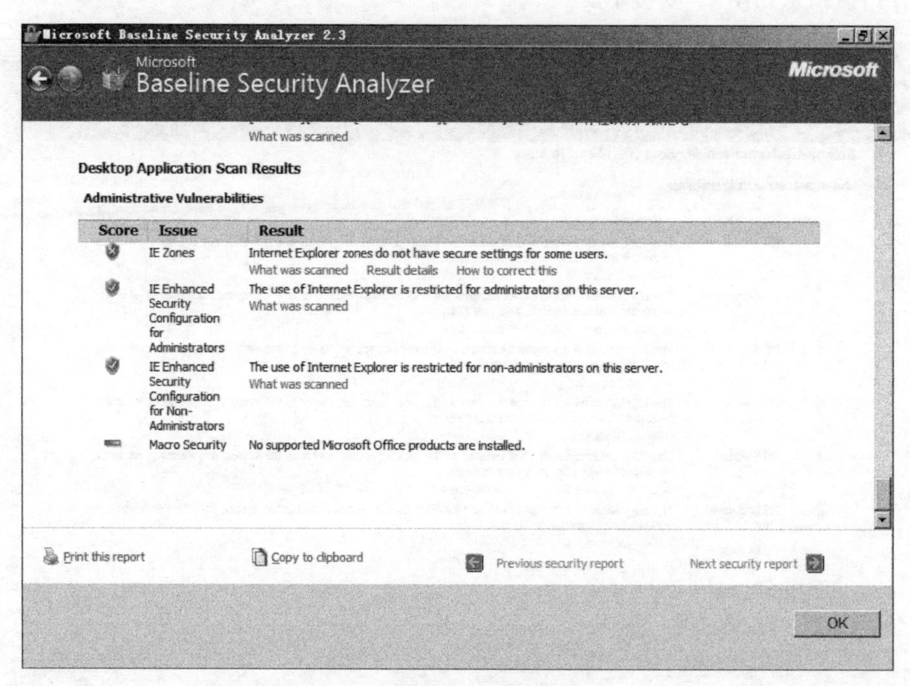

图 8.58　桌面文件扫描结果

8.5 扫描一组计算机

MBSA 软件能够一次性扫描一组计算机，扫描前必须满足以下条件。

(1) 所有计算机必须处于同一个域或工作组内。

(2) 所有计算机使用管理员账户 Administrator 登录，并使用相同的密码。

(3) 所有计算机要启用 Remote Registry 服务、Server 服务和打印与文件共享服务。

(4) 所有计算机必须启用"网络发现"功能，以便在网上邻居中能扫描到所有计算机。例如，在安装扫描软件的主机上双击"网络"图标，应该能显示出当前网络中同一工作组内所有计算机，如图 8.59 所示。SK-20200621QTJL 为安装 MBSA 软件的计算机，安装 Windows 10 操作系统；WIN-F7AJ874EEP4 为 Windows Server 2008 虚拟机，安装在同一个 Windows 10 平台上。两台计算机使用 Administrator 账号和相同的密码登录。

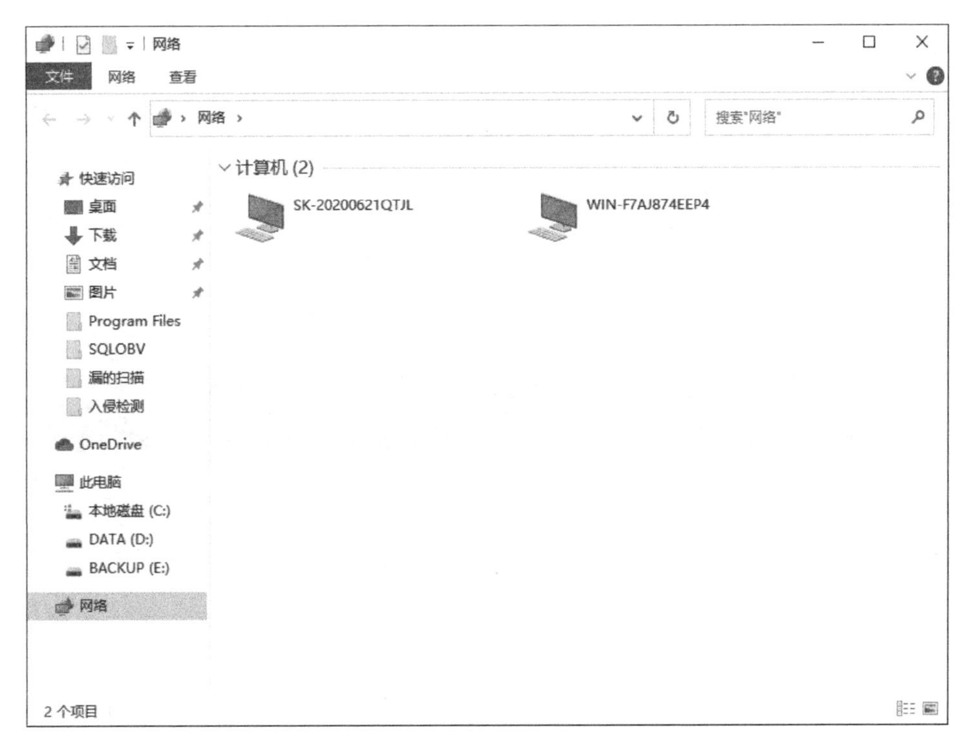

图 8.59 网络中计算机列表

在 MBSA 首页单击 Scan multiple computers 链接，进入参数设置界面，在该界面中可以输入域名、工作组名或 IP 地址范围。本例中，我们选用了工作组名 workgroup，如图 8.60 所示。为了方便起见，建议输入域名或工作组名，不要输入 IP 地址范围，因为逐个 IP 地址扫描很慢，IP 地址范围比较大的话，扫描时间会很长。

安全报告名最好使用默认值，不需要输入。单击 Start Scan 按钮后开始扫描，扫描进度如图 8.61 所示。

扫描结束后会显示全部计算机的扫描结果安全报告，如图 8.62 所示。

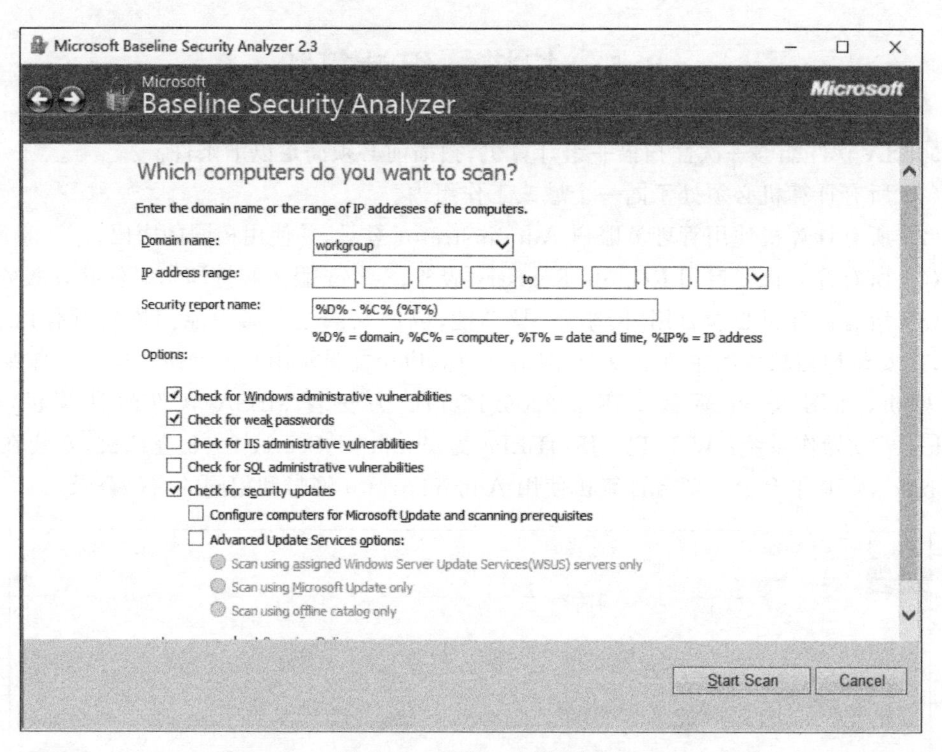

图 8.60　扫描一组计算机

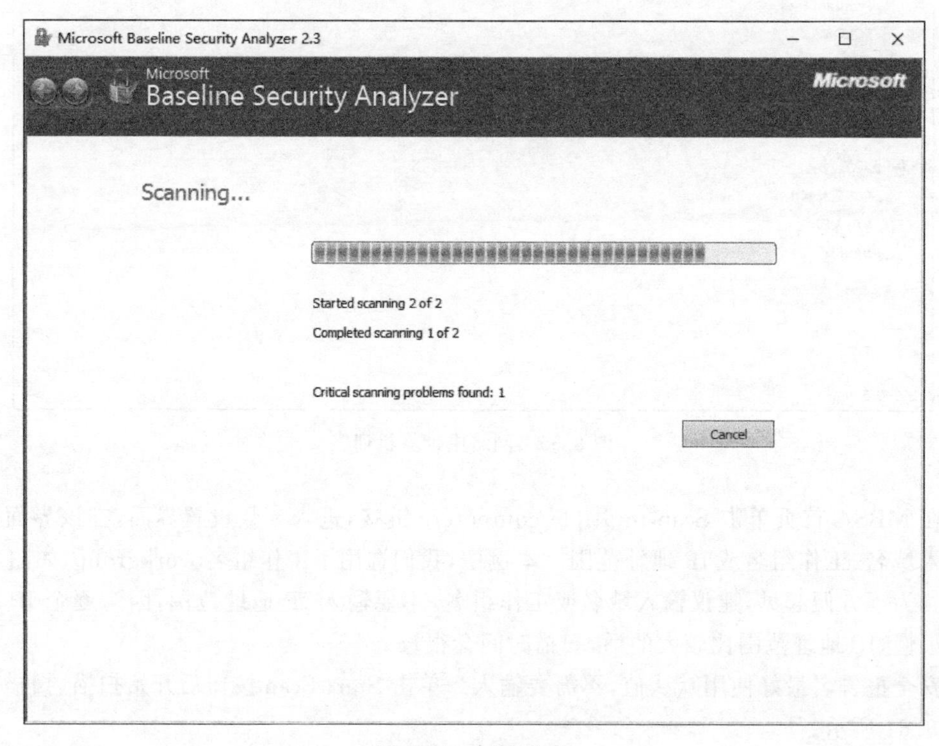

图 8.61　扫描进度

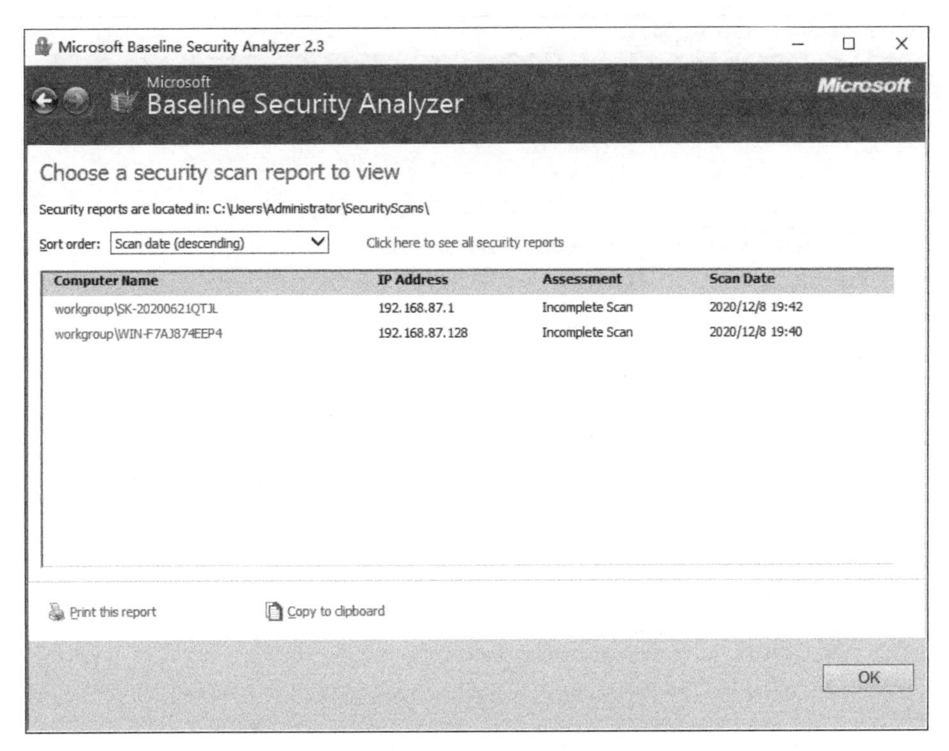

图 8.62　扫描结果安全报告列表

单击每条记录中的计算机名，就能打开该计算机的安全评估报告，查看详细评估信息和修改建议。

8.6　阅读安全报告

单击任意一台计算机的安全报告链接，即可打开安全报告，了解详细扫描结果，如图 8.63 所示。

详细的安全报告中，首先说明被扫描计算机的基本信息，然后分成几部分描述扫描结果和改进建议。

问题描述的排序方式可选：按照标识(Score)的最好在前(best first)或最坏在前(worst first)排序，默认是按照 worst first 排序。从风险等级上来说，最坏的就是高危，最好的就是安全。系统采用不同的符号表示不同的检查结果，如下所示。

❗ 表示无法执行扫描工作，缺少支持(Unable to Scan)。

表示检查失败，有至关重要的缺失(Check Failed (Critical))。

表示检查失败，有非至关重要的缺失(Check Failed (Non-Critical))。

表示额外的信息提示(Additional Information))。

表示通过检查，没有问题(Check Passed)。

表示没有进行该项检查(Check not Performed)。

安全报告的详细结果分为以下几组进行描述。

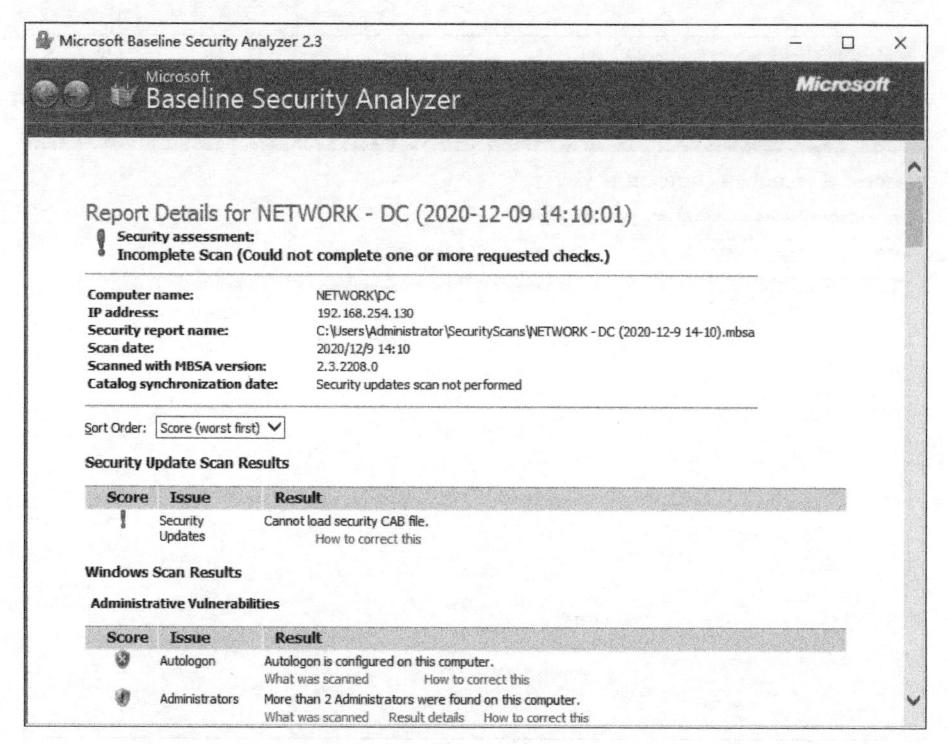

图 8.63　安全报告

1) 安全更新扫描结果(Security Update Scan Results)

主要检查安全更新的设置情况,如果没有激活系统更新,将提示严重错误。

2) Windows 操作系统扫描结果(Windows Scan Results)

报告内容包括两部分:系统管理漏洞(Administrative Vulnerabilities)和额外的系统信息(Additional System Information)。

3) IIS 扫描结果(Internet Information Services (IIS) Scan Results)

报告内容包括两部分:系统管理漏洞(Administrative Vulnerabilities)和额外的系统信息(Additional System Information)。

4) SQL 数据库扫描结果(SQL Server Scan Results)

默认的数据库实例(Instance Default)未检查。其他数据库实例全部进行安全管理漏洞检查,分别列表说明。详细情况可以参见上述虚拟机的安全评估报告。

5) 桌面应用程序扫描结果(Desktop Application Scan Results)

桌面应用程序主要是指 IE 浏览器和 Office 软件。MBSA V2.3 已不支持当前较新的 Office 软件版本,所以扫描报告中提示没有对 Office 扫描。

报告中每个问题的扫描结果都有简短描述,针对不同的情况还提供以下三个链接。

(1) What was scanned:说明扫描了什么内容。

(2) Result details:进一步的报告细节。

(3) How to correct this:如何改进,指出进一步改进问题的方法。

单击链接可以打开一个个页面,能够看到更多的细节,并获得如何改进存在的问题的指引。

MBSA对扫描的每部分检查点都使用问题(Issue)来描述,对每个问题都有一个标识(Score)和结果(Results)相对应。标识用各种符号表示,问题就是被检查或关注的重点,结果就是扫描后对存在问题的描述。在结果下会提供几个链接,以提示扫描的项目细节、报告的详细内容和如何改进。

实验思考题

1. MBSA可以扫描什么内容?
2. MBSA扫描一组计算机有什么限制条件?
3. 如何设置虚拟机的IP地址才能保证MBSA扫描成功?
4. 扫描一组计算机的时候如何查阅每台计算机的安全报告?

附录A 网络安全知识手册

当今社会，不同年龄、职业、生活环境的人们几乎都会随时随地接触到计算机网络，它为我们的学习、工作和生活带来了极大的便利。通过计算机网络，学生轻松地学习知识，股民方便地买卖股票，银行职员迅捷地操作业务，办公室人员大大提高了工作效率，旅行者免去了排队买票的劳顿之苦，还有更多的人通过它了解新闻、搜索查询、通信联络、聊天游戏等，计算机网络使我们的生活变得更加丰富多彩。

但是，使用计算机网络也面临着计算机病毒、黑客攻击、网络诈骗、文档丢失、个人信息泄露等危险和危害。本手册针对常见的网络安全问题，提供了一些简便实用的措施和方法，帮助大家提升网络安全防范意识，提高网络安全防护技能，遵守国家网络安全法律和法规，共同维护、营造和谐的网络环境。

A.1 计算机安全

1. 在使用计算机过程中应该采取哪些网络安全防范措施

(1) 安装防火墙和防病毒软件，并经常升级。

(2) 注意经常给系统打补丁，堵塞软件漏洞。

(3) 不要上一些不太了解的网站，不要执行从网上下载后未经杀毒软件处理的软件，不要打开QQ上传过来的不明文件等。

2. 如何防范U盘、移动硬盘泄密

(1) 及时查杀木马与病毒。

(2) 从正规商家购买可移动存储介质。

(3) 定期备份并加密重要数据。

(4) 不要将办公与个人的可移动存储介质混用。

3. 如何设置Windows操作系统开机密码

进入控制面板，双击“用户账户”图标，选择账户后单击“创建密码”链接，输入两遍密码后单击“创建密码”按钮。

4. 如何将网页浏览器配置得更安全

(1) 设置统一、可信的浏览器初始页面。

(2) 定期清理浏览器中的本地缓存、历史记录及临时文件内容。

(3) 利用病毒防护软件对所有下载资源及时进行恶意代码扫描。

5. 为什么要定期进行补丁升级

编写程序不可能十全十美，所以软件也免不了会出现Bug，而补丁是专门用于修复这些

Bug 的。因为原来发布的软件存在缺陷,发现之后另外编制一个小程序使其完善,这种小程序俗称补丁。定期进行补丁升级,升级到最新的安全补丁,可以有效地防止非法入侵。

6. 计算机中毒有哪些症状

(1) 经常死机。

(2) 文件打不开。

(3) 经常报告内存不够。

(4) 提示硬盘空间不够。

(5) 出现大量来历不明的文件。

(6) 数据丢失。

(7) 系统运行速度变慢。

(8) 操作系统自动执行操作。

7. 为什么不要打开来历不明的网页、电子邮件链接或附件

互联网上充斥着各种钓鱼网站、病毒、木马程序。在来历不明的网页、电子邮件链接、附件中很可能隐藏着大量的病毒、木马,一旦打开,这些病毒、木马会自动进入计算机并隐藏在计算机中,造成文件丢失损坏、信息外泄,甚至导致系统瘫痪。

8. 接入移动存储设备(如移动硬盘和U盘)前为什么要进行病毒扫描

外接存储设备也是信息存储介质,所存的信息很容易带有各种病毒,如果将带有病毒的外接存储介质接入计算机,很容易将病毒传播到计算机中。

9. 计算机日常使用中遇到的异常情况有哪些

计算机出现故障可能是由计算机自身硬件故障、软件故障、误操作或病毒引起的,主要包括系统无法启动、系统运行变慢、可执行程序文件大小改变等异常现象。

10. Cookies 会导致怎样的安全隐患

当用户访问一个网站时,Cookies 将自动储存于用户浏览器内,其中包含用户访问该网站的种种活动、个人资料、浏览习惯、消费习惯,甚至信用记录等。这些信息用户无法看到,当浏览器向此网址的其他主页发出 GET 请求时,此 Cookies 信息也会随之发送过去,这些信息可能被不法分子获得。为保障个人隐私安全,可以在浏览器设置中对 Cookies 的使用做出限制。

A.2 上网安全

1. 如何防范病毒或木马的攻击

(1) 为计算机安装杀毒软件,定期扫描系统、查杀病毒;及时更新病毒库、更新系统补丁。

(2) 下载软件时尽量到官方网站或大型软件下载网站,在安装或打开来历不明的软件或文件前先杀毒。

(3) 不随意打开不明网页链接,尤其是不良网站的链接,陌生人通过 QQ 给自己传链接时尽量不要打开。

(4) 使用网络通信工具时不随意接收陌生人的文件,若已接收,可通过取消"隐藏已知文件类型扩展名"的功能查看文件类型。

(5) 对公共磁盘空间加强权限管理,定期查杀病毒。

(6) 打开移动存储前先用杀毒软件进行检查,可在移动存储器中建立名为 autorun. inf 的文件夹(可防止 U 盘病毒启动)。

(7) 需要从互联网等公共网络上下载资料转入内网计算机时,用刻录光盘的方式实现转存。

(8) 对计算机系统的各个账号要设置口令,及时删除或禁用过期账号。

(9) 定期备份重要文件,以便遭到病毒严重破坏后能迅速修复。

2. 如何防范 QQ、微博等账号被盗

(1) 账户和密码尽量不要相同,定期修改密码,提高密码的复杂度,不要直接用生日、电话号码、证件号码等有关个人信息的数字作为密码。

(2) 密码尽量由大小写字母、数字和其他字符混合组成,适当增加密码的长度并经常更换。

(3) 不同用途的网络应用应该设置不同的用户名和密码。

(4) 在网吧使用计算机前重启机器,警惕输入账号密码时被人偷看;为防止账号被侦听,可先输入部分账户名、部分密码,然后再输入剩下的账户名、密码。

(5) 涉及网络交易时,要注意通过电话与交易对象本人确认。

3. 如何安全使用电子邮件

(1) 不要随意点击不明邮件中的链接、图片、文件。

(2) 使用电子邮件地址作为网站注册的用户名时,应设置与原邮件密码不相同的网站密码。

(3) 适当设置找回密码的提示问题。

(4) 当收到与个人信息和金钱相关(如中奖、集资等)的邮件时要提高警惕。

4. 如何防范钓鱼网站

(1) 通过查询网站备案信息等方式核实网站资质的真伪。

(2) 安装安全防护软件。

(3) 警惕中奖、修改网银密码的通知邮件、短信,不轻易点击未经核实的陌生链接。

(4) 不在多人共用的计算机上办理金融业务,如网吧等公共场所。

5. 如何保证网络游戏安全

(1) 输入密码时尽量使用软键盘,并防止他人偷窥。

(2) 为计算机安装安全防护软件,从正规网站上下载网游插件。

(3) 注意核实网游地址。

(4) 如发现账号异常,应立即与游戏运营商联系。

6. 如何防范网络虚假、有害信息

(1) 及时举报疑似谣言信息。

(2) 不造谣、不信谣、不传谣。

(3) 注意辨别信息的来源和可靠度,通过经第三方可信网站认证的网站获取信息。

(4) 注意打着“发财致富”“普及科学”“传授新技术”等幌子的信息。

(5) 在获得相关信息后,应先去函或去电与当地工商、质检等部门联系,核实情况。

7. 当前网络诈骗类型该如何防范

网络诈骗类型有以下 4 种：一是利用 QQ 盗号和网络游戏交易进行诈骗，冒充好友借钱；二是网络购物诈骗，收取订金骗钱；三是网上中奖诈骗，指犯罪分子利用传播软件随意向互联网 QQ 用户、微信用户、邮箱用户、网络游戏用户、淘宝用户等发布中奖提示信息；四是“网络钓鱼”诈骗，利用欺骗性的电子邮件和伪造的网站进行诈骗活动，获得受骗者财务信息进而窃取资金。

预防网络诈骗的措施如下。

(1) 不贪便宜。

(2) 使用比较安全的支付工具。

(3) 仔细甄别，严加防范。

(4) 不在网上购买非正当产品，如手机监听器、毕业证书、考题答案等。

(5) 不要轻信以各种名义要求先付款的信息，不要轻易把自己的银行卡借给他人。

(6) 提高自我保护意识，注意妥善保管自己的私人信息，不向他人透露本人证件号码、账号、密码等，尽量避免在网吧等公共场所使用电子商务服务。

8. 如何防范社交网站信息泄露

(1) 利用社交网站的安全与隐私设置保护敏感信息。

(2) 不要轻易点击未经核实的链接。

(3) 在社交网站谨慎发布个人信息。

(4) 根据自己对网站的需求选择注册。

9. 如何保护网银安全

网上支付的安全威胁主要表现在以下 3 个方面：一是密码被破解，很多用户或企业使用的密码都是“弱密码”，且在所有网站上使用相同密码或有限的几个密码，易遭受攻击者暴力破解；二是病毒、木马攻击，木马会监视浏览器正在访问的网页，获取用户账户、密码信息或弹出伪造的登录对话框，诱骗用户输入相关密码，然后将窃取的信息发送出去；三是钓鱼平台，攻击者利用欺骗性的电子邮件和伪造的 Web 站点进行诈骗，如将自己伪装成知名银行或信用卡公司等可信的品牌，获取用户的银行卡号、口令等信息。

保护网银安全的防范措施如下。

(1) 尽量不要在多人共用的计算机(如网吧等)上办理银行业务，发现账号有异常情况，应及时修改交易密码并向银行求助。

(2) 核实银行的正确网址，安全登录网上银行，不要随意点击未经核实的陌生链接。

(3) 在登录时不勾选“记住密码”复选框，登录交易系统时尽量使用软键盘输入交易账号和密码，并使用该银行提供的数字证书增强安全性，核对交易信息。

(4) 交易完成后要完整保存交易记录。

(5) 网上银行交易完成后应单击“退出”按钮。使用 U 盾购物时，交易完成后要立即拔下 U 盾。

(6) 对网络单笔消费和网上转账进行金额限制，并为网银开通短信提醒功能，在发生交易异常时及时联系相关客服。

(7) 通过正规渠道申请办理银行卡和信用卡。

(8) 不要使用存储额较大的储蓄卡或信用额度较大的信用卡开通网上银行。

(9) 支付密码最好不要使用姓名、生日、电话号码,也不要使用12345等默认密码或与用户名相同的密码。

(10) 应注意保护自己的银行卡信息资料,不要把相关资料随便留给不熟悉的公司或个人。

10. 如何保护网上炒股安全

网上炒股面临的安全风险主要体现在以下两方面:一是网络钓鱼,不法分子制作仿冒证券公司网站,诱导人们登录后窃取用户账号和密码;二是盗买盗卖,攻击者利用计算机"木马病毒"窃取他人的证券交易账号和密码后低价抛售他人股票,自己低价买入后再高价卖出,赚取差价。

保护网上炒股安全应采取以下措施。

(1) 保护交易密码和通信密码。

(2) 尽量不要在多人共用的计算机(如网吧等)上进行股票交易,并注意在离开计算机时锁屏。

(3) 注意核实证券公司的网站地址,下载官方提供的证券交易软件,不轻信小广告。

(4) 及时修改个人账户的初始密码,设置安全密码,发现交易有异常情况时要及时修改密码,并通过截图、拍照等保留证据,第一时间向专业机构或证券公司求助。

11. 如何保护网上购物安全

网上购物面临的安全风险主要有以下方面:一是通过网络进行诈骗,部分商家恶意在网络上销售自己没有的商品,因为绝大多数网络销售是先付款后发货,等收到款项后便销声匿迹;二是钓鱼欺诈网站,以不良网址导航网站、不良下载网站、钓鱼欺诈网站为代表的"流氓网站"群体正在形成一个庞大的灰色利益链,使消费者面临网购风险;三是支付风险,一些诈骗网站盗取消费者的银行账号、密码、口令卡等,同时消费者购买前的支付程序烦琐及退货流程复杂、时间长,货款只退到网站账号,不退到银行账号等也使网购出现安全风险。

保护网上购物安全的主要措施如下。

(1) 核实网站资质及网站联系方式的真伪,尽量在知名、权威的网上商城购物。

(2) 尽量通过网上第三方支付平台交易,切忌直接与卖家私下交易。

(3) 在购物时要注意商家的信誉、评价和联系方式。

(4) 在交易完成后要完整保存交易订单等信息。

(5) 在填写支付信息时,一定要检查支付网站的真实性。

(6) 注意保护个人隐私,直接使用个人的银行账号、密码和证件号码等敏感信息时要慎重。

(7) 不要轻信网上低价推销广告,也不要随意点击未经核实的陌生链接。

12. 如何防范网络传销

网络传销一般有两种形式:一是利用网页进行宣传,鼓吹轻松赚大钱的思想,如网页上的"轻点鼠标,您就是富翁""坐在家里,也能赚钱"等信息;二是建立网上交易平台,靠发展会员聚敛财富,主要通过交纳一定资金或购买一定数量的产品作为"入门费",获得加入资格,或通过发展他人加入其中,形成上下线的层级关系,以直接或间接发展的下线所交纳的资金或销售业绩为计算报酬的依据。

防范网络传销需注意以下方面。

（1）在遇到相关创业、投资项目时要仔细研究其商业模式。无论打着什么样的旗号，如果其经营的项目并不创造任何财富，却许诺只要交钱入会，发展人员就能获取“回报”，请提高警惕。

（2）克服贪欲，不要幻想“一夜暴富”。如果抱着侥幸心理参与其中，最终只会落得血本无归、倾家荡产，甚至走向犯罪的道路。

13. 如何防范假冒网站

假冒网站的主要表现形式有两种：一是假冒网站的网址与真网站网址较为接近；二是假冒网站的页面形式和内容与真网站较为相似。

不法分子欺诈的手法通常有 3 种：一是将假冒网站地址发送到客户的计算机上或放在搜索网站上诱骗客户登录，窃取客户信息；二是通过手机短信、邮箱等，冒充银行名义发送诈骗短信，诱骗客户登录假冒网站；三是建立假冒电子商务网站，通过假的支付页面窃取客户网上银行信息。

防范假冒网站的措施如下。

（1）直接输入所要登录网站的网址，不通过其他链接进入。

（2）登录网站后留意核对所登录的网址与官方公布的网址是否相符。

（3）登录官方发布的相关网站辨识真伪。

（4）安装防护软件，及时更新系统补丁。

（5）当收到邮件、短信、电话等要求到指定的网页修改密码，或通知中奖并要求在领取奖金前先支付税金、邮费等时务必提高警惕。

14. 如何准确访问和识别党政机关、事业单位网站

按照党政机关、事业单位网站与其实体名称对应，网络身份与实体机构相符的原则，国家专门设立“. 政务”和“. 公益”中文域名，由工业和信息化部授权中央机构编制委员会办公室电子政务中心负责注册管理。

（1）通过中文域名访问党政机关和事业单位网站。

“. 政务”和“. 公益”域名是党政机关和事业单位的专用中文域名，其注册、解析均由机构编制部门进行严格审核和管理。通过在浏览器地址栏输入“. 政务”和“. 公益”中文域名，可准确访问党政机关和事业单位网站。

（2）通过查看网站标识识别党政机关和事业单位网站。

党政机关和事业单位网站标识是经机构编制部门核准后统一颁发的电子标识，该标识显示在网站所有页面底部中间显著位置。单击该标识即可查看到经机构编制部门审核确认的该网站主办单位的名称、机构类型、地址、职能，以及网站名称、域名和标识发放单位、发放时间等信息，以确认该网站是否为党政机关或事业单位网站。网站标识分为党政机关和事业单位两类。

15. 如何防范网络非法集资

非法集资的特点如下：一是未经有关部门依法批准，包括没有批准权限的部门批准的集资，以及有批准权限但超越权限批准的集资；二是承诺在一定期限内给出资人还本付息，还本付息的形式除以货币形式为主外，还包括实物形式或其他形式；三是向社会不特定对象及社会公众筹集资金，集资对象多为下岗职工、退休人员、农民等低收入阶层，承受经济损失的能力较低；四是以合法形式掩盖其非法集资的性质。

防范非法集资的注意事项如下。

(1) 加强法律知识学习,增强法律观念。

(2) 要时刻紧绷防范思想,不要被各种经济诱惑蒙骗,摒弃"发横财"和"暴富"等不劳而获的思想。

(3) 在投资前详细做足调查,对集资者的底细了解清楚。

(4) 若要投资股票、基金等金融证券,应通过合法的证券公司申购和交易,不轻信非法从事证券业务的人员和机构,以及小广告、网络信息、手机短信、推介会等方式。

(5) 社会公众不要轻信非法集资犯罪嫌疑人的任何承诺,以免造成无法挽回的巨大经济损失。

16. 使用ATM机时需要注意哪些问题

(1) 使用自助银行服务终端时,留意周围是否有可疑的人,操作时应避免他人干扰,用一只手挡住密码键盘,防止他人偷窥密码。

(2) 遭遇吞卡、未吐钞等情况应拨打发卡银行的全国统一客服热线,及时与发卡银行取得联系。

(3) 不要拨打机具旁粘贴的电话号码,不要随意丢弃打印单据。

(4) 刷卡门禁不需要输入密码。

17. 受骗后该如何减少自身的损失

(1) 及时致电发卡银行客服热线或直接向银行柜面报告欺诈交易,监控银行卡交易或冻结、止付银行卡账户。如被骗钱款后能准确记住诈骗的银行卡账号,可通过拨打95516银联中心客服电话的人工服务台,查清该诈骗账号的开户银行和开户地点(可精确至地市级)。

(2) 对已发生损失或情况严重的,应及时向当地公安机关报案。

(3) 配合公安机关及发卡银行做好调查、举证工作。

18. 网络服务提供者和其他企事业单位在业务活动中收集、使用公民的个人电子信息应当遵循什么原则

应当遵循合法、正当、必要的原则,明示收集和使用信息的目的、方式和范围,并经被收集者同意;不得违反法律、法规的规定及双方的约定收集和使用公民个人电子信息。

19. 当公民发现网上有泄露个人身份、侵犯个人隐私的网络信息时该怎么办

公民发现泄露个人身份、侵犯个人隐私的网络信息,或者受到商业性电子信息侵扰,有权要求网络服务提供者删除有关信息或采取其他必要措施予以制止,必要时可向相关的网络安全事件处置机构进行举报或求援。

A.3 移动终端安全

1. 如何安全地使用WiFi

目前WiFi陷阱有两种:一是"设套",主要是在宾馆、饭店、咖啡厅等公共场所搭建免费WiFi,骗取用户使用,并记录其在网上进行的所有操作记录;二是"进攻",主要针对一些在家里组建WiFi的用户,即使用户设置了WiFi密码,如果密码强度不高的话,黑客也可通过暴力破解的方式破解家庭WiFi,进而可能对用户机器进行远程控制。

安全地使用WiFi,要做到以下几个方面。

(1) 勿见到免费 WiFi 就用，要用可靠的 WiFi 接入点，关闭手机和平板计算机等设备的无线网络自动连接功能，仅在需要时开启。

(2) 警惕公共场所免费的无线信号为不法分子设置的钓鱼陷阱，尤其是那些和公共场所内已开放的 WiFi 同名的信号。在公共场所使用陌生的无线网络时，尽量不要进行与资金有关的银行转账与支付。

(3) 修改无线路由器默认的管理员用户名和密码，将家中无线路由器的密码设置得复杂一些，并采用强密码，最好是字母和数字的组合。

(4) 启用 WPA/WEP 加密方式。

(5) 修改默认 SSID 号，关闭 SSID 广播。

(6) 启用 MAC 地址过滤。

(7) 无人使用时关闭无线路由器电源。

2. 如何安全地使用智能手机

(1) 为手机设置访问密码是保护手机安全的第一道防线，以防智能手机丢失时犯罪分子可能会获得通讯录、文件等重要信息并加以利用。

(2) 不要轻易打开陌生人通过手机发送的链接和文件。

(3) 为手机设置锁屏密码，并将手机随身携带。

(4) 在 QQ、微信等应用程序中关闭地理定位功能，并且仅在需要时开启蓝牙。

(5) 经常为手机数据做备份。

(6) 安装安全防护软件，并经常对手机系统进行扫描。

(7) 到正规网站下载手机应用软件，并在安装时谨慎选择相关权限。

(8) 不要试图破解自己的手机，以保证应用程序的安全性。

3. 如何防范病毒和木马对手机的攻击

(1) 为手机安装安全防护软件，开启实时监控功能，并定期升级病毒库。

(2) 警惕收到的陌生图片、文件和链接，不要轻易打开在 QQ、微信、短信、邮件中的链接。

(3) 到正规网站下载手机应用。

4. 如何防范"伪基站"的危害

今年以来出现了一种利用"伪基站"设备作案的新型违法犯罪活动。"伪基站"设备是一种主要由主机和笔记本电脑组成的高科技仪器，能够搜取以其为中心、一定半径范围内的手机卡信息，并任意冒用他人手机号码强行向用户手机发送诈骗、广告推销等短信息。犯罪嫌疑人通常将"伪基站"放在车内，在路上缓慢行驶或将车停放在特定区域，从事短信诈骗、广告推销等违法犯罪活动。

"伪基站"短信诈骗主要有两种形式：一是"广种薄收式"，嫌疑人在银行、商场等人流密集地以各种汇款名目向一定半径范围内的群众手机发送诈骗短信；二是"定向选择式"，嫌疑人筛选出手机号后，以该号码的名义向其亲朋好友、同事等熟人发送短信，实施定向诈骗。

用户防范"伪基站"诈骗短信可从以下方面着手。

(1) 当用户发现手机无信号或信号极弱时仍然能收到推销、中奖、银行相关短信，则用户所在区域很可能被"伪基站"覆盖，不要相信短信的任何内容，不要轻信收到的中奖、推销信息，不轻信意外之财。

(2) 不要轻信任何号码发来的涉及银行转账及个人财产的短信,不向任何陌生账号转账。

(3) 安装手机安全防护软件,以便对收到的垃圾短信进行精准拦截。

5. 如何防范骚扰电话、电话诈骗、垃圾短信

用户使用手机时遭遇的垃圾短信、骚扰电话、电信诈骗主要有以下4种形式:一是冒充国家机关工作人员实施诈骗;二是冒充电信等有关职能部门工作人员,以电信欠费、送话费等为由实施诈骗;三是冒充被害人的亲属、朋友,编造生急病、发生车祸等意外急需用钱,从而实施诈骗;四是冒充银行工作人员,假称被害人银联卡在某地刷卡消费,诱使被害人转账实施诈骗。

在使用手机时,防范骚扰电话、电话诈骗、垃圾短信的主要措施如下。

(1) 克服"贪利"思想,不要轻信,谨防上当。

(2) 不要轻易将自己或家人的身份、通信信息等家庭、个人资料泄露给他人,对涉及亲人和朋友求助、借钱等内容的短信和电话要仔细核对。

(3) 接到培训通知、以银行信用卡中心名义声称银行卡升级、招工、婚介类等信息时要多做调查。

(4) 不要轻信涉及加害、举报、反洗钱等内容的陌生短信或电话,既不要理睬,更不要为"消灾"将钱款汇入犯罪分子指定的账户。

(5) 对于广告"推销"特殊器材、违禁品的短信和电话,应不予理睬并及时清除,不要汇款购买。

(6) 到银行自动取款机(ATM机)存取钱时遇到银行卡被堵、被吞等意外情况,应认真识别自动取款机"提示"的真伪,不要轻信,可拨打95516银联中心客服电话的人工服务台了解查问。

(7) 遇见诈骗类电话或信息,应及时记下犯罪分子的电话号码、电子邮件地址、QQ号和银行卡账号,并记住犯罪分子的口音、语言特征和诈骗的手段及经过,及时到公安机关报案,积极配合公安机关开展侦查破案和追缴被骗款等工作。

6. 出差在外,如何确保移动终端的隐私安全

(1) 出差之前备份好宝贵数据。

(2) 不要登录不安全的无线网络。

(3) 在上网浏览时不要勾选"记住用户名和密码"复选框。

(4) 使用互联网浏览器后,应清空历史记录和缓存内容。

(5) 使用公用计算机时,当心击键记录程序和跟踪软件。

7. 如何防范智能手机信息泄露

(1) 利用手机中的各种安全保护功能,为手机、SIM卡设置密码并安装安全软件,减少手机中的本地分享,对程序执行权限加以限制。

(2) 谨慎下载应用,尽量从正规网站下载手机应用程序和升级包,对手机中的Web站点提高警惕。

(3) 禁用WiFi自动连接到网络功能,使用公共WiFi有可能被盗用资料。

(4) 下载软件或游戏时应详细阅读授权内容,防止将木马带到手机中。

(5) 经常为手机做数据同步备份。

(6) 勿见码就刷。

8. 如何保护手机支付安全

目前移动支付上存在的信息安全问题主要集中在以下两方面：一是手机丢失或被盗，即不法分子盗取受害者手机后，利用手机的移动支付功能窃取受害者的财物；二是用户信息安全意识不足，轻信钓鱼网站，当不法分子要求自己告知对方敏感信息时无警惕之心，从而导致财物被盗。

手机支付毕竟是一个新事物，尤其是通过移动互联网进行交易，安全防范工作一定要做足，不然智能手机也会“引狼入室”。

保护智能手机支付安全的措施如下。

(1) 保证手机随身携带，建议手机支付客户端与手机绑定，使用数字证书，开启实名认证。

(2) 最好从官方网站下载手机支付客户端和网上商城应用。

(3) 使用手机支付服务前，按要求在手机上安装专门用于安全防范的插件。

(4) 登录手机支付应用、网上商城时勿选择“记住密码”选项。

(5) 经常查看手机任务管理器，检查是否有恶意程序在后台运行，并定期使用手机安全软件扫描手机系统。

A.4 个人信息安全

1. 容易被忽视的个人信息有哪些

个人信息是指与特定自然人相关，能够单独或通过与其他信息结合识别该特定自然人的数据，一般包括姓名、职业、职务、年龄、血型、婚姻状况、宗教信仰、学历、专业资格、工作经历、家庭住址、电话号码(手机用户的手机号码)、身份证号码、信用卡号码、指纹、病史、电子邮件、网上登录账号和密码等，覆盖了自然人的心理、生理、智力，以及个体、社会、经济、文化、家庭等各个方面。

个人信息可以分为个人一般信息和个人敏感信息。个人一般信息是指正常公开的普通信息，如姓名、性别、年龄、爱好等。个人敏感信息是指一旦遭到泄露或修改，会对标识的个人信息主体造成不良影响的个人信息。各行业个人敏感信息的具体内容根据接受服务的个人信息主体意愿和各自业务特点确定，如个人敏感信息可以包括身份证号码、手机号码、种族、政治观点、宗教信仰、基因、指纹等。

2. 个人信息泄露的途径及后果

目前，个人信息的泄露主要有以下途径。

(1) 利用互联网搜索引擎搜索个人信息，汇集成册，并按照一定的价格出售给需要购买的人。

(2) 旅馆住宿、保险公司投保、租赁公司、银行办证、电信、移动、联通、房地产、邮政部门等需要身份证件实名登记的部门、场所，个别人员利用登记的便利条件泄露客户个人信息。

(3) 个别违规打字店、复印店利用复印、打字之便将个人信息资料存档留底，装订成册，对外出售。

(4) 借各种“问卷调查”之名窃取群众个人信息，他们宣称只要在“调查问卷表”上填写详细联系方式、收入情况、信用卡情况等内容，以及简单的"勾挑式"调查，就能获得不等奖次的奖品，以此诱使群众填写个人信息。

(5) 在抽奖券的正副页上填写姓名、家庭住址、联系方式等可能会导致个人信息泄露。

(6) 在购买电子产品、车辆等物品时，在一些非正规的商家填写非正规的"售后服务单"，从而被人利用了个人信息。

(7) 超市、商场通过向群众邮寄免费资料、申办会员卡时掌握到的群众信息，通过个别人向外泄露。

目前，针对个人信息的犯罪已经形成了一条灰色的产业链，在这个链条中有专门从事个人信息收集的泄密源团体，他们之中包括一些有合法权限的内部用户主动通过 QQ、互联网、邮件、移动存储等各类渠道泄露信息。还包括一些黑客，通过攻击行为获得企业或个人的数据库信息。有专门向泄密源团体购买数据的个人信息中间商团体，他们根据各种非法需求向泄密源购买数据，作为中间商向有需求者推销数据，作为中间商买卖、共享和传播各种数据库。还有专门从中间商团体购买个人信息并实施各种犯罪的使用人团体，他们是实际利用个人信息侵害个人利益的群体。据不完全统计，这些人在获得个人信息后会利用个人信息从事 5 类违法犯罪活动。

(1) 电信诈骗、网络诈骗等新型、非接触式犯罪。如 2012 年年底，北京、上海、深圳等城市相继发生大量电话诈骗学生家长案件。犯罪分子利用非法获取的公民家庭成员信息，向学生家长打电话谎称其在校子女遭绑架或突然生病，要求紧急汇款解救或医治，以此实施诈骗。

(2) 直接实施抢劫、敲诈勒索等严重暴力犯罪活动。如 2012 年年初，广州发生犯罪分子根据个人信息资料，冒充快递，直接上门抢劫，造成户主一死两伤的恶性案件。

(3) 实施非法商业竞争。不法分子以信息咨询、商务咨询为掩护，利用非法获取的公民个人信息收买客户，打压竞争对手。

(4) 非法干扰民事诉讼。不法分子利用购买的公民个人信息，介入婚姻纠纷、财产继承、债务纠纷等民事诉讼，对群众正常生活造成极大困扰。

(5) 滋扰民众。不法分子获得公民个人信息后，通过网络人肉搜索、信息曝光等行为滋扰民众生活。如 2011 年北京发生一起案件，男女双方由于分手后发生口角，男方将其个人私密照片在网上曝光，给女方造成极大困扰。

3. 如何防范个人信息泄露

(1) 在安全级别较高的物理或逻辑区域内处理个人敏感信息。

(2) 敏感个人信息需加密保存。

(3) 不使用 U 盘存储交互个人敏感信息。

(4) 尽量不要在可访问互联网的设备上保存或处理个人敏感信息。

(5) 只将个人信息转移给合法的接收者。

(6) 个人敏感信息需带出公司时要防止被盗、丢失。

(7) 电子邮件发送时要加密，并注意不要错发。

(8) 邮包寄送时选择可信赖的邮寄公司，并要求回执。

(9) 避免传真错误发送。

(10) 纸质资料要用碎纸机销毁。

(11) 废弃的光盘、U 盘、计算机等要消磁或彻底破坏。

A.5　网络安全中用到的法律知识

1. 违反《全国人民代表大会常务委员会关于加强网络信息保护的决定》的单位或个人会被给予什么处罚

对有违反该决定行为的，依法给予警告、罚款、没收违法所得、吊销许可证或者取消备案、关闭网站、禁止有关责任人员从事网络服务业务等处罚，记入社会信用档案并予以公布。构成违反治安管理行为的，依法给予治安管理处罚。构成犯罪的，依法追究刑事责任。侵害他人民事权益的，依法承担民事责任。

2. 网上的哪些行为会被认定为《刑法》第二百四十六条第一款规定的“捏造事实诽谤他人”

(1) 捏造损害他人名誉的事实，在信息网络上散布，或者组织、指使人员在信息网络上散布。

(2) 将信息网络上涉及他人的原始信息内容篡改为损害他人名誉的事实，在信息网络上散布，或者组织、指使人员在信息网络上散布。

(3) 明知是捏造的损害他人名誉的事实，在信息网络上散布，情节恶劣的，以“捏造事实诽谤他人”论。

3. 利用信息网络诽谤他人，在什么情形下应当认定为《刑法》第二百四十六条第一款规定的“情节严重”

(1) 同一诽谤信息实际被点击、浏览次数达到5千次以上，或者被转发次数达到500以上的。

(2) 造成被害人或者其近亲属精神失常、自残、自杀等严重后果。

(3) 两年内曾因诽谤受过行政处罚，又诽谤他人。

(4) 其他情节严重的情形。

4. 利用信息网络诽谤他人，在什么情形下应当认定为《刑法》第二百四十六条第二款规定的“严重危害社会秩序和国家利益”

(1) 引发群体性事件。

(2) 引发公共秩序混乱。

(3) 引发民族、宗教冲突。

(4) 诽谤多人，造成恶劣社会影响。

(5) 损害国家形象，严重危害国家利益。

(6) 造成恶劣国际影响。

(7) 其他严重危害社会秩序和国家利益的情形。

5. 网上何种行为会被认定为寻衅滋事罪

利用信息网络辱骂、恐吓他人，情节恶劣、破坏社会秩序的，依照《刑法》第二百九十三条第一款第(二)项的规定，以寻衅滋事罪定罪处罚。

编造虚假信息，或者明知是编造的虚假信息，在信息网络上散布，或者组织、指使人员在信息网络上散布，起哄闹事，造成公共秩序严重混乱的，依照《刑法》第二百九十三条第一款第(四)项的规定，以寻衅滋事罪定罪处罚。

6. 网上何种行为会被认定为敲诈勒索罪

以在信息网络上发布、删除等方式处理网络信息为由，威胁、要挟他人，索取公私财物，数额较大,或者多次实施上述行为的,依照《刑法》第二百七十四条的规定,以敲诈勒索罪定罪处罚。

7. 网上何种行为会被认定为非法经营罪

违反国家规定,以营利为目的,通过信息网络有偿提供删除信息服务,或者明知是虚假信息,通过信息网络有偿提供发布信息等服务,扰乱市场秩序,属于非法经营行为“情节严重”,依照《刑法》第二百二十五条第(四)项的规定,以非法经营罪定罪处罚。

8. 非法经营认定的数额标准是多少

(1) 个人非法经营数额在5万元以上,或者违法所得数额在2万元以上。

(2) 单位非法经营数额在15万元以上,或者违法所得数额在5万元以上。

实施前款规定的行为,数额达到前款规定的数额5倍以上的,应当认定为《刑法》第二百二十五条规定的“情节特别严重”。

9. 明知他人利用信息网络实施诽谤、寻衅滋事、敲诈勒索、非法经营等犯罪,为其提供资金、场所、技术支持等帮助的会构成什么性质的犯罪

以共同犯罪论处。

10. 国家对经营性和非经营性互联网信息服务分别采取什么管理制度

国家对经营性互联网信息服务实行许可制度;对非经营性互联网信息服务实行备案制度。

未取得许可或者未履行备案手续的,不得从事互联网信息服务。

11. 互联网新闻信息及新闻信息服务包括哪些

新闻信息是指时政类新闻信息,包括有关政治、经济、军事、外交等社会公共事务的报道、评论,以及有关社会突发事件的报道、评论。互联网新闻信息服务包括通过互联网登载新闻信息、提供时政类电子公告服务和向公众发送时政类通信信息。

12. 关于即时通信工具(如微信、腾讯QQ等)的公众信息服务有哪些管理规定

国家互联网信息办公室2014年8月7日发布《即时通信工具公众信息服务发展管理暂行规定》,就上述问题做出如下规定。

第二条　在中华人民共和国境内从事即时通信工具公众信息服务,适用本规定。

本规定所称即时通信工具是指基于互联网面向终端使用者提供即时信息交流服务的应用。本规定所称公众信息服务,是指通过即时通信工具的公众账号及其他形式向公众发布信息的活动。

第三条　国家互联网信息办公室负责统筹协调指导即时通信工具公众信息服务发展管理工作,省级互联网信息内容主管部门负责本行政区域的相关工作。互联网行业组织应当积极发挥作用,加强行业自律,推动行业信用评价体系建设,促进行业健康有序发展。

第四条　即时通信工具服务提供者应当取得法律法规规定的相关资质。即时通信工具服务提供者从事公众信息服务活动,应当取得互联网新闻信息服务资质。

第五条　即时通信工具服务提供者应当落实安全管理责任,建立健全各项制度,配备与服务规模相适应的专业人员,保护用户信息及公民个人隐私,自觉接受社会监督,及时处理公众举报的违法和不良信息。

第六条　即时通信工具服务提供者应当按照“后台实名、前台自愿”的原则,要求即时通信工具服务使用者通过真实身份信息认证后注册账号。即时通信工具服务使用者注册账号时，应当与即时通信工具服务提供者签订协议，承诺遵守法律法规、社会主义制度、国家利益、公民合法权益、公共秩序、社会道德风尚和信息真实性等“七条底线”。

第七条　即时通信工具服务使用者为从事公众信息服务活动开设公众账号，应当经即时通信工具服务提供者审核，由即时通信工具服务提供者向互联网信息内容主管部门分类备案。

新闻单位、新闻网站开设的公众账号可以发布、转载时政类新闻，取得互联网新闻信息服务资质的非新闻单位开设的公众账号可以转载时政类新闻。其他公众账号未经批准不得发布、转载时政类新闻。

即时通信工具服务提供者应当对可以发布或转载时政类新闻的公众账号加注标识。

鼓励各级党政机关、企事业单位和各人民团体开设公众账号，服务经济社会发展，满足公众需求。

第八条　即时通信工具服务使用者从事公众信息服务活动，应当遵守相关法律法规。

对违反协议约定的即时通信工具服务使用者，即时通信工具服务提供者应当视情节采取警示、限制发布、暂停更新直至关闭账号等措施，并保存有关记录，履行向有关主管部门报告义务。

13. 现行《刑法》中，专门规定了哪两个关于计算机犯罪的罪名

第二百八十五条非法侵入计算机信息系统罪：违反国家规定，侵入国家事务、国防建设、尖端科学技术领域的计算机信息系统的，处三年以下有期徒刑或者拘役。

第二百八十六条破坏计算机信息系统罪：违反国家规定，对计算机信息系统功能进行删除、修改、增加、干扰，造成计算机信息系统不能正常运行，后果严重的，处五年以下有期徒刑或者拘役；后果特别严重的，处五年以上有期徒刑。

14. 利用计算机或计算机网络实施的犯罪行为在《刑法》中如何定罪

利用计算机实施金融诈骗、盗窃、贪污、挪用公款、窃取国家秘密或者其他犯罪的，依照本法有关规定定罪处罚。该条规定的犯罪侵害客体比较广泛，包括公司财产或国家秘密的拥有权等。

15. 禁止从事哪些危害计算机信息网络安全的活动

《计算机信息网络国际联网安全保护管理办法》第六条规定，任何单位和个人不得从事下列危害计算机信息网络安全的活动：(一)未经允许，进入计算机信息网络或者使用计算机信息网络资源的；(二)未经允许，对计算机信息网络功能进行删除、修改或者增加的；(三)未经允许，对计算机信息网络中存储、处理或者传输的数据和应用程序进行删除、修改或者增加的；(四)故意制作、传播计算机病毒等破坏性程序的；(五)其他危害计算机信息网络安全的。

16. 利用信息网络侵害人身权益案件适用哪些法律规定

2014 年 6 月 23 日最高人民法院审判委员会第 1621 次会议通过了《关于审理利用信息网络侵害人身权益民事纠纷案件适用法律若干问题的规定》，就上述问题明确做出如下规定。

第二条　利用信息网络侵害人身权益提起的诉讼，由侵权行为地或者被告住所地人民法院管辖。

侵权行为实施地包括实施被诉侵权行为的计算机等终端设备所在地，侵权结果发生地包括被侵权人住所地。

第三条　原告依据侵权责任法第三十六条第二款、第三款的规定起诉网络用户或者网络服务提供者的,人民法院应予受理。

原告仅起诉网络用户,网络用户请求追加涉嫌侵权的网络服务提供者为共同被告或者第三人的,人民法院应予准许。

原告仅起诉网络服务提供者,网络服务提供者请求追加可以确定的网络用户为共同被告或者第三人的,人民法院应予准许。

第四条　原告起诉网络服务提供者,网络服务提供者以涉嫌侵权的信息系网络用户发布为由抗辩的,人民法院可以根据原告的请求及案件的具体情况,责令网络服务提供者向人民法院提供能够确定涉嫌侵权的网络用户的姓名(名称)、联系方式、网络地址等信息。

网络服务提供者无正当理由拒不提供的,人民法院可以依据民事诉讼法第一百一十四条的规定对网络服务提供者采取处罚等措施。

原告根据网络服务提供者提供的信息请求追加网络用户为被告的,人民法院应予准许。

第五条　依据侵权责任法第三十六条第二款的规定,被侵权人以书面形式或者网络服务提供者公示的方式向网络服务提供者发出的通知,包含下列内容的,人民法院应当认定有效:

(一) 通知人的姓名(名称)和联系方式;

(二) 要求采取必要措施的网络地址或者足以准确定位侵权内容的相关信息;

(三) 通知人要求删除相关信息的理由。

被侵权人发送的通知未满足上述条件,网络服务提供者主张免除责任的,人民法院应予支持。

第六条　人民法院适用侵权责任法第三十六条第二款的规定,认定网络服务提供者采取的删除、屏蔽、断开链接等必要措施是否及时,应当根据网络服务的性质、有效通知的形式和准确程度,网络信息侵害权益的类型和程度等因素综合判断。

第七条　其发布的信息被采取删除、屏蔽、断开链接等措施的网络用户,主张网络服务提供者承担违约责任或者侵权责任,网络服务提供者以收到通知为由抗辩的,人民法院应予支持。

被采取删除、屏蔽、断开链接等措施的网络用户,请求网络服务提供者提供通知内容的,人民法院应予支持。

第八条　因通知人的通知导致网络服务提供者错误采取删除、屏蔽、断开链接等措施,被采取措施的网络用户请求通知人承担侵权责任的,人民法院应予支持。

被错误采取措施的网络用户请求网络服务提供者采取相应恢复措施的,人民法院应予支持,但受技术条件限制无法恢复的除外。

第九条　人民法院依据侵权责任法第三十六条第三款认定网络服务提供者是否“知道”,应当综合考虑下列因素:

(一) 网络服务提供者是否以人工或者自动方式对侵权网络信息以推荐、排名、选择、编辑、整理、修改等方式做出处理;

(二) 网络服务提供者应当具备的管理信息的能力,以及所提供服务的性质、方式及其引发侵权的可能性大小;

（三）该网络信息侵害人身权益的类型及明显程度；

（四）该网络信息的社会影响程度或者一定时间内的浏览量；

（五）网络服务提供者采取预防侵权措施的技术可能性及其是否采取了相应的合理措施；

（六）网络服务提供者是否针对同一网络用户的重复侵权行为或者同一侵权信息采取了相应的合理措施；

（七）与本案相关的其他因素。

第十条　人民法院认定网络用户或者网络服务提供者转载网络信息行为的过错及其程度，应当综合以下因素：

（一）转载主体所承担的与其性质、影响范围相适应的注意义务；

（二）所转载信息侵害他人人身权益的明显程度；

（三）对所转载信息是否做出实质性修改，是否添加或者修改文章标题，导致其与内容严重不符及误导公众的可能性。

第十一条　网络用户或者网络服务提供者采取诽谤、诋毁等手段，损害公众对经营主体的信赖，降低其产品或者服务的社会评价，经营主体请求网络用户或者网络服务提供者承担侵权责任的，人民法院应依法予以支持。

第十二条　网络用户或者网络服务提供者利用网络公开自然人基因信息、病历资料、健康检查资料、犯罪记录、家庭住址、私人活动等个人隐私和其他个人信息，造成他人损害，被侵权人请求其承担侵权责任的，人民法院应予支持。但下列情形除外：

（一）经自然人书面同意且在约定范围内公开；

（二）为促进社会公共利益且在必要范围内；

（三）学校、科研机构等基于公共利益为学术研究或者统计的目的，经自然人书面同意，且公开的方式不足以识别特定自然人；

（四）自然人自行在网络上公开的信息或者其他已合法公开的个人信息；

（五）以合法渠道获取的个人信息；

（六）法律或者行政法规另有规定。

网络用户或者网络服务提供者以违反社会公共利益、社会公德的方式公开前款第四项、第五项规定的个人信息，或者公开该信息侵害权利人值得保护的重大利益，权利人请求网络用户或者网络服务提供者承担侵权责任的，人民法院应予支持。

国家机关行使职权公开个人信息的，不适用本条规定。

第十三条　网络用户或者网络服务提供者，根据国家机关依职权制作的文书和公开实施的职权行为等信息来源所发布的信息，有下列情形之一，侵害他人人身权益，被侵权人请求侵权人承担侵权责任的，人民法院应予支持：

（一）网络用户或者网络服务提供者发布的信息与前述信息来源内容不符；

（二）网络用户或者网络服务提供者以添加侮辱性内容、诽谤性信息、不当标题，或者通过增删信息、调整结构、改变顺序等方式致人误解；

（三）前述信息来源已被公开更正，但网络用户拒绝更正或者网络服务提供者不予更正；

（四）前述信息来源已被公开更正，网络用户或者网络服务提供者仍然发布更正之前的信息。

第十四条　被侵权人与构成侵权的网络用户或者网络服务提供者达成一方支付报酬，另一方提供删除、屏蔽、断开链接等服务的协议，人民法院应认定为无效。

擅自篡改、删除、屏蔽特定网络信息或者以断开链接的方式阻止他人获取网络信息，发布该信息的网络用户或者网络服务提供者请求侵权人承担侵权责任的，人民法院应予支持。接受他人委托实施该行为的，委托人与受托人承担连带责任。

第十五条　雇佣、组织、教唆或者帮助他人发布、转发网络信息侵害他人人身权益，被侵权人请求行为人承担连带责任的，人民法院应予支持。

第十六条　人民法院判决侵权人承担赔礼道歉、消除影响或者恢复名誉等责任形式的，应当与侵权的具体方式和所造成的影响范围相当。侵权人拒不履行的，人民法院可以采取在网络上发布公告或者公布裁判文书等合理的方式执行，由此产生的费用由侵权人承担。

第十七条　网络用户或者网络服务提供者侵害他人人身权益，造成财产损失或者严重精神损害，被侵权人依据侵权责任法第二十条和第二十二条的规定请求其承担赔偿责任的，人民法院应予支持。

第十八条　被侵权人为制止侵权行为所支付的合理开支，可以认定为侵权责任法第二十条规定的财产损失。合理开支包括被侵权人或者委托代理人对侵权行为进行调查、取证的合理费用。人民法院根据当事人的请求和具体案情，可以将符合国家有关部门规定的律师费用计算在赔偿范围内。

被侵权人因人身权益受侵害造成的财产损失或者侵权人因此获得的利益无法确定的，人民法院可以根据具体案情在50万元以下的范围内确定赔偿数额。

精神损害的赔偿数额，依据《最高人民法院关于确定民事侵权精神损害赔偿责任若干问题的解释》第十条的规定予以确定。

17. 网络安全事件处置可以向哪些专业机构求援

类　别	机构名称	网　址
服务机构	国家互联网应急中心	http://www.cert.org.cn/
	国家计算机病毒应急处理中心	http://www.antivirus-china.org.cn/
	中国信息安全测评中心	http://www.itsec.gov.cn/
	中国国家信息安全漏洞库	http://www.cnnvd.org.cn/
违法和不良信息举报	中国互联网违法和不良信息举报中心	http://net.china.com.cn/
	中国互联网协会反垃圾信息中心	http://www.12321.org.cn/
	网络违法犯罪举报网站	http://www.cyberpolice.cn/wfjb/
	网络不良与垃圾信息举报受理中心	http://www.12321.cn/
	UNT统一信任网络	http://www.trustutn.org/
	网络社会诚信网	http://www.zx110.org/

附录B 《信息安全技术网络安全等级保护基本要求》主要内容节选

(GB/T 22239—2019,代替 GB/T 22239—2008,2019 年 12 月 1 日起实施)

本标准代替 GB/T 22239—2008《信息安全技术信息系统安全等级保护基本要求》,与 GB/T 22239—2008 相比,主要变化如下:将标准名称变更为《信息安全技术网络安全等级保护基本要求》;调整分类为安全物理环境、安全通信网络、安全区域边界、安全计算环境、安全管理中心、安全管理制度、安全管理机构、安全管理人员、安全建设管理、安全运维管理;调整各个级别的安全要求为安全通用要求、云计算安全扩展要求、移动互联安全扩展要求、物联网安全扩展要求和工业控制系统安全扩展要求。

本标准起草单位:公安部第三研究所(公安部信息安全等级保护评估中心)、国家能源局信息中心阿里云计算有限公司、中国科学院信息工程研究所(信息安全国家重点实验室)、新华三技术有限公司、华为技术有限公司、启明星辰信息技术集团股份有限公司、北京鼎普科技股份有限公司、中国电子信息产业集团有限公司第六研究所、公安部第一研究所、国家信息中心、山东微分电子科技有限公司、中国电子科技集团公司第十五研究所(信息产业信息安全测评中心)、浙江大学、工业和信息化部计算机与微电子发展研究中心(中国软件评测中心)、浙江国利信安科技有限公司、机械工业仪器仪表综合技术经济研究所、杭州科技职业技术学院。

B.1 范　　围

本标准规定了网络安全等级保护的第一级到第四级等级保护对象的安全通用要求和安全扩展要求。

本标准适用于指导分等级的非涉密对象的安全建设和监督管理。

注:第五级等级保护对象是非常重要的监督管理对象,对其有特殊的管理模式和安全要求,所以不在本标准中进行描述。

B.2 规范性引用文件

下列文件对于本文件的应用是必不可少的。凡是注日期的引用文件,仅注日期的版本适用于本文件。凡是不注日期的引用文件,其最新版本(包括所有的修改单)适用于本文件。

GB 17859 计算机信息系统安全保护等级划分准则

GB/T 22240 信息安全技术信息系统安全等级保护定级指南

GB/T 25069 信息安全技术术语

GB/T 31167—2014 信息安全技术云计算服务安全指南

GB/T 31168—2014 信息安全技术云计算服务安全能力要求

GB/T 32919—2016 信息安全技术工业控制系统安全控制应用

B.3 术语和定义

1. 网络安全(Cybersecurity)

通过采取必要措施,防范对网络的攻击、侵入、干扰、破坏和非法使用以及意外事故,使网络处于稳定可靠运行的状态,以及保障网络数据的完整性、保密性、可用性的能力。

2. 安全保护能力(Security Protection Ability)

能够抵御威胁、发现安全事件以及在遭到损害后能够恢复先前状态等的程度。

3. 云计算(Cloud Computing)

通过网络访问可扩展的、灵活的物理或虚拟共享资源池,并按需自助获取和管理资源的模式。

注: 资源实例包括服务器、操作系统、网络、软件、应用和存储设备等。

4. 云服务商(Cloud Service Provider)

云计算服务的供应方。

注: 云服务商管理、运营、支撑云计算的计算基础设施及软件,通过网络交付云计算的资源。

5. 云服务客户(Cloud Service Customer)

为使用云计算服务同云服务商建立业务关系的参与方。

6. 云计算平台/系统(Cloud Computing Platform/System)

云服务商提供的云计算基础设施及其上的服务软件的集合。

7. 虚拟机监视器(Hypervisor)

运行在基础物理服务器和操作系统之间的中间软件层,可允许多个操作系统和应用共享硬件。

8. 宿主机(Host Machine)

运行虚拟机监视器的物理服务器。

9. 移动互联(Mobile Communication)

采用无线通信技术将移动终端接入有线网络的过程。

10. 移动终端(Mobile Device)

在移动业务中使用的终端设备,包括智能手机、平板电脑、个人电脑等通用终端和专用终端设备。

11. 无线接入设备(Wireless Access Device)

采用无线通信技术将移动终端接入有线网络的通信设备。

12. 无线接入网关(Wireless Access Gateway)

部署在无线网络与有线网络之间,对有线网络进行安全防护的设备。

13. 移动应用软件(Mobile Application)

针对移动终端开发的应用软件。

14. 移动终端管理系统(Mobile Device Management System)

用于进行移动终端设备管理、应用管理和内容管理的专用软件,包括客户端软件和服务端软件。

15. 物联网(Internet of Things)

将感知节点设备通过互联网等网络连接起来构成的系统。

16. 感知节点设备(Sensor Node)

对物或环境进行信息采集和/或执行操作,并能联网进行通信的装置。

17. 感知网关节点设备(Sensor Laver Gateway)

将感知节点所采集的数据进行汇总、适当处理或数据融合,并进行转发的装置。

18. 工业控制系统(Industrial Control System)

工业控制系统(ICS)是一个通用术语,它包括多种工业生产中使用的控制系统,包括监控和数据采集系统(SCADA)、分布式控制系统(DCS)和其他较小的控制系统,如可编程逻辑控制器(PLC),现已广泛应用在工业部门和关键基础设施中。

B.4 缩 略 语

下列缩略语适用于本文件。

AP:无线访问接入点(Wireless Access Point)

DCS:集散控制系统(Distributed Control System)

DDoS:拒绝服务(Distributed Denial of Service)

ERP:企业资源计划(Enterprise Resource Planning)

FTP:文件传输协议(File Transfer Protocol)

HMI:人机界面(Human Machine Interface)

IaaS:基础设施即服务(Infrastructure-as-a-Service)

ICS:工业控制系统(Industrial Control System)

IoT:物联网(Internet of Things)

IP:互联网协议(Internet Protocol)

IT:信息技术(Information Technology)

MES:制造执行系统(Manufacturing Execution System)

PaaS:平台即服务(Platform-as-a-Service)

PLC:可编程逻辑控制器(Programmable Logic Controller)

RFID:射频识别(Radio Frequency Identification)

SaS:软件即服务(Software-as-a-Service)

SCADA:数据采集与监视控制系统(Supervisory Control and Data Acquisition Systen)

SID:服务集标识(Service Set Identifier)

TCB:可信计算基(Trusted Computing Base)

USB:通用串行总线(Universal Serial Bus)

WEP:有线等效加密(Wired Equivalent Privacy)

WPS:WiFi 保护设置(WiFi Protected Setup)

B.5 网络安全等级保护概述

B.5.1 等级保护对象

等级保护对象是指网络安全等级保护工作中的对象,通常是指由计算机或者其他信息终端及相关设备组成的按照一定的规则和程序对信息进行收集、存储、传输、交换、处理的系统,主要包括基础信息网络、云计算平台/系统、大数据应用/平台/资源、物联网(IoT)、工业控制系统和采用移动互联技术的系统等。等级保护对象根据其在国家安全、经济建设、社会生活中的重要程度,遭到破坏后对国家安全、社会秩序、公共利益以及公民、法人和其他组织的合法权益的危害程度等,由低到高被划分为五个安全保护等级。

B.5.2 不同级别的安全保护能力

不同级别的等级保护对象应具备的基本安全保护能力如下。

第一级安全保护能力:应能够防护免受来自个人的、拥有很少资源的威胁源发起的恶意攻击、一般的自然灾难,以及其他相当危害程度的威胁所造成的关键资源损害,在自身遭到损害后,能够恢复部分功能。

第二级安全保护能力:应能够防护免受来自外部小型组织的、拥有少量资源的威胁源发起的恶意攻击、一般的自然灾难,以及其他相当危害程度的威胁所造成的重要资源损害,能够发现重要的安全漏洞和处置安全事件,在自身遭到损害后,能够在一段时间内恢复部分功能。

第三级安全保护能力:应能够在统一安全策略下防护免受来自外部有组织的团体、拥有较为丰富资源的威胁源发起的恶意攻击、较为严重的自然灾难,以及其他相当危害程度的威胁所造成的主要资源损害,能够及时发现、监测攻击行为和处置安全事件,在自身遭到损害后,能够较快恢复绝大部分功能。

第四级安全保护能力:应能够在统一安全策略下防护免受来自国家级别的、敌对组织的、拥有丰富资源的威胁源发起的恶意攻击、严重的自然灾难,以及其他相当危害程度的威胁所造成的资源损害,能够及时发现、监测发现攻击行为和安全事件,在自身遭到损害后,能够迅速恢复所有功能。

第五级安全保护能力:略。

B.5.3 安全通用要求和安全扩展要求

由于业务目标的不同、使用技术的不同、应用场景的不同等因素,不同的等级保护对象会以不同的形态出现,表现形式可能称之为基础信息网络、信息系统(包含采用移动互联等技术的系统)、云计算平台/系统、大数据平台/系统、物联网、工业控制系统等。形态不同的等级保护对象面临的威胁有所不同,安全保护需求也会有所差异。为了便于实现对不同级别的和不同形态的等级保护对象的共性化和个性化保护,等级保护要求分为安全通用要求和安全扩展要求。

安全通用要求针对共性化保护需求提出,等级保护对象无论以何种形式出现,应根据安全保护等级实现相应级别的安全通用要求；安全扩展要求针对个性化保护需求提出，需要根据安全保护等级和使用的特定技术或特定的应用场景选择性实现安全扩展要求。安全通用要求和安全扩展要求共同构成了对等级保护对象的安全要求。

B.6 第一级安全要求

B.6.1 安全通用要求

1. 安全物理环境

1）物理访问控制

机房出入口应安排专人值守或配置电子门禁系统，控制、鉴别和记录进入的人员。

2）防盗窃和防破坏

应将设备或主要部件进行固定，并设置明显的不易除去的标识。

3）防雷击

应将各类机柜、设施和设备等通过接地系统安全接地。

4）防火

机房应设置灭火设备。

5）防水和防潮

应采取措施防止雨水通过机房窗户、屋顶和墙壁渗透。

6）温湿度控制

应设置必要的温湿度调节设施，使机房温湿度的变化在设备运行所允许的范围之内。

7）电力供应

应在机房供电线路上配置稳压器和过电压防护设备。

2. 安全通信网络

1）通信传输

应采用校验技术保证通信过程中数据的完整性。

2）可信验证

可基于可信根对通信设备的系统引导程序、系统程序等进行可信验证，并在检测到其可信性受到破坏后进行报警。

3. 安全区域边界

1）边界防护

应保证跨越边界的访问和数据流通过边界设备提供的受控接口进行通信。

2）访问控制

本项要求包括：

（1）应在网络边界根据访问控制策略设置访问控制规则，默认情况下除允许通信外受控接口拒绝所有通信；

（2）应删除多余或无效的访问控制规则，优化访问控制列表，并保证访问控制规则数量最小化；

（3）应对源地址、目的地址、源端口、目的端口和协议等进行检查，以允许/拒绝数据包进出。

3）可信验证

可基于可信根对边界设备的系统引导程序、系统程序等进行可信验证,并在检测到其可信性受到破坏后进行报警。

4. 安全计算环境

1）身份鉴别

本项要求包括：

(1) 应对登录的用户进行身份标识和鉴别,身份标识具有唯一性,身份鉴别信息具有复杂度要求并定期更换;

(2) 应具有登录失败处理功能,应配置并启用结束会话、限制非法登录次数和当登录连接超时自动退出等相关措施。

2）访问控制

本项要求包括：

(1) 应对登录的用户分配账户和权限;

(2) 应重命名或删除默认账户,修改默认账户的默认口令;

(3) 应及时删除或停用多余的、过期的账户,避免共享账户的存在。

3）入侵防范

本项要求包括：

(1) 应遵循最小安装的原则,仅安装需要的组件和应用程序;

(2) 应关闭不需要的系统服务、默认共享和高危端口。

4）恶意代码防范

应安装防恶意代码软件或配置具有相应功能的软件,并定期进行升级和更新防恶意代码库。

5）可信验证

可基于可信根对计算设备的系统引导程序、系统程序等进行可信验证,并在检测到其可信性受到破坏后进行报警。

6）数据完整性

应采用校验技术保证重要数据在传输过程中的完整性。

7）数据备份恢复

应提供重要数据的本地数据备份与恢复功能。

5. 安全管理制度

应建立日常管理活动中常用的安全管理制度。

6. 安全管理机构

1）岗位设置

应设立系统管理员等岗位,并定义各个工作岗位的职责。

2）人员配备

应配备一定数量的系统管理员。

3）授权和审批

应根据各个部门和岗位的职责明确授权审批事项、审批部门和批准人等。

7. 安全管理人员

1）人员录用

应指定或授权专门的部门或人员负责人员录用。

2）人员离岗

应及时终止离岗人员的所有访问权限，取回各种身份证件、钥匙、徽章等以及机构提供的软硬件设备。

3）安全意识教育和培训

应对各类人员进行安全意识教育和岗位技能培训，并告知相关的安全责任和惩戒措施。

4）外部人员访问管理

应保证在外部人员访问受控区域前得到授权或审批。

8. 安全建设管理

1）定级和备案

应以书面的形式说明保护对象的安全保护等级及确定等级的方法和理由。

2）安全方案设计

应根据安全保护等级选择基本安全措施，依据风险分析的结果补充和调整安全措施。

3）产品采购和使用

应确保网络安全产品采购和使用符合国家的有关规定。

4）工程实施

应指定或授权专门的部门或人员负责工程实施过程的管理。

5）测试验收

应进行安全性测试验收。

6）系统交付

本项要求包括：

(1) 应制定交付清单，并根据交付清单对所交接的设备、软件和文档等进行清点；

(2) 应对负责运行维护的技术人员进行相应的技能培训。

7）服务供应商选择

本项要求包括：

(1) 应确保服务供应商的选择符合国家的有关规定；

(2) 应与选定的服务供应商签订与安全相关的协议，明确约定相关责任。

9. 安全运维管理

1）环境管理

本项要求包括：

(1) 应指定专门的部门或人员负责机房安全，对机房出入进行管理，定期对机房供配电、空调、温湿度控制、消防等设施进行维护管理；

(2) 应对机房的安全管理做出规定，包括物理访问、物品进出和环境安全等方面。

2）介质管理

应将介质存放在安全的环境中，对各类介质进行控制和保护，实行存储环境专人管理，并根据存档介质的目录清单定期盘点。

3）设备维护管理

应对各种设备(包括备份和冗余设备)、线路等指定专门的部门或人员定期进行维护管理。

4）漏洞和风险管理

应采取必要的措施识别安全漏洞和隐患，对发现的安全漏洞和隐患及时进行修补或评估可能的影响后进行修补。

5）网络和系统安全管理

本项要求包括：

(1) 应划分不同的管理员角色进行网络和系统的运维管理，明确各个角色的责任和权限；

(2) 应指定专门的部门或人员进行账户管理，对申请账户、建立账户、删除账户等进行控制。

6）恶意代码防范管理

本项要求包括：

(1) 应提高所有用户的防恶意代码意识，对外来计算机或存储设备接入系统前进行恶意代码检查等；

(2) 应对恶意代码防范要求做出规定，包括防恶意代码软件的授权使用、恶意代码库升级、恶意代码的定期查杀等。

7）备份与恢复管理

本项要求包括：

(1) 应识别需要定期备份的重要业务信息、系统数据及软件系统等；

(2) 应规定备份信息的备份方式、备份频度、存储介质、保存期等；

8）安全事件处置

本项要求包括：

(1) 应及时向安全管理部门报告所发现的安全弱点和可疑事件；

(2) 应明确安全事件的报告和处置流程，规定安全事件的现场处理、事件报告和后期恢复的管理职责。

B.6.2 云计算安全扩展要求

1. 安全物理环境

基础设施位置应保证云计算基础设施位于中国境内。

2. 安全通信网络

网络架构要求包括：

(1) 应保证云计算平台不承载高于其安全保护等级的业务应用系统；

(2) 应实现不同云服务客户虚拟网络之间的隔离。

3. 安全区域边界

应在虚拟化网络边界部署访问控制机制，并设置访问控制规则。

4. 安全计算环境

1）访问控制

本项要求包括：

（1）应保证当虚拟机迁移时，访问控制策略随其迁移；

（2）应允许云服务客户设置不同虚拟机之间的访问控制策略。

2）数据完整性和保密性

应确保云服务客户数据、用户个人信息等存储于中国境内，如需出境应遵循国家相关规定。

5. 安全建设管理

1）云服务商选择

本项要求包括：

（1）应选择安全合规的云服务商，其所提供的云计算平台应为其所承载的业务应用系统提供相应等级的安全保护能力；

（2）应在服务水平协议中规定云服务的各项服务内容和具体技术指标；

（3）应在服务水平协议中规定云服务商的权限与责任，包括管理范围、职责划分、访问授权、隐私保护、行为准则、违约责任等。

2）供应链管理

应确保供应商的选择符合国家有关规定。

B.6.3 移动互联安全扩展要求

1. 安全物理环境

应为无线接入设备的安装选择合理位置，避免过度覆盖和电磁干扰。

2. 安全区域边界

1）边界防护

应保证有线网络与无线网络边界之间的访问和数据流通过无线接入安全网关设备。

2）访问控制

无线接入设备应开启接入认证功能，并且禁止使用 WEP 方式进行认证，如使用口令，长度不小于 8 位字符。

3. 安全计算环境

应具有选择应用软件安装、运行的功能。

4. 安全建设管理

应保证移动终端安装、运行的应用软件来自可靠分发渠道或使用可靠证书签名。

B.6.4 物联网安全扩展要求

1. 安全物理环境

感知节点设备物理防护要求包括：

（1）感知节点设备所处的物理环境应不对感知节点设备造成物理破坏，如挤压、强振动；

（2）感知节点设备在工作状态所处物理环境应能正确反映环境状态（如温湿度传感器不能安装在阳光直射区域）。

2. 安全区域边界

应保证只有授权的感知节点可以接入。

3. 安全运维管理

应指定人员定期巡视感知节点设备、网关节点设备的部署环境，对可能影响感知节点设备、网关节点设备正常工作的环境异常进行记录和维护。

B.6.5 工业控制系统安全扩展要求

1. 安全物理环境

室外控制设备物理防护要求包括：

(1) 室外控制设备应放置于采用铁板或其他防火材料制作的箱体或装置中并紧固；箱体或装置具有透风、散热、防盗、防雨和防火能力等；

(2) 室外控制设备放置应远离强电磁干扰、强热源等环境，如无法避免应及时做好应急处置及检修，保证设备正常运行。

2. 安全通信网络

网络架构要求包括：

(1) 工业控制系统与企业其他系统之间应划分为两个区域，区域间应采用技术隔离手段；

(2) 工业控制系统内部应根据业务特点划分为不同的安全域，安全域之间应采用技术隔离手段。

3. 安全区域边界

1) 访问控制

应在工业控制系统与企业其他系统之间部署访问控制设备，配置访问控制策略，禁止任何穿越区域边界的 E-mail、Web、Telnet、Rlogin、FTP 等通用网络服务。

2) 无线使用控制

本项要求包括：

(1) 应对所有参与无线通信的用户(人员、软件进程或者设备)提供唯一性标识和鉴别；

(2) 应对无线连接的授权、监视以及执行使用进行限制。

4. 安全计算环境

控制设备安全要求包括：

(1) 控制设备自身应实现相应级别安全通用要求提出的身份鉴别、访问控制和安全审计等安全要求，如受条件限制控制设备无法实现上述要求，应由其上位控制或管理设备实现同等功能或通过管理手段控制；

(2) 应在经过充分测试评估后，在不影响系统安全稳定运行的情况下对控制设备进行补丁更新、固件更新等工作。

B.7 第二级安全要求

B.7.1 安全通用要求

1. 安全物理环境

1) 物理位置选择

本项要求包括：

(1) 机房场地应选择在具有防震、防风和防雨等能力的建筑内；

(2) 机房场地应避免设在建筑物的顶层或地下室，否则应加强防水和防潮措施。

2) 物理访问控制

机房出入口应安排专人值守或配置电子门禁系统，控制、鉴别和记录进入的人员。

3) 防盗窃和防破坏

本项要求包括：

(1) 应将设备或主要部件进行固定，并设置明显的不易除去的标识；

(2) 应将通信线缆铺设在隐蔽安全处。

4) 防雷击

应将各类机柜、设施和设备等通过接地系统安全接地。

5) 防火

本项要求包括：

(1) 机房应设置火灾自动消防系统，能够自动检测火情、自动报警，并自动灭火；

(2) 机房及相关的工作房间和辅助房应采用具有耐火等级的建筑材料。

6) 防水和防潮

本项要求包括：

(1) 应采取措施防止雨水通过机房窗户、屋顶和墙壁渗透；

(2) 应采取措施防止机房内水蒸气结露和地下积水的转移与渗透。

7) 防静电

应采用防静电地板或地面并采用必要的接地防静电措施。

8) 温湿度控制

应设置温湿度自动调节设施，使机房温湿度的变化在设备运行所允许的范围之内。

9) 电力供应

本项要求包括：

(1) 应在机房供电线路上配置稳压器和过电压防护设备；

(2) 应提供短期的备用电力供应，至少满足设备在断电情况下的正常运行要求。

10) 电磁防护

电源线和通信线缆应隔离铺设，避免互相干扰。

2. 安全通信网络

1) 网络架构

本项要求包括：

(1) 应划分不同的网络区域，并按照方便管理和控制的原则为各网络区域分配地址；

(2) 应避免将重要网络区域部署在边界处，重要网络区域与其他网络区域之间应采取可靠的技术隔离手段。

2) 通信传输

应采用校验技术保证通信过程中数据的完整性。

3) 可信验证

可基于可信根对通信设备的系统引导程序、系统程序、重要配置参数和通信应用程序等进行可信验证，并在检测到其可信性受到破坏后进行报警，并将验证结果形成审计记录送至安全管理中心。

3. 安全区域边界

1）边界防护

应保证跨越边界的访问和数据流通过边界设备提供的受控接口进行通信。

2）访问控制

本项要求包括：

（1）应在网络边界或区域之间根据访问控制策略设置访问控制规则，默认情况下除允许通信外受控接口拒绝所有通信；

（2）应删除多余或无效的访问控制规则，优化访问控制列表，并保证访问控制规则数量最小化；

（3）应对源地址、目的地址、源端口、目的端口和协议等进行检查，以允许/拒绝数据包进出；

（4）应能根据会话状态信息为进出数据流提供明确的允许/拒绝访问的能力。

3）入侵防范

应在关键网络节点处监视网络攻击行为。

4）恶意代码防范

应在关键网络节点处对恶意代码进行检测和清除，并维护恶意代码防护机制的升级和更新。

5）安全审计

本项要求包括：

（1）应在网络边界、重要网络节点进行安全审计，审计覆盖到每个用户，对重要的用户行为和重要安全事件进行审计；

（2）审计记录应包括事件的日期和时间、用户、事件类型、事件是否成功及其他与审计相关的信息；

（3）应对审计记录进行保护，定期备份，避免受到未预期的删除、修改或覆盖等。

6）可信验证

可基于可信根对边界设备的系统引导程序、系统程序、重要配置参数和边界防护应用程序等进行可信验证，并在检测到其可信性受到破坏后进行报警，并将验证结果形成审计记录送至安全管理中心。

4. 安全计算环境

1）身份鉴别

本项要求包括：

（1）应对登录的用户进行身份标识和鉴别，身份标识具有唯一性，身份鉴别信息具有复杂度要求并定期更换；

（2）应具有登录失败处理功能，应配置并启用结束会话、限制非法登录次数和当登录连接超时自动退出等相关措施；

（3）当进行远程管理时，应采取必要措施防止鉴别信息在网络传输过程中被窃听。

2）访问控制

本项要求包括：

(1) 应对登录的用户分配账户和权限；

(2) 应重命名或删除默认账户，修改默认账户的默认口令；

(3) 应及时删除或停用多余的、过期的账户，避免共享账户的存在；

(4) 应授予管理用户所需的最小权限，实现管理用户的权限分离

3) 安全审计

本项要求包括：

(1) 应启用安全审计功能，审计覆盖到每个用户，对重要的用户行为和重要安全事件进行审计；

(2) 审计记录应包括事件的日期和时间、用户、事件类型、事件是否成功及其他与审计相关的信息；

(3) 应对审计记录进行保护，定期备份，避免受到未预期的删除、修改或覆盖等。

4) 入侵防范

本项要求包括：

(1) 应遵循最小安装的原则，仅安装需要的组件和应用程序；

(2) 应关闭不需要的系统服务、默认共享和高危端口；

(3) 应通过设定终端接入方式或网络地址范围对通过网络进行管理的管理终端进行限制；

(4) 应提供数据有效性检验功能，保证通过人机接口输入或通过通信接口输入的内容符合系统设定要求；

(5) 应能发现可能存在的已知漏洞，并在经过充分测试评估后，及时修补漏洞。

5) 恶意代码防范

应安装防恶意代码软件或配置具有相应功能的软件，并定期进行升级和更新防恶意代码库。

6) 可信验证

可基于可信根对计算设备的系统引导程序、系统程序、重要配置参数和应用程序等进行可信验证，并在检测到其可信性受到破坏后进行报警，并将验证结果形成审计记录送至安全管理中心。

7) 数据完整性

应采用校验技术保证重要数据在传输过程中的完整性。

8) 数据备份恢复

本项要求包括：

(1) 应提供重要数据的本地数据备份与恢复功能；

(2) 应提供异地数据备份功能，利用通信网络将重要数据定时批量传送至备用场地。

9) 剩余信息保护

应保证鉴别信息所在的存储空间被释放或重新分配前得到完全清除。

10) 个人信息保护

本项要求包括：

(1) 应仅采集和保存业务必需的用户个人信息；

(2) 应禁止未授权访问和非法使用用户个人信息。

5. 安全管理中心

1) 系统管理

本项要求包括:

(1) 应对系统管理员进行身份鉴别,只允许其通过特定的命令或操作界面进行系统管理操作,并对这些操作进行审计;

(2) 应通过系统管理员对系统的资源和运行进行配置、控制和管理,包括用户身份、系统资源配置、系统加载和启动、系统运行的异常处理、数据和设备的备份与恢复等。

2) 审计管理

本项要求包括:

(1) 应对审计管理员进行身份鉴别,只允许其通过特定的命令或操作界面进行安全审计操作,并对这些操作进行审计;

(2) 应通过审计管理员对审计记录进行分析,并根据分析结果进行处理,包括根据安全审计策略对审计记录进行存储、管理和查询等。

6. 安全管理制度

1) 安全策略

应制定网络安全工作的总体方针和安全策略,阐明机构安全工作的总体目标、范围、原则和安全框架等。

2) 管理制度

本项要求包括:

(1) 应对安全管理活动中的主要管理内容建立安全管理制度;

(2) 应对管理人员或操作人员执行的日常管理操作建立操作规程。

3) 制定和发布

本项要求包括:

(1) 应指定或授权专门的部门或人员负责安全管理制度的制定;

(2) 安全管理制度应通过正式、有效的方式发布,并进行版本控制。

4) 评审和修订

应定期对安全管理制度的合理性和适用性进行论证和审定,对存在不足或需要改进的安全管理制度进行修订。

7. 安全管理机构

1) 岗位设置

本项要求包括:

(1) 应设立网络安全管理工作的职能部门,设立安全主管、安全管理各个方面的负责人岗位,并定义各负责人的职责;

(2) 应设立系统管理员、审计管理员和安全管理员等岗位,并定义部门及各个工作岗位的职责。

2) 人员配备

应配备一定数量的系统管理员、审计管理员和安全管理员等。

3) 授权和审批

本项要求包括:

(1) 应根据各个部门和岗位的职责明确授权审批事项、审批部门和批准人等；

(2) 应针对系统变更、重要操作、物理访问和系统接入等事项执行审批过程。

4) 沟通和合作

本项要求包括：

(1) 应加强各类管理人员、组织内部机构和网络安全管理部门之间的合作与沟通，定期召开协调会议，共同协作处理网络安全问题；

(2) 应加强与网络安全职能部门、各类供应商、业界专家及安全组织的合作与沟通；

(3) 应建立外联单位联系列表，包括外联单位名称、合作内容、联系人和联系方式等信息。

5) 审核和检查

应定期进行常规安全检查，检查内容包括系统日常运行、系统漏洞和数据备份等情况。

8. 安全管理人员

1) 人员录用

本项要求包括：

(1) 应指定或授权专门的部门或人员负责人员录用；

(2) 应对被录用人员的身份、安全背景、专业资格或资质等进行审查。

2) 人员离岗

应及时终止离岗人员的所有访问权限，取回各种身份证件、钥匙、徽章等以及机构提供的软硬件设备。

3) 安全意识教育和培训

应对各类人员进行安全意识教育和岗位技能培训，并告知相关的安全责任和惩戒措施。

4) 外部人员访问管理

本项要求包括：

(1) 应在外部人员物理访问受控区域前先提出书面申请，批准后由专人全程陪同，并登记备案；

(2) 应在外部人员接入受控网络访问系统前先提出书面申请，批准后由专人开设账户、分配权限，并登记备案；

(3) 外部人员离场后应及时清除其所有的访问权限。

9. 安全建设管理

1) 定级和备案

本项要求包括：

(1) 应以书面的形式说明保护对象的安全保护等级及确定等级的方法和理由；

(2) 应组织相关部门和有关安全技术专家对定级结果的合理性和正确性进行论证和审定；

(3) 应保证定级结果经过相关部门的批准；

(4) 应将备案材料报主管部门和相应公安机关备案。

2) 安全方案设计

本项要求包括：

(1) 应根据安全保护等级选择基本安全措施，依据风险分析的结果补充和调整安全措施；

(2) 应根据保护对象的安全保护等级进行安全方案设计;

(3) 应组织相关部门和有关安全专家对安全方案的合理性和正确性进行论证和审定,经过批准后才能正式实施。

3) 产品采购和使用

本项要求包括:

(1) 应确保网络安全产品采购和使用符合国家的有关规定;

(2) 应确保密码产品与服务的采购和使用符合国家密码管理主管部门的要求。

4) 自行软件开发

本项要求包括:

(1) 应将开发环境与实际运行环境物理分开,测试数据和测试结果受到控制;

(2) 应在软件开发过程中对安全性进行测试,在软件安装前对可能存在的恶意代码进行检测。

5) 外包软件开发

本项要求包括:

(1) 应在软件交付前检测其中可能存在的恶意代码;

(2) 应保证开发单位提供软件设计文档和使用指南。

6) 工程实施

本项要求包括:

(1) 应指定或授权专门的部门或人员负责工程实施过程的管理;

(2) 应制定安全工程实施方案控制工程实施过程。

7) 测试验收

本项要求包括:

(1) 应制订测试验收方案,并依据测试验收方案实施测试验收,形成测试验收报告;

(2) 应进行上线前的安全性测试,并出具安全测试报告。

8) 系统交付

本项要求包括:

(1) 应制定交付清单,并根据交付清单对所交接的设备、软件和文档等进行清点;

(2) 应对负责运行维护的技术人员进行相应的技能培训;

(3) 应提供建设过程文档和运行维护文档。

9) 等级测评

本项要求包括:

(1) 应定期进行等级测评,发现不符合相应等级保护标准要求的及时整改;

(2) 应在发生重大变更或级别发生变化时进行等级测评;

(3) 应确保测评机构的选择符合国家有关规定。

10) 服务供应商选择

本项要求包括:

(1) 应确保服务供应商的选择符合国家的有关规定;

(2) 应与选定的服务供应商签订相关协议,明确整个服务供应链各方需履行的网络安全相关义务。

10. 安全运维管理

1) 环境管理

本项要求包括：

(1) 应指定专门的部门或人员负责机房安全，对机房出入进行管理，定期对机房供配电、空调、温湿度控制、消防等设施进行维护管理；

(2) 应对机房的安全管理做出规定，包括物理访问、物品进出和环境安全等；

(3) 应不在重要区域接待来访人员，不随意放置含有敏感信息的纸档文件和移动介质等。

2) 资产管理

应编制并保存与保护对象相关的资产清单，包括资产责任部门、重要程度和所处位置等内容。

3) 介质管理

本项要求包括：

(1) 应将介质存放在安全的环境中，对各类介质进行控制和保护，实行存储环境专人管理，并根据存档介质的目录清单定期盘点；

(2) 应对介质在物理传输过程中的人员选择、打包、交付等情况进行控制，并对介质的归档和查询等进行登记记录。

4) 设备维护管理

本项要求包括：

(1) 应对各种设备(包括备份和冗余设备)、线路等指定专门的部门或人员定期进行维护管理；

(2) 应对配套设施、软硬件维护管理做出规定，包括明确维护人员的责任、维修和服务的审批、维修过程的监督控制等。

5) 漏洞和风险管理

应采取必要的措施识别安全漏洞和隐患，对发现的安全漏洞和隐患及时进行修补或评估可能的影响后进行修补。

6) 网络和系统安全管理

本项要求包括：

(1) 应划分不同的管理员角色进行网络和系统的运维管理，明确各个角色的责任和权限；

(2) 应指定专门的部门或人员进行账户管理，对申请账户、建立账户、删除账户等进行控制；

(3) 应建立网络和系统安全管理制度，对安全策略、账户管理、配置管理、日志管理、日常操作、升级与打补丁、口令更新周期等方面作出规定；

(4) 应制定重要设备的配置和操作手册，依据手册对设备进行安全配置和优化配置等；

(5) 应详细记录运维操作日志，包括日常巡检工作、运行维护记录、参数的设置和修改等内容。

7) 恶意代码防范管理

本项要求包括：

(1) 应提高所有用户的防恶意代码意识，对外来计算机或存储设备接入系统前进行恶意代码检查等；

(2) 应对恶意代码防范要求做出规定，包括防恶意代码软件的授权使用、恶意代码库升级、恶意代码的定期查杀等；

(3) 应定期检查恶意代码库的升级情况，对截获的恶意代码进行及时分析处理。

8) 配置管理

应记录和保存基本配置信息，包括网络拓扑结构、各个设备安装的软件组件、软件组件的版本和补丁信息、各个设备或软件组件的配置参数等。

9) 密码管理

本项要求包括：

(1) 应遵循密码相关国家标准和行业标准；

(2) 应使用国家密码管理主管部门认证核准的密码技术和产品。

10) 变更管理

应明确变更需求，变更前根据变更需求制定变更方案，变更方案经过评审、审批后方可实施。

11) 备份与恢复管理

本项要求包括：

(1) 应识别需要定期备份的重要业务信息、系统数据及软件系统等；

(2) 应规定备份信息的备份方式、备份频度、存储介质、保存期等；

(3) 应根据数据的重要性和数据对系统运行的影响，制定数据的备份策略和恢复策略、备份程序和恢复程序等。

12) 安全事件处置

本项要求包括：

(1) 应及时向安全管理部门报告所发现的安全弱点和可疑事件；

(2) 应制定安全事件报告和处置管理制度，明确不同安全事件的报告、处置和响应流程，规定安全事件的现场处理、事件报告和后期恢复的管理职责等；

(3) 应在安全事件报告和响应处理过程中，分析和鉴定事件产生的原因，收集证据，记录处理过程，总结经验教训。

13) 应急预案管理

本项要求包括：

(1) 应制定重要事件的应急预案，包括应急处理流程、系统恢复流程等内容；

(2) 应定期对系统相关的人员进行应急预案培训，并进行应急预案的演练。

14) 外包运维管理

本项要求包括：

(1) 应确保外包运维服务商的选择符合国家的有关规定；

(2) 应与选定的外包运维服务商签订相关的协议，明确约定外包运维的范围、工作内容。

B.7.2 云计算安全扩展要求

1. 安全物理环境

基础设施位置：应保证云计算基础设施位于中国境内。

2. 安全通信网络

网络架构要求包括：

(1) 应保证云计算平台不承载高于其安全保护等级的业务应用系统；

(2) 应实现不同云服务客户虚拟网络之间的隔离；

(3) 应具有根据云服务客户业务需求提供通信传输、边界防护、入侵防范等安全机制的能力。

3. 安全区域边界

1) 访问控制

本项要求包括：

(1) 应在虚拟化网络边界部署访问控制机制，并设置访问控制规则；

(2) 应在不同等级的网络区域边界部署访问控制机制，设置访问控制规则。

2) 入侵防范

本项要求包括：

(1) 应能检测到云服务客户发起的网络攻击行为，并能记录攻击类型、攻击时间、攻击流量等；

(2) 应能检测到对虚拟网络节点的网络攻击行为，并能记录攻击类型、攻击时间、攻击流量等；

(3) 应能检测到虚拟机与宿主机、虚拟机与虚拟机之间的异常流量。

3) 安全审计

本项要求包括：

(1) 应对云服务商和云服务客户在远程管理时执行的特权命令进行审计，至少包括虚拟机删除、虚拟机重启；

(2) 应保证云服务商对云服务客户系统和数据的操作可被云服务客户审计。

4. 安全计算环境

1) 访问控制

本项要求包括：

(1) 应保证当虚拟机迁移时，访问控制策略随其迁移；

(2) 应允许云服务客户设置不同虚拟机之间的访问控制策略。

2) 镜像和快照保护

本项要求包括：

(1) 应针对重要业务系统提供加固的操作系统镜像或操作系统安全加固服务；

(2) 应提供虚拟机镜像、快照完整性校验功能，防止虚拟机镜像被恶意篡改。

3) 数据完整性和保密性

本项要求包括：

(1) 应确保云服务客户数据、用户个人信息等存储于中国境内，如需出境应遵循国家相关规定；

(2) 应确保只有在云服务客户授权下，云服务商或第三方才具有云服务客户数据的管理权限；

(3) 应确保虚拟机迁移过程中重要数据的完整性，并在检测到完整性受到破坏时采取必要的恢复措施。

4）数据备份恢复

本项要求包括：

（1）云服务客户应在本地保存其业务数据的备份；

（2）应提供查询云服务客户数据及备份存储位置的能力。

5）剩余信息保护

本项要求包括：

（1）应保证虚拟机所使用的内存和存储空间回收时得到完全清除；

（2）云服务客户删除业务应用数据时，云计算平台应将云存储中所有副本删除。

5. 安全建设管理

1）云服务商选择

本项要求包括：

（1）应选择安全合规的云服务商，其所提供的云计算平台应为其所承载的业务应用系统提供相应等级的安全保护能力；

（2）应在服务水平协议中规定云服务的各项服务内容和具体技术指标；

（3）应在服务水平协议中规定云服务商的权限与责任，包括管理范围、职责划分、访问授权、隐私保护、行为准则、违约责任等；

（4）应在服务水平协议中规定服务合约到期时，完整提供云服务客户数据，并承诺相关数据在云计算平台上清除。

2）供应链管理

本项要求包括：

（1）应确保供应商的选择符合国家有关规定；

（2）应将供应链安全事件信息或安全威胁信息及时传达到云服务客户。

6. 安全运维管理

云计算环境管理：云计算平台的运维地点应位于中国境内，境外对境内云计算平台实施运维操作应遵循国家相关规定。

B.7.3 移动互联安全扩展要求

1. 安全物理环境

无线接入点的物理位置：应为无线接入设备的安装选择合理位置，避免过度覆盖和电磁干扰。

2. 安全区域边界

1）边界防护

应保证有线网络与无线网络边界之间的访问和数据流通过无线接入网关设备。

2）访问控制无线接入设备

应开启接入认证功能，并且禁止使用 WEP 方式进行认证，如使用口令，长度不小于 8 位字符。

3）入侵防范

本项要求包括：

(1) 应能够检测到非授权无线接入设备和非授权移动终端的接入行为；

(2) 应能够检测到针对无线接入设备的网络扫描、DDoS攻击、密钥破解、中间人攻击和欺骗攻击等行为；

(3) 应能够检测到无线接入设备的SSID广播、WPS等高风险功能的开启状态；

(4) 应禁用无线接入设备和无线接入网关存在风险的功能，如：SSID广播、WEP认证等；

(5) 应禁止多个AP使用同一个认证密钥。

3. 安全计算环境

移动应用管控要求包括：

(1) 应具有选择应用软件安装、运行的功能；

(2) 应只允许可靠证书签名的应用软件安装和运行。

4. 安全建设管理

1) 移动应用软件采购

本项要求包括：

(1) 应保证移动终端安装、运行的应用软件来自可靠分发渠道或使用可靠证书签名；

(2) 应保证移动终端安装、运行的应用软件由可靠的开发者开发

2) 移动应用软件开发

本项要求包括：

(1) 应对移动业务应用软件开发者进行资格审查；

(2) 应保证开发移动业务应用软件的签名证书合法性。

B.7.4 物联网安全扩展要求

1. 安全物理环境

感知节点设备物理防护要求包括：

(1) 感知节点设备所处的物理环境应不对感知节点设备造成物理破坏，如挤压、强振动；

(2) 感知节点设备在工作状态所处物理环境应能正确反映环境状态(如温湿度传感器不能安装在阳光直射区域)。

2. 安全区域边界

1) 接入控制

应保证只有授权的感知节点可以接入。

2) 入侵防范

本项要求包括：

(1) 应能够限制与感知节点通信的目标地址，以避免对陌生地址的攻击行为；

(2) 应能够限制与网关节点通信的目标地址，以避免对陌生地址的攻击行为。

3. 安全运维管理

感知节点管理要求包括：

(1) 应指定人员定期巡视感知节点设备、网关节点设备的部署环境，对可能影响感知节点设备、网关节点设备正常工作的环境异常进行记录和维护；

(2) 应对感知节点设备、网关节点设备入库、存储、部署、携带、维修、丢失和报废等过程

作出明确规定,并进行全程管理。

B.7.5 工业控制系统安全扩展要求

1. 安全物理环境

室外控制设备物理防护要求包括:

(1) 室外控制设备应放置于采用铁板或其他防火材料制作的箱体或装置中并紧固;箱体或装置具有透风、散热、防盗、防雨和防火能力等;

(2) 室外控制设备放置应远离强电磁干扰、强热源等环境,如无法避免应及时做好应急处置及检修,保证设备正常运行。

2. 安全通信网络

1) 网络架构

本项要求包括:

(1) 工业控制系统与企业其他系统之间应划分为两个区域,区域间应采用技术隔离手段;

(2) 工业控制系统内部应根据业务特点划分为不同的安全域,安全域之间应采用技术隔离手段;

(3) 涉及实时控制和数据传输的工业控制系统,应使用独立的网络设备组网。在物理层面上实现与其他数据网及外部公共信息网的安全隔离。

2) 通信传输

在工业控制系统内使用广域网进行控制指令或相关数据交换的应采用加密认证技术手段实现身份认证、访问控制和数据加密传输。

3. 安全区域边界

1) 访问控制

本项要求包括:

(1) 应在工业控制系统与企业其他系统之间部署访问控制设备,配置访问控制策略,禁止任何穿越区域边界的E-mail、Web、Telnet、Rlogin、FTP等通用网络服务;

(2) 应在工业控制系统内安全域和安全域之间的边界防护机制失效时,及时进行报警。

2) 拨号使用控制

工业控制系统确需使用拨号访问服务的,应限制具有拨号访问权限的用户数量,并采取用户身份鉴别和访问控制等措施。

3) 无线使用控制

本项要求包括:

(1) 应对所有参与无线通信的用户(人员、软件进程或者设备)提供唯一性标识和鉴别;

(2) 应对所有参与无线通信的用户(人员、软件进程或者设备)进行授权以及执行使用进行限制。

4. 安全计算环境

控制设备安全要求包括:

(1) 控制设备自身应实现相应级别安全通用要求提出的身份鉴别、访问控制和安全审计等安全要求,如受条件限制控制设备无法实现上述要求,应由其上位控制或管理设备实现同等功能或通过管理手段控制；

(2) 应在经过充分测试评估后，在不影响系统安全稳定运行的情况下对控制设备进行补丁更新、固件更新等工作。

5. 安全建设管理

1) 产品采购和使用

工业控制系统重要设备应通过专业机构的安全性检测后方可采购使用。

2) 外包软件开发

应在外包开发合同中规定针对开发单位、供应商的约束条款，包括设备及系统在生命周期内有关保密、禁止关键技术扩散和设备行业专用等方面的内容。

B.8 第三级安全要求

B.8.1 安全通用要求

1. 安全物理环境

1) 物理位置选择

本项要求包括：

(1) 机房场地应选择在具有防震、防风和防雨等能力的建筑内；

(2) 机房场地应避免设在建筑物的顶层或地下室，否则应加强防水和防潮措施。

2) 物理访问控制

机房出入口应配置电子门禁系统，控制、鉴别和记录进入的人员。

3) 防盗窃和防破坏

本项要求包括：

(1) 应将设备或主要部件进行固定，并设置明显的不易除去的标识；

(2) 应将通信线缆铺设在隐蔽安全处；

(3) 应设置机房防盗报警系统或设置有专人值守的视频监控系统。

4) 防雷击

本项要求包括：

(1) 应将各类机柜、设施和设备等通过接地系统安全接地；

(2) 应采取措施防止感应雷，例如设置防雷保安器或过压保护装置等。

5) 防火

本项要求包括：

(1) 机房应设置火灾自动消防系统，能够自动检测火情、自动报警，并自动灭火；

(2) 机房及相关的工作房间和辅助房应采用具有耐火等级的建筑材料；

(3) 应对机房划分区域进行管理，区域和区域之间设置隔离防火措施。

6) 防水和防潮

本项要求包括：

(1) 应采取措施防止雨水通过机房窗户、屋顶和墙壁渗透；

(2) 应采取措施防止机房内水蒸气结露和地下积水的转移与渗透；

(3) 应安装对水敏感的检测仪表或元件,对机房进行防水检测和报警。

7) 防静电

本项要求包括:

(1) 应采用防静电地板或地面并采用必要的接地防静电措施;

(2) 应采取措施防止静电的产生,例如采用静电消除器、佩戴防静电手环等。

8) 温湿度控制

应设置温湿度自动调节设施,使机房温湿度的变化在设备运行所允许的范围之内。

9) 电力供应

本项要求包括:

(1) 应在机房供电线路上配置稳压器和过电压防护设备;

(2) 应提供短期的备用电力供应,至少满足设备在断电情况下的正常运行要求;

(3) 应设置冗余或并行的电力电缆线路为计算机系统供电。

10) 电磁防护

本项要求包括:

(1) 电源线和通信线缆应隔离铺设,避免互相干扰;

(2) 应对关键设备实施电磁屏蔽

2. 安全通信网络

1) 网络架构

要求包括:

(1) 应保证网络设备的业务处理能力满足业务高峰期需要;

(2) 应保证网络各个部分的带宽满足业务高峰期需要;

(3) 应划分不同的网络区域,并按照方便管理和控制的原则为各网络区域分配地址;

(4) 应避免将重要网络区域部署在边界处,重要网络区域与其他网络区域之间应采取可靠的技术隔离手段;

(5) 应提供通信线路、关键网络设备和关键计算设备的硬件冗余,保证系统的可用性。

2) 通信传输

本项要求包括:

(1) 应采用校验技术或密码技术保证通信过程中数据的完整性;

(2) 应采用密码技术保证通信过程中数据的保密性。

3) 可信验证

可基于可信根对通信设备的系统引导程序、系统程序、重要配置参数和通信应用程序等进行可信验证,并在应用程序的关键执行环节进行动态可信验证,在检测到其可信性受到破坏后进行报警,并将验证结果形成审计记录送至安全管理中心。

3. 安全区域边界

1) 边界防护

本项要求包括:

(1) 应保证跨越边界的访问和数据流通过边界设备提供的受控接口进行通信;

(2) 应能够对非授权设备私自联到内部网络的行为进行检查或限制;

(3) 应能够对内部用户非授权联到外部网络的行为进行检查或限制;

(4) 应限制无线网络的使用，保证无线网络通过受控的边界设备接入内部网络。

2) 访问控制

本项要求包括：

(1) 应在网络边界或区域之间根据访问控制策略设置访问控制规则，默认情况下除允许通信外受控接口拒绝所有通信；

(2) 应删除多余或无效的访问控制规则，优化访问控制列表，并保证访问控制规则数量最小化；

(3) 应对源地址、目的地址、源端口、目的端口和协议等进行检查，以允许/拒绝数据包进出；

(4) 应能根据会话状态信息为进出数据流提供明确的允许/拒绝访问的能力；

(5) 应对进出网络的数据流实现基于应用协议和应用内容的访问控制。

3) 入侵防范

本项要求包括：

(1) 应在关键网络节点处检测、防止或限制从外部发起的网络攻击行为；

(2) 应在关键网络节点处检测、防止或限制从内部发起的网络攻击行为；

(3) 应采取技术措施对网络行为进行分析，实现对网络攻击特别是新型网络攻击行为的分析；

(4) 当检测到攻击行为时，记录攻击源 IP、攻击类型、攻击目标、攻击时间，在发生严重入侵事件时应提供报警。

4) 恶意代码和垃圾邮件防范

本项要求包括：

(1) 应在关键网络节点处对恶意代码进行检测和清除，并维护恶意代码防护机制的升级和更新；

(2) 应在关键网络节点处对垃圾郎件进行检测和防护，并维护垃圾邮件防护机制的升级和更新。

5) 安全审计

本项要求包括：

(1) 应在网络边界、重要网络节点进行安全审计，审计覆盖到每个用户，对重要的用户行为和重要安全事件进行审计；

(2) 审计记录应包括事件的日期和时间、用户、事件类型、事件是否成功及其他与审计相关的信息；

(3) 应对审计记录进行保护，定期备份，避免受到未预期的删除、修改或覆盖等；

(4) 应能对远程访问的用户行为、访问互联网的用户行为等单独进行行为审计和数据分析。

6) 可信验证

可基于可信根对边界设备的系统引导程序、系统程序、重要配置参数和边界防护应用程序等进行可信验证，并在应用程序的关键执行环节进行动态可信验证，在检测到其可信性受到破坏后进行报警，并将验证结果形成审计记录送至安全管理中心。

4. 安全计算环境

1）身份鉴别

本项要求包括：

(1) 应对登录的用户进行身份标识和鉴别，身份标识具有唯一性，身份鉴别信息具有复杂度要求并定期更换；

(2) 应具有登录失败处理功能，应配置并启用结束会话、限制非法登录次数和当登录连接超时自动退出等相关措施；

(3) 当进行远程管理时，应采取必要措施防止鉴别信息在网络传输过程中被窃听；

(4) 应采用口令、密码技术、生物技术等两种或两种以上组合的鉴别技术对用户进行身份鉴别，且其中一种鉴别技术至少应使用密码技术来实现。

2）访问控制

本项要求包括：

(1) 应对登录的用户分配账户和权限；

(2) 应重命名或删除默认账户，修改默认账户的默认口令；

(3) 应及时删除或停用多余的、过期的账户，避免共享账户的存在；

(4) 应授予管理用户所需的最小权限，实现管理用户的权限分离；

(5) 应由授权主体配置访问控制策略，访问控制策略规定主体对客体的访问规则；

(6) 访问控制的粒度应达到主体为用户级或进程级，客体为文件、数据库表级；

(7) 应对重要主体和客体设置安全标记，并控制主体对有安全标记信息资源的访问。

3）安全审计

本项要求包括：

(1) 应启用安全审计功能，审计覆盖到每个用户，对重要的用户行为和重要安全事件进行审计；

(2) 审计记录应包括事件的日期和时间、用户、事件类型、事件是否成功及其他与审计相关的信息；

(3) 应对审计记录进行保护，定期备份，避免受到未预期的删除、修改或覆盖等；

(4) 应对审计进程进行保护，防止未经授权的中断。

4）入侵防范

本项要求包括：

(1) 应遵循最小安装的原则，仅安装需要的组件和应用程序；

(2) 应关闭不需要的系统服务、默认共享和高危端口；

(3) 应通过设定终端接入方式或网络地址范围对通过网络进行管理的管理终端进行限制；

(4) 应提供数据有效性检验功能，保证通过人机接口输入或通过通信接口输入的内容符合系统设定要求；

(5) 应能发现可能存在的已知漏洞，并在经过充分测试评估后，及时修补漏洞；

(6) 应能够检测到对重要节点进行入侵的行为，并在发生严重入侵事件时提供报警。

5）恶意代码防范

应采用免受恶意代码攻击的技术措施或主动免疫可信验证机制及时识别入侵和病毒行

为，并将其有效阻断。

6）可信验证

可基于可信根对计算设备的系统引导程序、系统程序、重要配置参数和应用程序等进行可信验证并在应用程序的关键执行环节进行动态可信验证，在检测到其可信性受到破坏后进行报警，并将验证结果形成审计记录送至安全管理中心。

7）数据完整性

本项要求包括：

(1) 应采用校验技术或密码技术保证重要数据在传输过程中的完整性，包括但不限于鉴别数据、重要业务数据、重要审计数据、重要配置数据、重要视频数据和重要个人信息等；

(2) 应采用校验技术或密码技术保证重要数据在存储过程中的完整性，包括但不限于鉴别数据、重要业务数据、重要审计数据、重要配置数据、重要视频数据和重要个人信息等。

8）数据保密性

本项要求包括：

(1) 应采用密码技术保证重要数据在传输过程中的保密性，包括但不限于鉴别数据、重要业务数据和重要个人信息等；

(2) 应采用密码技术保证重要数据在存储过程中的保密性，包括但不限于鉴别数据、重要业务数据和重要个人信息等。

9）数据备份恢复

本项要求包括：

(1) 应提供重要数据的本地数据备份与恢复功能；

(2) 应提供异地实时备份功能，利用通信网络将重要数据实时备份至备份场地；

(3) 应提供重要数据处理系统的热冗余，保证系统的高可用性。

10）剩余信息保护

本项要求包括：

(1) 应保证鉴别信息所在的存储空间被释放或重新分配前得到完全清除；

(2) 应保证存有敏感数据的存储空间被释放或重新分配前得到完全清除。

11）个人信息保护

本项要求包括：

(1) 应仅采集和保存业务必需的用户个人信息；

(2) 应禁止未授权访问和非法使用用户个人信息。

5. 安全管理中心

1）系统管理

本项要求包括：

(1) 应对系统管理员进行身份鉴别，只允许其通过特定的命令或操作界面进行系统管理操作，并对这些操作进行审计；

(2) 应通过系统管理员对系统的资源和运行进行配置、控制和管理，包括用户身份、系统资源配置、系统加载和启动、系统运行的异常处理、数据和设备的备份与恢复等；

2）审计管理

本项要求包括：

(1) 应对审计管理员进行身份鉴别,只允许其通过特定的命令或操作界面进行安全审计操作,并对这些操作进行审计;

(2) 应通过审计管理员对审计记录应进行分析,并根据分析结果进行处理,包括根据安全审计策略对审计记录进行存储、管理和查询等。

3) 安全管理

本项要求包括:

(1) 应对安全管理员进行身份鉴别,只允许其通过特定的命令或操作界面进行安全管理操作,并对这些操作进行审计;

(2) 应通过安全管理员对系统中的安全策略进行配置,包括安全参数的设置,主体、客体进行统一安全标记,对主体进行授权,配置可信验证策略等。

4) 集中管控

本项要求包括:

(1) 应划分出特定的管理区域,对分布在网络中的安全设备或安全组件进行管控;

(2) 应能够建立一条安全的信息传输路径,对网络中的安全设备或安全组件进行管理;

(3) 应对网络链路、安全设备、网络设备和服务器等的运行状况进行集中监测;

(4) 应对分散在各个设备上的审计数据进行收集汇总和集中分析,并保证审计记录的留存时间符合法律法规要求;

(5) 应对安全策略、恶意代码、补丁升级等安全相关事项进行集中管理;

(6) 应能对网络中发生的各类安全事件进行识别、报警和分析。

6. 安全管理制度

1) 安全策略

应制定网络安全工作的总体方针和安全策略,阐明机构安全工作的总体目标、范围、原则和安全框架等。

2) 管理制度

本项要求包括:

(1) 应对安全管理活动中的各类管理内容建立安全管理制度;

(2) 应对管理人员或操作人员执行的日常管理操作建立操作规程;

(3) 应形成由安全策略、管理制度、操作规程、记录表单等构成的全面的安全管理制度体系。

3) 制定和发布

本项要求包括:

(1) 应指定或授权专门的部门或人员负责安全管理制度的制定;

(2) 安全管理制度应通过正式、有效的方式发布,并进行版本控制。

4) 评审和修订

应定期对安全管理制度的合理性和适用性进行论证和审定,对存在不足或需要改进的安全管理制度进行修订。

7. 安全管理机构

1) 岗位设置

本项要求包括:

(1) 应成立指导和管理网络安全工作的委员会或领导小组,其最高领导由单位主管领导担任或授权；

(2) 应设立网络安全管理工作的职能部门，设立安全主管、安全管理各个方面的负责人岗位，并定义各负责人的职责；

(3) 应设立系统管理员、审计管理员和安全管理员等岗位，并定义部门及各个工作岗位的职责。

2) 人员配备

本项要求包括：

(1) 应配备一定数量的系统管理员、审计管理员和安全管理员等；

(2) 应配备专职安全管理员，不可兼任。

3) 授权和审批

本项要求包括：

(1) 应根据各个部门和岗位的职责明确授权审批事项、审批部门和批准人等；

(2) 应针对系统变更、重要操作、物理访问和系统接入等事项建立审批程序，按照审批程序执行审批过程，对重要活动建立逐级审批制度；

(3) 应定期审查审批事项，及时更新需授权和审批的项目、审批部门和审批人等信息。

4) 沟通和合作

本项要求包括：

(1) 应加强各类管理人员、组织内部机构和网络安全管理部门之间的合作与沟通，定期召开协调会议，共同协作处理网络安全问题；

(2) 应加强与网络安全职能部门、各类供应商、业界专家及安全组织的合作与沟通；

(3) 应建立外联单位联系列表，包括外联单位名称、合作内容、联系人和联系方式等信息。

5) 审核和检查

本项要求包括：

(1) 应定期进行常规安全检查，检查内容包括系统日常运行、系统漏洞和数据备份等情况；

(2) 应定期进行全面安全检查，检查内容包括现有安全技术措施的有效性、安全配置与安全策略的一致性、安全管理制度的执行情况等；

(3) 应制定安全检查表格实施安全检查，汇总安全检查数据，形成安全检查报告，并对安全检查结果进行通报安全管理人员。

8. 安全管理人员

1) 人员录用

本项要求包括：

(1) 应指定或授权专门的部门或人员负责人员录用；

(2) 应对被录用人员的身份、安全背景、专业资格或资质等进行审查，对其所具有的技术技能进行考核；

(3) 应与被录用人员签署保密协议，与关键岗位人员签署岗位责任协议。

2) 人员离岗

本项要求包括：

(1) 应及时终止离岗人员的所有访问权限,取回各种身份证件、钥匙、徽章等以及机构提供的软硬件设备;

(2) 应办理严格的调离手续,并承诺调离后的保密义务后方可离开。

3) 安全意识教育和培训

本项要求包括:

(1) 应对各类人员进行安全意识教育和岗位技能培训,并告知相关的安全责任和惩戒措施;

(2) 应针对不同岗位制定不同的培训计划,对安全基础知识、岗位操作规程等进行培训;

(3) 应定期对不同岗位的人员进行技能考核。

4) 外部人员访问管理

本项要求包括:

(1) 应在外部人员物理访问受控区域前先提出书面申请,批准后由专人全程陪同,并登记备案;

(2) 应在外部人员接入受控网络访问系统前先提出书面申请,批准后由专人开设账户、分配权限,并登记备案;

(3) 外部人员离场后应及时清除其所有的访问权限;

(4) 获得系统访问授权的外部人员应签署保密协议,不得进行非授权操作,不得复制和泄露任何敏感信息。

9. 安全建设管理

1) 定级和备案

本项要求包括:

(1) 应以书面的形式说明保护对象的安全保护等级及确定等级的方法和理由;

(2) 应组织相关部门和有关安全技术专家对定级结果的合理性和正确性进行论证和审定;

(3) 应保证定级结果经过相关部门的批准;

(4) 应将备案材料报主管部门和相应公安机关备案。

2) 安全方案设计

本项要求包括:

(1) 应根据安全保护等级选择基本安全措施,依据风险分析的结果补充和调整安全措施;

(2) 应根据保护对象的安全保护等级及与其他级别保护对象的关系进行安全整体规划和安全方案设计,设计内容应包含密码技术相关内容,并形成配套文件;

(3) 应组织相关部门和有关安全专家对安全整体规划及其配套文件的合理性和正确性进行论证和审定,经过批准后才能正式实施。

3) 产品采购和使用

本项要求包括:

(1) 应确保网络安全产品采购和使用符合国家的有关规定;

(2) 应确保密码产品与服务的采购和使用符合国家密码管理主管部门的要求;

(3) 应预先对产品进行选型测试，确定产品的候选范围，并定期审定和更新候选产品名单。

4) 自行软件开发

本项要求包括：

(1) 应将开发环境与实际运行环境物理分开，测试数据和测试结果受到控制；

(2) 应制定软件开发管理制度，明确说明开发过程的控制方法和人员行为准则；

(3) 应制定代码编写安全规范，要求开发人员参照规范编写代码；

(4) 应具备软件设计的相关文档和使用指南，并对文档使用进行控制；

(5) 应保证在软件开发过程中对安全性进行测试，在软件安装前对可能存在的恶意代码进行检测；

(6) 应对程序资源库的修改、更新、发布进行授权和批准，并严格进行版本控制；

(7) 应保证开发人员为专职人员，开发人员的开发活动受到控制、监视和审查。

5) 外包软件开发

本项要求包括：

(1) 应在软件交付前检测其中可能存在的恶意代码；

(2) 应保证开发单位提供软件设计文档和使用指南；

(3) 应保证开发单位提供软件源代码，并审查软件中可能存在的后门和隐蔽信道。

6) 工程实施

本项要求包括：

(1) 应指定或授权专门的部门或人员负责工程实施过程的管理；

(2) 应制定安全工程实施方案控制工程实施过程；

(3) 应通过第三方工程监理控制项目的实施过程。

7) 测试验收

本项要求包括：

(1) 应制订测试验收方案，并依据测试验收方案实施测试验收，形成测试验收报告；

(2) 应进行上线前的安全性测试，并出具安全测试报告，安全测试报告应包含密码应用安全性测试相关内容。

8) 系统交付

本项要求包括：

(1) 应制定交付清单，并根据交付清单对所交接的设备、软件和文档等进行清点；

(2) 应对负责运行维护的技术人员进行相应的技能培训；

(3) 应提供建设过程文档和运行维护文档。

9) 等级测评

本项要求包括：

(1) 应定期进行等级测评，发现不符合相应等级保护标准要求的及时整改；

(2) 应在发生重大变更或级别发生变化时进行等级测评；

(3) 应确保测评机构的选择符合国家有关规定。

10) 服务供应商选择

本项要求包括：

(1) 应确保服务供应商的选择符合国家的有关规定;

(2) 应与选定的服务供应商签订相关协议,明确整个服务供应链各方需履行的网络安全相关义务;

(3) 应定期监督、评审和审核服务供应商提供的服务,并对其变更服务内容加以控制。

10. 安全运维管理

1) 环境管理

本项要求包括:

(1) 应指定专门的部门或人员负责机房安全,对机房出入进行管理,定期对机房供配电、空调、温湿度控制、消防等设施进行维护管理;

(2) 应建立机房安全管理制度,对有关物理访问、物品带进出和环境安全等方面的管理作出规定;

(3) 应不在重要区域接待来访人员,不随意放置含有敏感信息的纸档文件和移动介质等。

2) 资产管理

本项要求包括:

(1) 应编制并保存与保护对象相关的资产清单,包括资产责任部门、重要程度和所处位置等内容;

(2) 应根据资产的重要程度对资产进行标识管理,根据资产的价值选择相应的管理措施;

(3) 应对信息分类与标识方法作出规定,并对信息的使用、传输和存储等进行规范化管理。

3) 介质管理

本项要求包括:

(1) 应将介质存放在安全的环境中,对各类介质进行控制和保护,实行存储环境专人管理,并根据存档介质的目录清单定期盘点;

(2) 应对介质在物理传输过程中的人员选择、打包、交付等情况进行控制,并对介质的归档和查询等进行登记记录。

4) 设备维护管理

本项要求包括:

(1) 应对各种设备(包括备份和冗余设备)、线路等指定专门的部门或人员定期进行维护管理;

(2) 应建立配套设施、软硬件维护方面的管理制度,对其维护进行有效的管理,包括明确维护人员的责任、维修和服务的审批、维修过程的监督控制等;

(3) 信息处理设备应经过审批才能带离机房或办公地点,含有存储介质的设备带出工作环境时其中重要数据应加密;

(4) 含有存储介质的设备在报废或重用前,应进行完全清除或被安全覆盖,保证该设备上的敏感数据和授权软件无法被恢复重用。

5) 漏洞和风险管理

本项要求包括:

(1) 应采取必要的措施识别安全漏洞和隐患,对发现的安全漏洞和隐患及时进行修补或评估可能的影响后进行修补；

(2) 应定期开展安全测评，形成安全测评报告，采取措施应对发现的安全问题。

6) 网络和系统安全管理

本项要求包括：

(1) 应划分不同的管理员角色进行网络和系统的运维管理，明确各个角色的责任和权限；

(2) 应指定专门的部门或人员进行账户管理，对申请账户、建立账户、删除账户等进行控制；

(3) 应建立网络和系统安全管理制度，对安全策略、账户管理、配置管理、日志管理、日常操作、升级与打补丁、口令更新周期等方面作出规定；

(4) 应制定重要设备的配置和操作手册，依据手册对设备进行安全配置和优化配置等；

(5) 应详细记录运维操作日志，包括日常巡检工作、运行维护记录、参数的设置和修改等内容；

(6) 应指定专门的部门或人员对日志、监测和报警数据等进行分析、统计，及时发现可疑行为；

(7) 应严格控制变更性运维，经过审批后才可改变连接、安装系统组件或调整配置参数，操作过程中应保留不可更改的审计日志，操作结束后应同步更新配置信息库；

(8) 应严格控制运维工具的使用，经过审批后才可接入进行操作，操作过程中应保留不可更改的审计日志，操作结束后应删除工具中的敏感数据；

(9) 应严格控制远程运维的开通，经过审批后才可开通远程运维接口或通道，操作过程中应保留不可更改的审计日志，操作结束后立即关闭接口或通道；

(10) 应保证所有与外部的连接均得到授权和批准，应定期检查违反规定无线上网及其他违反网络安全策略的行为。

7) 恶意代码防范管理

本项要求包括：

(1) 应提高所有用户的防恶意代码意识，对外来计算机或存储设备接入系统前进行恶意代码检查等；

(2) 应定期验证防范恶意代码攻击的技术措施的有效性。

8) 配置管理

本项要求包括：

(1) 应记录和保存基本配置信息，包括网络拓扑结构、各个设备安装的软件组件、软件组件的版本和补丁信息、各个设备或软件组件的配置参数等；

(2) 应将基本配置信息改变纳入变更范畴，实施对配置信息改变的控制，并及时更新基本配置信息库。

9) 密码管理

本项要求包括：

(1) 应遵循密码相关国家标准和行业标准；

(2) 应使用国家密码管理主管部门认证核准的密码技术和产品。

10) 变更管理

本项要求包括：

(1) 应明确变更需求，变更前根据变更需求制定变更方案，变更方案经过评审、审批后方可实施；

(2) 应建立变更的申报和审批控制程序,依据程序控制所有的变更,记录变更实施过程；

(3) 应建立中止变更并从失败变更中恢复的程序,明确过程控制方法和人员职责,必要时对恢复过程进行演练。

11) 备份与恢复管理

本项要求包括：

(1) 应识别需要定期备份的重要业务信息、系统数据及软件系统等；

(2) 应规定备份信息的备份方式、备份频度、存储介质、保存期等；

(3) 应根据数据的重要性和数据对系统运行的影响,制定数据的备份策略和恢复策略、备份程序和恢复程序等。

12) 安全事件处置

本项要求包括：

(1) 应及时向安全管理部门报告所发现的安全弱点和可疑事件；

(2) 应制定安全事件报告和处置管理制度,明确不同安全事件的报告、处置和响应流程,规定安全事件的现场处理、事件报告和后期恢复的管理职责等；

(3) 应在安全事件报告和响应处理过程中,分析和鉴定事件产生的原因,收集证据,记录处理过程总结经验教训；

(4) 对造成系统中断和造成信息泄漏的重大安全事件应采用不同的处理程序和报告程序。

13) 应急预案管理

本项要求包括：

(1) 应规定统一的应急预案框架,包括启动预案的条件、应急组织构成、应急资源保障、事后教育和培训等内容；

(2) 应制定重要事件的应急预案,包括应急处理流程、系统恢复流程等内容；

(3) 应定期对系统相关的人员进行应急预案培训,并进行应急预案的演练；

(4) 应定期对原有的应急预案重新评估,修订完善。

14) 外包运维管理

本项要求包括：

(1) 应确保外包运维服务商的选择符合国家的有关规定；

(2) 应与选定的外包运维服务商签订相关的协议,明确约定外包运维的范围、工作内容；

(3) 应保证选择的外包运维服务商在技术和管理方面均应具有按照等级保护要求开展安全运维工作的能力,并将能力要求在签订的协议中明确；

(4) 应在与外包运维服务商签订的协议中明确所有相关的安全要求,如可能涉及对敏感信息的访问、处理、存储要求,对基础设施中断服务的应急保障要求等。

B.8.2 云计算安全扩展要求

1. 安全物理环境

基础设施位置：应保证云计算基础设施位于中国境内。

2. 安全通信网络

网络架构要求包括：

(1) 应保证云计算平台不承载高于其安全保护等级的业务应用系统；

(2) 应实现不同云服务客户虚拟网络之间的隔离；

(3) 应具有根据云服务客户业务需求提供通信传输、边界防护、入侵防范等安全机制的能力；

(4) 应具有根据云服务客户业务需求自主设置安全策略的能力，包括定义访问路径、选择安全组件、配置安全策略；

(5) 应提供开放接口或开放性安全服务，允许云服务客户接入第三方安全产品或在云计算平台选择第三方安全服务。

3. 安全区域边界

1) 访问控制

本项要求包括：

(1) 应在虚拟化网络边界部署访问控制机制，并设置访问控制规则；

(2) 应在不同等级的网络区域边界部署访问控制机制，设置访问控制规则。

2) 入侵防范

本项要求包括：

(1) 应能检测到云服务客户发起的网络攻击行为，并能记录攻击类型、攻击时间、攻击流量等；

(2) 应能检测到对虚拟网络节点的网络攻击行为，并能记录攻击类型、攻击时间、攻击流量等；

(3) 应能检测到虚拟机与宿主机、虚拟机与虚拟机之间的异常流量；

(4) 应在检测到网络攻击行为、异常流量情况时进行告警。

3) 安全审计

本项要求包括：

(1) 应对云服务商和云服务客户在远程管理时执行的特权命令进行审计，至少包括虚拟机删除、虚拟机重启；

(2) 应保证云服务商对云服务客户系统和数据的操作可被云服务客户审计。

4. 安全计算环境

1) 身份鉴别

当远程管理云计算平台中设备时，管理终端和云计算平台之间应建立双向身份验证机制。

2) 访问控制

本项要求包括：

(1) 应保证当虚拟机迁移时，访问控制策略随其迁移；

(2) 应允许云服务客户设置不同虚拟机之间的访问控制策略。

3) 入侵防范

本项要求包括：

(1) 应能检测虚拟机之间的资源隔离失效，并进行告警；

(2) 应能检测非授权新建虚拟机或者重新启用虚拟机，并进行告警；

(3) 应能够检测恶意代码感染及在虚拟机间蔓延的情况，并进行告警。

4）镜像和快照保护

本项要求包括：

（1）应针对重要业务系统提供加固的操作系统镜像或操作系统安全加固服务；

（2）应提供虚拟机镜像、快照完整性校验功能，防止虚拟机镜像被恶意篡改；

（3）应采取密码技术或其他技术手段防止虚拟机镜像、快照中可能存在的敏感资源被非法访问。

5）数据完整性和保密性

本项要求包括：

（1）应确保云服务客户数据、用户个人信息等存储于中国境内，如需出境应遵循国家相关规定；

（2）应确保只有在云服务客户授权下，云服务商或第三方才具有云服务客户数据的管理权限；

（3）应使用校验码或密码技术确保虚拟机迁移过程中重要数据的完整性，并在检测到完整性受到破坏时采取必要的恢复措施；

（4）应支持云服务客户部署密钥管理解决方案，保证云服务客户自行实现数据的加解密过程。

6）数据备份恢复

本项要求包括：

（1）云服务客户应在本地保存其业务数据的备份；

（2）应提供查询云服务客户数据及备份存储位置的能力；

（3）云服务商的云存储服务应保证云服务客户数据存在若干个可用的副本，各副本之间的内容应保持一致；

（4）应为云服务客户将业务系统及数据迁移到其他云计算平台和本地系统提供技术手段，并协助完成迁移过程。

7）剩余信息保护

本项要求包括：

（1）应保证虚拟机所使用的内存和存储空间回收时得到完全清除；

（2）云服务客户删除业务应用数据时，云计算平台应将云存储中所有副本删除。

5. 安全管理中心

集中管控要求包括：

（1）应能对物理资源和虚拟资源按照策略做统一管理调度与分配；

（2）应保证云计算平台管理流量与云服务客户业务流量分离；

（3）应根据云服务商和云服务客户的职责划分，收集各自控制部分的审计数据并实现各自的集中审计；

（4）应根据云服务商和云服务客户的职责划分，实现各自控制部分，包括虚拟化网络、虚拟机、虚拟化安全设备等的运行状况的集中监测。

6. 安全建设管理

1）云服务商选择

本项要求包括：

(1) 应选择安全合规的云服务商，其所提供的云计算平台应为其所承载的业务应用系统提供相应等级的安全保护能力；

(2) 应在服务水平协议中规定云服务的各项服务内容和具体技术指标；

(3) 应在服务水平协议中规定云服务商的权限与责任，包括管理范围、职责划分、访问授权、隐私保护、行为准则、违约责任等；

(4) 应在服务水平协议中规定服务合约到期时，完整提供云服务客户数据，并承诺相关数据在云计算平台上清除；

(5) 应与选定的云服务商签署保密协议，要求其不得泄露云服务客户数据。

2) 供应链管理

本项要求包括：

(1) 应确保供应商的选择符合国家有关规定；

(2) 应将供应链安全事件信息或安全威胁信息及时传达到云服务客户；

(3) 应将供应商的重要变更及时传达到云服务客户，并评估变更带来的安全风险，采取措施对风险进行控制。

7. 安全运维管理

云计算环境管理：云计算平台的运维地点应位于中国境内，境外对境内云计算平台实施运维操作应遵循国家相关规定。

B.8.3 移动互联安全扩展要求

1. 安全物理环境

无线接入点的物理位置：应为无线接入设备的安装选择合理位置，避免过度覆盖和电磁干扰。

2. 安全区域边界

1) 边界防护

应保证有线网络与无线网络边界之间的访问和数据流通过无线接入网关设备。

2) 访问控制

无线接入设备应开启接入认证功能，并支持采用认证服务器认证或国家密码管理机构批准的密码模块进行认证。

3) 入侵防范

本项要求包括：

(1) 应能够检测到非授权无线接入设备和非授权移动终端的接入行为；

(2) 应能够检测到针对无线接入设备的网络扫描、DDoS 攻击、密钥破解、中间人攻击和欺骗攻击等行为；

(3) 应能够检测到无线接入设备的 SSID 广播、WPS 等高风险功能的开启状态；

(4) 应禁用无线接入设备和无线接入网关存在风险的功能，如：SSID 广播、WEP 认证等；

(5) 应禁止多个 AP 使用同一个认证密钥；

(6) 应能够阻断非授权无线接入设备或非授权移动终端。

3. 安全计算环境

1）移动终端管控

本项要求包括：

（1）应保证移动终端安装、注册并运行终端管理客户端软件；

（2）移动终端应接受移动终端管理服务端的设备生命周期管理、设备远程控制. 如：远程锁定、远程擦除等。

2）移动应用管控

本项要求包括：

（1）应具有选择应用软件安装、运行的功能；

（2）应只允许指定证书签名的应用软件安装和运行；

（3）应具有软件白名单功能,应能根据白名单控制应用软件安装、运行。

4. 安全建设管理

1）移动应用软件采购

本项要求包括：

（1）应保证移动终端安装、运行的应用软件来自可靠分发渠道或使用可靠证书签名；

（2）应保证移动终端安装、运行的应用软件由指定的开发者开发。

2）移动应用软件开发

本项要求包括：

（1）应对移动业务应用软件开发者进行资格审查；

（2）应保证开发移动业务应用软件的签名证书合法性。

5. 安全运维管理

配置管理：应建立合法无线接入设备和合法移动终端配置库,用于对非法无线接入设备和非法移动终端的识别。

B.8.4 物联网安全扩展要求

1. 安全物理环境

感知节点设备物理防护要求包括：

（1）感知节点设备所处的物理环境应不对感知节点设备造成物理破坏,如挤压、强振动；

（2）感知节点设备在工作状态所处物理环境应能正确反映环境状态（如温湿度传感器不能安装在阳光直射区域）；

（3）感知节点设备在工作状态所处物理环境应不对感知节点设备的正常工作造成影响,如强干扰、阻挡屏蔽等；

（4）关键感知节点设备应具有可供长时间工作的电力供应（关键网关节点设备应具有持久稳定的电力供应能力）。

2. 安全区域边界

1）接入控制

应保证只有授权的感知节点可以接入。

2）入侵防范

本项要求包括：

（1）应能够限制与感知节点通信的目标地址，以避免对陌生地址的攻击行为；
（2）应能够限制与网关节点通信的目标地址，以避免对陌生地址的攻击行为。

3. 安全计算环境

1）感知节点设备安全

本项要求包括：

（1）应保证只有授权的用户可以对感知节点设备上的软件应用进行配置或变更；
（2）应具有对其连接的网关节点设备（包括读卡器）进行身份标识和鉴别的能力；
（3）应具有对其连接的其他感知节点设备（包括路由节点）进行身份标识和鉴别的能力。

2）网关节点设备安全

本项要求包括：

（1）应具备对合法连接设备（包括终端节点、路由节点、数据处理中心）进行标识和鉴别的能力；
（2）应具备过滤非法节点和伪造节点所发送的数据的能力；
（3）授权用户应能够在设备使用过程中对关键密钥进行在线更新；
（4）授权用户应能够在设备使用过程中对关键配置参数进行在线更新。

3）抗数据重放

本项要求包括：

（1）应能够鉴别数据的新鲜性，避免历史数据的重放攻击；
（2）应能够鉴别历史数据的非法修改，避免数据的修改重放攻击。

4）数据融合处理

应对来自传感网的数据进行数据融合处理，使不同种类的数据可以在同一个平台被使用。

4. 安全运维管理

感知节点管理要求包括：

（1）应指定人员定期巡视感知节点设备、网关节点设备的部署环境，对可能影响感知节点设备、网关节点设备正常工作的环境异常进行记录和维护；
（2）应对感知节点设备、网关节点设备入库、存储、部署、携带、维修、丢失和报废等过程作出明确规定，并进行全程管理；
（3）应加强对感知节点设备、网关节点设备部署环境的保密性管理，包括负责检查和维护的人员调离工作岗位应立即交还相关检查工具和检查维护记录等。

B.8.5 工业控制系统安全扩展要求

1. 安全物理环境

室外控制设备物理防护要求包括：

（1）室外控制设备应放置于采用铁板或其他防火材料制作的箱体或装置中并紧固；箱体或装置具有透风、散热、防盗、防雨和防火能力等；
（2）室外控制设备放置应远离强电磁干扰、强热源等环境，如无法避免应及时做好应急处置及检修，保证设备正常运行。

2. 安全通信网络

1）网络架构

本项要求包括：

(1) 工业控制系统与企业其他系统之间应划分为两个区域，区域间应采用单向的技术隔离手段；

(2) 工业控制系统内部应根据业务特点划分为不同的安全域，安全域之间应采用技术隔离手段；

(3) 涉及实时控制和数据传输的工业控制系统，应使用独立的网络设备组网，在物理层面上实现与其他数据网及外部公共信息网的安全隔离。

2）通信传输

在工业控制系统内使用广域网进行控制指令或相关数据交换的应采用加密认证技术手段实现身份认证、访问控制和数据加密传输。

3. 安全区域界

1）访问控制

本项要求包括：

(1) 应在工业控制系统与企业其他系统之间部署访问控制设备，配置访问控制策略，禁止任何穿越区域边界的 E-Mail、Web、Telnet、Rlogin、FTP 等通用网络服务；

(2) 应在工业控制系统内安全域和安全域之间的边界防护机制失效时，及时进行报警。

2）拨号使用控制

本项要求包括：

(1) 工业控制系统确需使用拨号访问服务的，应限制具有拨号访问权限的用户数量，并采取用户身份鉴别和访问控制等措施；

(2) 拨号服务器和客户端均应使用经安全加固的操作系统，并采取数字证书认证、传输加密和访问控制等措施。

3）无线使用控制

本项要求包括：

(1) 应对所有参与无线通信的用户(人员、软件进程或者设备)提供唯一性标识和鉴别；

(2) 应对所有参与无线通信的用户(人员、软件进程或者设备)进行授权以及执行使用进行限制；

(3) 应对无线通信采取传输加密的安全措施，实现传输报文的机密性保护；

(4) 对采用无线通信技术进行控制的工业控制系统，应能识别其物理环境中发射的未经授权的无线设备，报告未经授权试图接入或干扰控制系统的行为。

4. 安全计算环境

控制设备安全要求包括：

(1) 控制设备自身应实现相应级别安全通用要求提出的身份鉴别、访问控制和安全审计等安全要求，如受条件限制控制设备无法实现上述要求，应由其上位控制或管理设备实现同等功能或通过管理手段控制；

(2) 应在经过充分测试评估后，在不影响系统安全稳定运行的情况下对控制设备进行补丁更新、固件更新等工作；

(3) 应关闭或拆除控制设备的软盘驱动、光盘驱动、USB接口、串行口或多余网口等，确需保留的应通过相关的技术措施实施严格的监控管理；

(4) 应使用专用设备和专用软件对控制设备进行更新；

(5) 应保证控制设备在上线前经过安全性检测.避免控制设备固件中存在恶意代码程序。

5. 安全建设管理

1) 产品采购和使用

工业控制系统重要设备应通过专业机构的安全性检测后方可采购使用。

2) 外包软件开发

应在外包开发合同中规定针对开发单位、供应商的约束条款，包括设备及系统在生命周期内有关保密、禁止关键技术扩散和设备行业专用等方面的内容。

B.9 第四级安全要求

B.9.1 安全通用要求

1. 安全物理环境

1) 物理位置选择

本项要求包括：

(1) 机房场地应选择在具有防震、防风和防雨等能力的建筑内；

(2) 机房场地应避免设在建筑物的顶层或地下室，否则应加强防水和防潮措施。

2) 物理访问控制

本项要求包括：

(1) 机房出入口应配置电子门禁系统，控制、鉴别和记录进入的人员；

(2) 重要区域应配置第二道电子门禁系统，控制、鉴别和记录进入的人员。

3) 防盗窃和防破坏

本项要求包括：

(1) 应将设备或主要部件进行固定，并设置明显的不易除去的标识；

(2) 应将通信线缆铺设在隐蔽安全处；

(3) 应设置机房防盗报警系统或设置有专人值守的视频监控系统。

4) 防雷击

本项要求包括：

(1) 应将各类机柜、设施和设备等通过接地系统安全接地；

(2) 应采取措施防止感应雷，例如设置防雷保安器或过压保护装置等。

5) 防火

本项要求包括：

(1) 机房应设置火灾自动消防系统，能够自动检测火情、自动报警，并自动灭火；

(2) 机房及相关的工作房间和辅助房应采用具有耐火等级的建筑材料；

(3) 应对机房划分区域进行管理，区域和区域之间设置隔离防火措施。

6）防水和防潮

本项要求包括：

(1) 应采取措施防止雨水通过机房窗户、屋顶和墙壁渗透；

(2) 应采取措施防止机房内水蒸气结露和地下积水的转移与渗透；

(3) 应安装对水敏感的检测仪表或元件，对机房进行防水检测和报警。

7）防静电

本项要求包括：

(1) 应采用防静电地板或地面并采用必要的接地防静电措施；

(2) 应采取措施防止静电的产生，例如采用静电消除器、佩戴防静电手环等。

8）温湿度控制

应设置温湿度自动调节设施，使机房温湿度的变化在设备运行所允许的范围之内。

9）电力供应

本项要求包括：

(1) 应在机房供电线路上配置稳压器和过电压防护设备；

(2) 应提供短期的备用电力供应，至少满足设备在断电情况下的正常运行要求；

(3) 应设置冗余或并行的电力电缆线路为计算机系统供电；

(4) 应提供应急供电设施。

10）电磁防护

本项要求包括：

(1) 电源线和通信线缆应隔离铺设，避免互相干扰；

(2) 应对关键设备或关键区域实施电磁屏蔽。

2. 安全通信网络

1）网络架构

本项要求包括：

(1) 应保证网络设备的业务处理能力满足业务高峰期需要；

(2) 应保证网络各个部分的带宽满足业务高峰期需要；

(3) 应划分不同的网络区域，并按照方便管理和控制的原则为各网络区域分配地址；

(4) 应避免将重要网络区域部署在边界处，重要网络区域与其他网络区域之间应采取可靠的技术隔离手段；

(5) 应提供通信线路、关键网络设备和关键计算设备的硬件冗余，保证系统的可用性；

(6) 应按照业务服务的重要程度分配带宽优先保障重要业务。

2）通信传输

本项要求包括：

(1) 应采用密码技术保证通信过程中数据的完整性；

(2) 应采用密码技术保证通信过程中数据的保密性；

(3) 应在通信前基于密码技术对通信的双方进行验证或认证；

(4) 应基于硬件密码模块对重要通信过程进行密码运算和密钥管理。

3）可信验证

可基于可信根对通信设备的系统引导程序、系统程序、重要配置参数和通信应用程序等进行可信验证,并在应用程序的所有执行环节进行动态可信验证,在检测到其可信性受到破坏后进行报警,并将验证结果形成审计记录送至安全管理中心,并进行动态关联感知。

3. 安全区域边界

1) 边界防护

本项要求包括:

(1) 应保证跨越边界的访问和数据流通过边界设备提供的受控接口进行通信;

(2) 应能够对非授权设备私自联到内部网络的行为进行检查或限制;

(3) 应能够对内部用户非授权联到外部网络的行为进行检查或限制;

(4) 应限制无线网络的使用,保证无线网络通过受控的边界设备接入内部网络;

(5) 应能够在发现非授权设备私自联到内部网络的行为或内部用户非授权联到外部网络的行为寸,对其进行有效阻断;

(6) 应采用可信验证机制对接入到网络中的设备进行可信验证,保证接入网络的设备真实可信。

2) 访问控制

本项要求包括:

(1) 应在网络边界或区域之间根据访问控制策略设置访问控制规则,默认情况下除允许通信外受控接口拒绝所有通信;

(2) 应删除多余或无效的访问控制规则,优化访问控制列表,并保证访问控制规则数量最小化;

(3) 应对源地址、目的地址、源端口、目的端口和协议等进行检查,以允许/拒绝数据包进出;

(4) 应能根据会话状态信息为进出数据流提供明确的允许/拒绝访问的能力;

(5) 应在网络边界通过通信协议转换或通信协议隔离等方式进行数据交换

3) 入侵防范

本项要求包括:

(1) 应在关键网络节点处检测、防止或限制从外部发起的网络攻击行为;

(2) 应在关键网络节点处检测、防止或限制从内部发起的网络攻击行为;

(3) 应采取技术措施对网络行为进行分析,实现对网络攻击特别是新型网络攻击行为的分析;

(4) 当检测到攻击行为时,记录攻击源 IP、攻击类型、攻击目标、攻击时间,在发生严重入侵事件时应提供报警。

4) 恶意代码和垃圾邮件防范

本项要求包括:

(1) 应在关键网络节点处对恶意代码进行检测和清除,并维护恶意代码防护机制的升级和更新;

(2) 应在关键网络节点处对垃圾邮件进行检测和防护,并维护垃圾邮件防护机制的升级和更新。

5) 安全审计

本项要求包括:

(1) 应在网络边界、重要网络节点进行安全审计，审计覆盖到每个用户，对重要的用户行为和重要安全事件进行审计；

(2) 审计记录应包括事件的日期和时间、用户、事件类型、事件是否成功及其他与审计相关的信息；

(3) 应对审计记录进行保护，定期备份，避免受到未预期的删除、修改或覆盖等。

6) 可信验证

可基于可信根对边界设备的系统引导程序、系统程序、重要配置参数和边界防护应用程序等进行可信验证，并在应用程序的所有执行环节进行动态可信验证，在检测到其可信性受到破坏后进行报警，并将验证结果形成审计记录送至安全管理中心，并进行动态关联感知。

4. 安全计算环境

1) 身份鉴别

本项要求包括：

(1) 应对登录的用户进行身份标识和鉴别，身份标识具有唯一性，身份鉴别信息具有复杂度要求并定期更换；

(2) 应具有登录失败处理功能，应配置并启用结束会话、限制非法登录次数和当登录连接超时自动退出等相关措施；

(3) 当进行远程管理时，应采取必要措施防止鉴别信息在网络传输过程中被窃听；

(4) 应采用口令、密码技术、生物技术等两种或两种以上组合的鉴别技术对用户进行身份鉴别，且其中一种鉴别技术至少应使用密码技术来实现。

2) 访问控制

本项要求包括：

(1) 应对登录的用户分配账户和权限；

(2) 应重命名或删除默认账户，修改默认账户的默认口令；

(3) 应及时删除或停用多余的、过期的账户，避免共享账户的存在；

(4) 应授予管理用户所需的最小权限，实现管理用户的权限分离；

(5) 应由授权主体配置访问控制策略，访问控制策略规定主体对客体的访问规则；

(6) 访问控制的粒度应达到主体为用户级或进程级，客体为文件、数据库表级；

(7) 应对主体、客体设置安全标记，并依据安全标记和强制访问控制规则确定主体对客体的访问。

3) 安全审计

本项要求包括：

(1) 应启用安全审计功能，审计覆盖到每个用户，对重要的用户行为和重要安全事件进行审计；

(2) 审计记录应包括事件的日期和时间、事件类型、主体标识、客体标识和结果等；

(3) 应对审计记录进行保护，定期备份，避免受到未预期的删除、修改或覆盖等；

(4) 应对审计进程进行保护，防止未经授权的中断。

4) 入侵防范

本项要求包括：

(1) 应遵循最小安装的原则，仅安装需要的组件和应用程序；

(2) 应关闭不需要的系统服务、默认共享和高危端口；

(3) 应通过设定终端接入方式或网络地址范围对通过网络进行管理的管理终端进行限制；

(4) 应提供数据有效性检验功能，保证通过人机接口输入或通过通信接口输入的内容符合系统设定要求；

(5) 应能发现可能存在的已知漏洞，并在经过充分测试评估后，及时修补漏洞；

(6) 应能够检测到对重要节点进行入侵的行为，并在发生严重入侵事件时提供报警。

5) 恶意代码防范

应采用主动免疫可信验证机制及时识别入侵和病毒行为，并将其有效阻断。

6) 可信验证

可基于可信根对计算设备的系统引导程序、系统程序、重要配置参数和应用程序等进行可信验证，并在应用程序的所有执行环节进行动态可信验证，在检测到其可信性受到破坏后进行报警，并将验证结果形成审计记录送至安全管理中心，并进行动态关联感知。

7) 数据完整性

本项要求包括：

(1) 应采用密码技术保证重要数据在传输过程中的完整性，包括但不限于鉴别数据、重要业务数据、重要审计数据、重要配置数据、重要视频数据和重要个人信息等；

(2) 应采用密码技术保证重要数据在存储过程中的完整性，包括但不限于鉴别数据、重要业务数据、重要审计数据、重要配置数据、重要视频数据和重要个人信息等；

(3) 在可能涉及法律责任认定的应用中，应采用密码技术提供数据原发证据和数据接收证据，实现数据原发行为的抗抵赖和数据接收行为的抗抵赖。

8) 数据保密性

本项要求包括：

(1) 应采用密码技术保证重要数据在传输过程中的保密性，包括但不限于鉴别数据、重要业务数据和重要个人信息等；

(2) 应采用密码技术保证重要数据在存储过程中的保密性，包括但不限于鉴别数据、重要业务数据和重要个人信息等。

9) 数据备份恢复

本项要求包括：

(1) 应提供重要数据的本地数据备份与恢复功能；

(2) 应提供异地实时备份功能，利用通信网络将重要数据实时备份至备份场地；

(3) 应提供重要数据处理系统的热冗余，保证系统的高可用性；

(4) 应建立异地灾难备份中心，提供业务应用的实时切换。

10) 剩余信息保护

本项要求包括：

(1) 应保证鉴别信息所在的存储空间被释放或重新分配前得到完全清除；

(2) 应保证存有敏感数据的存储空间被释放或重新分配前得到完全清除。

11) 个人信息保护

本项要求包括：

(1) 应仅采集和保存业务必需的用户个人信息;

(2) 应禁止未授权访问和非法使用用户个人信息。

5. 安全管理中心

1) 系统管理

本项要求包括:

(1) 应对系统管理员进行身份鉴别,只允许其通过特定的命令或操作界面进行系统管理操作,并对这些操作进行审计;

(2) 应通过系统管理员对系统的资源和运行进行配置、控制和管理,包括用户身份、系统资源配置系统加载和启动、系统运行的异常处理、数据和设备的备份与恢复等。

2) 审计管理

本项要求包括:

(1) 应对审计管理员进行身份鉴别,只允许其通过特定的命令或操作界面进行安全审计操作,并对这些操作进行审计;

(2) 应通过审计管理员对审计记录应进行分析,并根据分析结果进行处理,包括根据安全审计策略对审计记录进行存储、管理和查询等。

3) 安全管理

本项要求包括:

(1) 应对安全管理员进行身份鉴别,只允许其通过特定的命令或操作界面进行安全管理操作,并对这些操作进行审计;

(2) 应通过安全管理员对系统中的安全策略进行配置,包括安全参数的设置,主体、客体进行统安全标记,对主体进行授权,配置可信验证策略等。

4) 集中管控

本项要求包括:

(1) 应划分出特定的管理区域,对分布在网络中的安全设备或安全组件进行管控;

(2) 应能够建立一条安全的信息传输路径,对网络中的安全设备或安全组件进行管理;

(3) 应对网络链路、安全设备、网络设备和服务器等的运行状况进行集中监测;

(4) 应对分散在各个设备上的审计数据进行收集汇总和集中分析,并保证审计记录的留存时间符合法律法规要求;

(5) 应对安全策略、恶意代码、补丁升级等安全相关事项进行集中管理;

(6) 应能对网络中发生的各类安全事件进行识别、报警和分析;

(7) 应保证系统范围内的时间由唯一确定的时钟产生,以保证各种数据的管理和分析在时间上的一致性。

6. 安全管理制度

1) 安全策略

应制定网络安全工作的总体方针和安全策略,阐明机构安全工作的总体目标、范围、原则和安全框架等。

2) 管理制度

本项要求包括:

(1) 应对安全管理活动中的各类管理内容建立安全管理制度;

(2) 应对管理人员或操作人员执行的日常管理操作建立操作规程；

(3) 应形成由安全策略、管理制度、操作规程、记录表单等构成的全面的安全管理制度体系。

3) 制定和发布

本项要求包括：

(1) 应指定或授权专门的部门或人员负责安全管理制度的制定；

(2) 安全管理制度应通过正式、有效的方式发布，并进行版本控制。

4) 评审和修订

应定期对安全管理制度的合理性和适用性进行论证和审定，对存在不足或需要改进的安全管理制度进行修订。

7. 安全管理机构

1) 岗位设置

本项要求包括：

(1) 应成立指导和管理网络安全工作的委员会或领导小组，其最高领导由单位主管领导担任或授权；

(2) 应设立网络安全管理工作的职能部门，设立安全主管、安全管理各个方面的负责人岗位，并定义各负责人的职责；

(3) 应设立系统管理员、审计管理员和安全管理员等岗位，并定义部门及各个工作岗位的职责。

2) 人员配备

本项要求包括：

(1) 应配备一定数量的系统管理员、审计管理员和安全管理员等；

(2) 应配备专职安全管理员，不可兼任；

(3) 关键事务岗位应配备多人共同管理。

3) 授权和审批

本项要求包括：

(1) 应根据各个部门和岗位的职责明确授权审批事项、审批部门和批准人等；

(2) 应针对系统变更、重要操作、物理访问和系统接入等事项建立审批程序，按照审批程序执行审批过程，对重要活动建立逐级审批制度；

(3) 应定期审查审批事项，及时更新需授权和审批的项目、审批部门和审批人等信息。

4) 沟通和合作

本项要求包括：

(1) 应加强各类管理人员、组织内部机构和网络安全管理部门之间的合作与沟通，定期召开协调会议，共同协作处理网络安全问题；

(2) 应加强与网络安全职能部门、各类供应商、业界专家及安全组织的合作与沟通；

(3) 应建立外联单位联系列表，包括外联单位名称、合作内容、联系人和联系方式等信息。

5) 审核和检查

本项要求包括：

(1) 应定期进行常规安全检查，检查内容包括系统日常运行、系统漏洞和数据备份等情况；

(2) 应定期进行全面安全检查,检查内容包括现有安全技术措施的有效性、安全配置与安全策略的一致性、安全管理制度的执行情况等;

(3) 应制定安全检查表格实施安全检查,汇总安全检查数据,形成安全检查报告,并对安全检查结果进行通报。

8. 安全管理人员

1) 人员录用

本项要求包括:

(1) 应指定或授权专门的部门或人员负责人员录用;

(2) 应对被录用人员的身份、安全背景、专业资格或资质等进行审查,对其所具有的技术技能进行考核;

(3) 应与被录用人员签署保密协议,与关键岗位人员签署岗位责任协议;

(4) 应从内部人员中选拔从事关键岗位的人员。

2) 人员离岗

本项要求包括:

(1) 应及时终止离岗人员的所有访问权限,取回各种身份证件、钥匙、徽章等以及机构提供的软硬件设备;

(2) 应办理严格的调离手续,并承诺调离后的保密义务后方可离开。

3) 安全意识教育和培训

本项要求包括:

(1) 应对各类人员进行安全意识教育和岗位技能培训,并告知相关的安全责任和惩戒措施;

(2) 应针对不同岗位制定不同的培训计划,对安全基础知识、岗位操作规程等进行培训;

(3) 应定期对不同岗位的人员进行技术技能考核。

4) 外部人员访问管理

本项要求包括:

(1) 应在外部人员物理访问受控区域前先提出书面申请,批准后由专人全程陪同,并登记备案;

(2) 应在外部人员接入受控网络访问系统前先提出书面申请,批准后由专人开设账户、分配权限,并登记备案;

(3) 外部人员离场后应及时清除其所有的访问权限;

(4) 获得系统访问授权的外部人员应签署保密协议,不得进行非授权操作,不得复制和泄露任何敏感信息;

(5) 对关键区域或关键系统不允许外部人员访问。

9. 安全建设管理

1) 定级和备案

本项要求包括:

(1) 应以书面的形式说明保护对象的安全保护等级及确定等级的方法和理由;

(2) 应组织相关部门和有关安全技术专家对定级结果的合理性和正确性进行论证和审定;

(3) 应保证定级结果经过相关部门的批准；

(4) 应将备案材料报主管部门和相应公安机关备案。

2) 安全方案设计

本项要求包括：

(1) 应根据安全保护等级选择基本安全措施，依据风险分析的结果补充和调整安全措施；

(2) 应根据保护对象的安全保护等级及与其他级别保护对象的关系进行安全整体规划和安全方案设计，设计内容应包含密码技术相关内容，并形成配套文件；

(3) 应组织相关部门和有关安全专家对安全整体规划及其配套文件的合理性和正确性进行论证和审定，经过批准后才能正式实施。

3) 产品采购和使用

本项要求包括：

(1) 应确保网络安全产品采购和使用符合国家的有关规定；

(2) 应确保密码产品与服务的采购和使用符合国家密码管理主管部门的要求；

(3) 应预先对产品进行选型测试，确定产品的候选范围，并定期审定和更新候选产品名单；

(4) 应对重要部位的产品委托专业测评单位进行专项测试，根据测试结果选用产品。

4) 自行软件开发

本项要求包括：

(1) 应将开发环境与实际运行环境物理分开，测试数据和测试结果受到控制；

(2) 应制定软件开发管理制度，明确说明开发过程的控制方法和人员行为准则；

(3) 应制定代码编写安全规范，要求开发人员参照规范编写代码；

(4) 应具备软件设计的相关文档和使用指南，并对文档使用进行控制；

(5) 应在软件开发过程中对安全性进行测试，在软件安装前对可能存在的恶意代码进行检测；

(6) 应对程序资源库的修改、更新、发布进行授权和批准，并严格进行版本控制；

(7) 应保证开发人员为专职人员，开发人员的开发活动受到控制、监视和审查。

5) 外包软件开发

本项要求包括：

(1) 应在软件交付前检测其中可能存在的恶意代码；

(2) 应保证开发单位提供软件设计文档和使用指南；

(3) 应保证开发单位提供软件源代码，并审查软件中可能存在的后门和隐蔽信道。

6) 工程实施

本项要求包括：

(1) 应指定或授权专门的部门或人员负责工程实施过程的管理；

(2) 应制定安全工程实施方案控制工程实施过程；

(3) 应通过第三方工程监理控制项目的实施过程。

7) 测试验收

本项要求包括：

(1) 应制订测试验收方案,并依据测试验收方案实施测试验收,形成测试验收报告;

(2) 应进行上线前的安全性测试,并出具安全测试报告,安全测试报告应包含密码应用安全性测试相关内容。

8) 系统交付

本项要求包括:

(1) 应制定交付清单,并根据交付清单对所交接的设备、软件和文档等进行清点;

(2) 应对负责运行维护的技术人员进行相应的技能培训;

(3) 应提供建设过程文档和运行维护文档。

9) 等级测评

本项要求包括:

(1) 应定期进行等级测评,发现不符合相应等级保护标准要求的及时整改;

(2) 应在发生重大变更或级别发生变化时进行等级测评;

(3) 应确保测评机构的选择符合国家有关规定

10) 服务供应商选择

本项要求包括:

(1) 应确保服务供应商的选择符合国家的有关规定;

(2) 应与选定的服务供应商签订相关协议,明确整个服务供应链各方需履行的网络安全相关义务;

(3) 应定期监督、评审和审核服务供应商提供的服务,并对其变更服务内容加以控制。

10. 安全运维管理

1) 环境管理

本项要求包括:

(1) 应指定专门的部门或人员负责机房安全,对机房出入进行管理,定期对机房供配电、空调、温湿度控制、消防等设施进行维护管理;

(2) 应建立机房安全管理制度,对有关物理访问、物品进出和环境安全等方面的管理作出规定;

(3) 应不在重要区域接待来访人员,不随意放置含有敏感信息的纸质文件和移动介质等;

(4) 应对出入人员进行相应级别的授权,对进入重要安全区域的人员和活动实时监视等。

2) 资产管理

本项要求包括:

(1) 应编制并保存与保护对象相关的资产清单,包括资产责任部门、重要程度和所处位置等内容;

(2) 应根据资产的重要程度对资产进行标识管理,根据资产的价值选择相应的管理措施;

(3) 应对信息分类与标识方法作出规定,并对信息的使用、传输和存储等进行规范化管理。

3) 介质管理

本项要求包括:

(1) 应将介质存放在安全的环境中，对各类介质进行控制和保护，实行存储环境专人管理，并根据存档介质的目录清单定期盘点；

(2) 应对介质在物理传输过程中的人员选择、打包、交付等情况进行控制，并对介质的归档和查询等进行登记记录。

4) 设备维护管理

本项要求包括：

(1) 应对各种设备(包括备份和冗余设备)、线路等指定专门的部门或人员定期进行维护管理；

(2) 应建立配套设施、软硬件维护方面的管理制度，对其维护进行有效的管理，包括明确维护人员的责任、维修和服务的审批、维修过程的监督控制等；

(3) 信息处理设备应经过审批才能带离机房或办公地点，含有存储介质的设备带出工作环境时其中重要数据应加密；

(4) 含有存储介质的设备在报废或重用前，应进行完全清除或被安全覆盖，保证该设备上的敏感数据和授权软件无法被恢复重用。

5) 漏洞和风险管理

本项要求包括：

(1) 应采取必要的措施识别安全漏洞和隐患，对发现的安全漏洞和隐患及时进行修补或评估可能的影响后进行修补；

(2) 应定期开展安全测评，形成安全测评报告，采取措施应对发现的安全问题。

6) 网络和系统安全管理

本项要求包括：

(1) 应划分不同的管理员角色进行网络和系统的运维管理，明确各个角色的责任和权限；

(2) 应指定专门的部门或人员进行账户管理，对申请账户、建立账户、删除账户等进行控制；

(3) 应建立网络和系统安全管理制度，对安全策略、账户管理、配置管理、日志管理、日常操作、升级与打补丁、口令更新周期等方面作出规定；

(4) 应制定重要设备的配置和操作手册，依据手册对设备进行安全配置和优化配置等；

(5) 应详细记录运维操作日志，包括日常巡检工作、运行维护记录、参数的设置和修改等内容；

(6) 应指定专门的部门或人员对日志、监测和报警数据等进行分析、统计，及时发现可疑行为；

(7) 应严格控制变更性运维，经过审批后才可改变连接、安装系统组件或调整配置参数，操作过程中应保留不可更改的审计日志，操作结束后应同步更新配置信息库；

(8) 应严格控制运维工具的使用，经过审批后才可接入进行操作，操作过程中应保留不可更改的审计日志，操作结束后应删除工具中的敏感数据；

(9) 应严格控制远程运维的开通，经过审批后才可开通远程运维接口或通道，操作过程中应保留不可更改的审计日志，操作结束后立即关闭接口或通道；

(10) 应保证所有与外部的连接均得到授权和批准，应定期检查违反规定无线上网及其他违反网络安全策略的行为。

7）恶意代码防范管理

本项要求包括：

(1) 应提高所有用户的防恶意代码意识，对外来计算机或存储设备接入系统前进行恶意代码检查等；

(2) 应定期验证防范恶意代码攻击的技术措施的有效性。

8）配置管理

本项要求包括：

(1) 应记录和保存基本配置信息，包括网络拓扑结构、各个设备安装的软件组件、软件组件的版本和补丁信息、各个设备或软件组件的配置参数等；

(2) 应将基本配置信息改变纳入系统变更范畴，实施对配置信息改变的控制，并及时更新基本配置信息库。

9）密码管理

本项要求包括：

(1) 应遵循密码相关的国家标准和行业标准；

(2) 应使用国家密码管理主管部门认证核准的密码技术和产品；

(3) 应采用硬件密码模块实现密码运算和密钥管理。

10）变更管理

本项要求包括：

(1) 应明确变更需求，变更前根据变更需求制定变更方案，变更方案经过评审、审批后方可实施；

(2) 应建立变更的申报和审批控制程序，依据程序控制所有的变更，记录变更实施过程；

(3) 应建立中止变更并从失败变更中恢复的程序，明确过程控制方法和人员职责，必要时对恢复过程进行演练。

11）备份与恢复管理

本项要求包括：

(1) 应识别需要定期备份的重要业务信息、系统数据及软件系统等；

(2) 应规定备份信息的备份方式、备份频度、存储介质、保存期等；

(3) 应根据数据的重要性和数据对系统运行的影响，制定数据的备份策略和恢复策略、备份程序和恢复程序等。

12）安全事件处置

本项要求包括：

(1) 应及时向安全管理部门报告所发现的安全弱点和可疑事件；

(2) 应制定安全事件报告和处置管理制度，明确不同安全事件的报告、处置和响应流程，规定安全事件的现场处理、事件报告和后期恢复的管理职责等；

(3) 应在安全事件报告和响应处理过程中，分析和鉴定事件产生的原因，收集证据，记录处理过程，总结经验教训；

(4) 对造成系统中断和造成信息泄漏的重大安全事件应采用不同的处理程序和报告程序；

(5) 应建立联合防护和应急机制,负责处置跨单位安全事件。

13) 应急预案管理

本项要求包括:

(1) 应规定统一的应急预案框架,包括启动预案的条件、应急组织构成、应急资源保障、事后教育和培训等内容;

(2) 应制定重要事件的应急预案,包括应急处理流程、系统恢复流程等内容;

(3) 应定期对系统相关的人员进行应急预案培训,并进行应急预案的演练;

(4) 应定期对原有的应急预案重新评估,修订完善;

(5) 应建立重大安全事件的跨单位联合应急预案,并进行应急预案的演练。

14) 外包运维管理

本项要求包括:

(1) 应确保外包运维服务商的选择符合国家的有关规定;

(2) 应与选定的外包运维服务商签订相关的协议,明确约定外包运维的范围、工作内容;

(3) 应保证选择的外包运维服务商在技术和管理方面均具有按照等级保护要求开展安全运维工作的能力,并将能力要求在签订的协议中明确;

(4) 应在与外包运维服务商签订的协议中明确所有相关的安全要求,如可能涉及对敏感信息的访问、处理、存储要求,对IT基础设施中断服务的应急保障要求等。

B.9.2 云计算安全扩展要求

1. 安全物理环境

基础设施位置:应保证云计算基础设施位于中国境内。

2. 安全通信网络

网络架构要求包括:

(1) 应保证云计算平台不承载高于其安全保护等级的业务应用系统;

(2) 应实现不同云服务客户虚拟网络之间的隔离;

(3) 应具有根据云服务客户业务需求提供通信传输、边界防护、入侵防范等安全机制的能力;

(4) 应具有根据云服务客户业务需求自主设置安全策略的能力,包括定义访问路径、选择安全组件、配置安全策略;

(5) 应提供开放接口或开放性安全服务,允许云服务客户接入第三方安全产品或在云计算平台选择第三方安全服务;

(6) 应提供对虚拟资源的主体和客体设置安全标记的能力,保证云服务客户可以依据安全标记和强制访问控制规则确定主体对客体的访问;

(7) 应提供通信协议转换或通信协议隔离等的数据交换方式,保证云服务客户可以根据业务需求自主选择边界数据交换方式;

(8) 应为第四级业务应用系统划分独立的资源池。

3. 安全区域边界

1) 访问控制

本项要求包括:

(1) 应在虚拟化网络边界部署访问控制机制,并设置访问控制规则;

(2) 应在不同等级的网络区域边界部署访问控制机制,设置访问控制规则。

2) 入侵防范

本项要求包括:

(1) 应能检测到云服务客户发起的网络攻击行为,并能记录攻击类型、攻击时间、攻击流量等;

(2) 应能检测到对虚拟网络节点的网络攻击行为,并能记录攻击类型、攻击时间、攻击流量等;

(3) 应能检测到虚拟机与宿主机、虚拟机与虚拟机之间的异常流量;

(4) 应在检测到网络攻击行为、异常流量情况时进行告警。

3) 安全审计

本项要求包括:

(1) 应对云服务商和云服务客户在远程管理时执行的特权命令进行审计,至少包括虚拟机删除、虚拟机重启;

(2) 应保证云服务商对云服务客户系统和数据的操作可被云服务客户审计。

4. 安全计算环境

1) 身份鉴别

当远程管理云计算平台中设备时,管理终端和云计算平台之间应建立双向身份验证机制。

2) 访问控制

本项要求包括:

(1) 应保证当虚拟机迁移时,访问控制策略随其迁移;

(2) 应允许云服务客户设置不同虚拟机之间的访问控制策略。

3) 入侵防范

本项要求包括:

(1) 应能检测虚拟机之间的资源隔离失效,并进行告警;

(2) 应能检测非授权新建虚拟机或者重新启用虚拟机,并进行告警;

(3) 应能够检测恶意代码感染及在虚拟机间蔓延的情况,并进行告警。

4) 镜像和快照保护

本项要求包括:

(1) 应针对重要业务系统提供加固的操作系统镜像或操作系统安全加固服务;

(2) 应提供虚拟机镜像、快照完整性校验功能,防止虚拟机镜像被恶意篡改;

(3) 应采取密码技术或其他技术手段防止虚拟机镜像、快照中可能存在的敏感资源被非法访问。

5) 数据完整性和保密性

本项要求包括:

(1) 应确保云服务客户数据、用户个人信息等存储于中国境内,如需出境应遵循国家相关规定;

(2) 应保证只有在云服务客户授权下,云服务商或第三方才具有云服务客户数据的管理权限；

(3) 应使用校验技术或密码技术保证虚拟机迁移过程中重要数据的完整性，并在检测到完整性受到破坏时采取必要的恢复措施；

(4) 应支持云服务客户部署密钥管理解决方案，保证云服务客户自行实现数据的加解密过程。

6) 数据备份恢复

本项要求包括：

(1) 云服务客户应在本地保存其业务数据的备份；

(2) 应提供查询云服务客户数据及备份存储位置的能力；

(3) 云服务商的云存储服务应保证云服务客户数据存在若干个可用的副本，各副本之间的内容应保持一致；

(4) 应为云服务客户将业务系统及数据迁移到其他云计算平台和本地系统提供技术手段，并协助完成迁移过程。

7) 剩余信息保护

本项要求包括：

(1) 应保证虚拟机所使用的内存和存储空间回收时得到完全清除；

(2) 云服务客户删除业务应用数据时，云计算平台应将云存储中所有副本删除。

5. 安全管理中心

集中管控要求包括：

(1) 应能对物理资源和虚拟资源按照策略做统一管理调度与分配；

(2) 应保证云计算平台管理流量与云服务客户业务流量分离；

(3) 应根据云服务商和云服务客户的职责划分，收集各自控制部分的审计数据并实现各自的集中审计；

(4) 应根据云服务商和云服务客户的职责划分，实现各自控制部分，包括虚拟化网络、虚拟机、虚拟化安全设备等的运行状况的集中监测。

6. 安全建设管理

1) 云服务商选择

本项要求包括：

(1) 应选择安全合规的云服务商，其所提供的云计算平台应为其所承载的业务应用系统提供相应等级的安全保护能力；

(2) 应在服务水平协议中规定云服务的各项服务内容和具体技术指标；

(3) 应在服务水平协议中规定云服务商的权限与责任，包括管理范围、职责划分、访问授权、隐私保护、行为准则、违约责任等；

(4) 应在服务水平协议中规定服务合约到期时，完整提供云服务客户数据，并承诺相关数据在云计算平台上清除；

(5) 应与选定的云服务商签署保密协议，要求其不得泄露云服务客户数据。

2) 供应链管理

本项要求包括：

(1) 应确保供应商的选择符合国家有关规定；

(2) 应将供应链安全事件信息或安全威胁信息及时传达到云服务客户；

(3) 应保证供应商的重要变更及时传达到云服务客户，并评估变更带来的安全风险，采取措施对风险进行控制。

7. 安全运维管理

云计算环境管理：云计算平台的运维地点应位于中国境内，境外对境内云计算平台实施运维操作应遵循国家相关规定。

B.9.3 移动互联安全扩展要求

1. 安全物理环境

无线接入点的物理位置：应为无线接入设备的安装选择合理位置，避免过度覆盖和电磁干扰。

2. 安全区域边界

1) 边界防护

应保证有线网络与无线网络边界之间的访问和数据流通过无线接入网关设备。

2) 访问控制

无线接入设备应开启接入认证功能，并支持采用认证服务器认证或国家密码管理机构批准的密码模块进行认证。

3) 入侵防范

本项要求包括：

(1) 应能够检测到非授权无线接入设备和非授权移动终端的接入行为；

(2) 应能够检测到针对无线接入设备的网络扫描、DDoS 攻击、密钥破解、中间人攻击和欺骗攻击等行为；

(3) 应能够检测到无线接入设备的 SSID 广播、WPS 等高风险功能的开启状态；

(4) 应禁用无线接入设备和无线接入网关存在风险的功能，如：SSID 广播、WEP 认证等；

(5) 应禁止多个 AP 使用同一个认证密钥；

(6) 应能够阻断非授权无线接入设备或非授权移动终端。

3. 安全计算环境

1) 移动终端管控

本项要求包括：

(1) 应保证移动终端安装、注册并运行终端管理客户端软件；

(2) 移动终端应接受移动终端管理服务端的设备生命周期管理、设备远程控制，如：远程锁定、远程擦除等；

(3) 应保证移动终端只用于处理指定业务。

2) 移动应用管控

本项要求包括：

(1) 应具有选择应用软件安装、运行的功能；

(2) 应只允许指定证书签名的应用软件安装和运行；

(3) 应具有软件白名单功能，应能根据白名单控制应用软件安装、运行；

(4) 应具有接受移动终端管理服务端推送的移动应用软件管理策略，并根据该策略对软件实施管控的能力。

4. 安全建设管理

1) 移动应用软件采购

本项要求包括：

(1) 应保证移动终端安装、运行的应用软件来自可靠分发渠道或使用可靠证书签名；

(2) 应保证移动终端安装、运行的应用软件由指定的开发者开发。

2) 移动应用软件开发

本项要求包括：

(1) 应对移动业务应用软件开发者进行资格审查；

(2) 应保证开发移动业务应用软件的签名证书合法性。

5. 安全运维管理

配置管理：应建立合法无线接入设备和合法移动终端配置库，用于对非法无线接入设备和非法移动终端的识别。

B.9.4 物联网安全扩展要求

1. 安全物理环境

感知节点设备物理防护要求包括：

(1) 感知节点设备所处的物理环境应不对感知节点设备造成物理破坏，如挤压、强振动；

(2) 感知节点设备在工作状态所处物理环境应能正确反映环境状态(如温湿度传感器不能安装在阳光直射区域)；

(3) 感知节点设备在工作状态所处物理环境应不对感知节点设备的正常工作造成影响，如强干扰、阻挡屏蔽等；

(4) 关键感知节点设备应具有可供长时间工作的电力供应(关键网关节点设备应具有持久稳定的电力供应能力)。

2. 安全区域边界

1) 接入控制

应保证只有授权的感知节点可以接入。

2) 入侵防范

本项要求包括：

(1) 应能够限制与感知节点通信的目标地址，以避免对陌生地址的攻击行为；

(2) 应能够限制与网关节点通信的目标地址，以避免对陌生地址的攻击行为。

3. 安全计算环境

1) 感知节点设备安全

本项要求包括：

(1) 应保证只有授权的用户可以对感知节点设备上的软件应用进行配置或变更；

(2) 应具有对其连接的网关节点设备(包括读卡器)进行身份标识和鉴别的能力；

(3) 应具有对其连接的其他感知节点设备(包括路由节点)进行身份标识和鉴别的能力。

2）网关节点设备安全

本项要求包括：

(1) 应具备对合法连接设备(包括终端节点、路由节点、数据处理中心)进行标识和鉴别的能力；

(2) 应具备过滤非法节点和伪造节点所发送的数据的能力；

(3) 授权用户应能够在设备使用过程中对关键密钥进行在线更新；

(4) 授权用户应能够在设备使用过程中对关键配置参数进行在线更新。

3）抗数据重放

本项要求包括：

(1) 应能够鉴别数据的新鲜性，避免历史数据的重放攻击；

(2) 应能够鉴别历史数据的非法修改，避免数据的修改重放攻击。

4）数据融合处理

本项要求包括：

(1) 应对来自传感网的数据进行数据融合处理，使不同种类的数据可以在同一个平台被使用；

(2) 应对不同数据之间的依赖关系和制约关系等进行智能处理，如一类数据达到某个门限时可以影响对另一类数据采集终端的管理指令。

4. 安全运维管理

感知节点管理要求包括：

(1) 应指定人员定期巡视感知节点设备、网关节点设备的部署环境，对可能影响感知节点设备关节点设备正常工作的环境异常进行记录和维护；

(2) 应对感知节点设备、网关节点设备人库、存储、部署、携带、维修、丢失和报废等过程作出明确规定，并进行全程管理；

(3) 应加强对感知节点设备、网关节点设备部署环境的保密性管理，包括负责检查和维护的人员调离工作岗位应立即交还相关检查工具和检查维护记录等。

B.9.5 工业控制系统安全扩展要求

1. 安全物理环境

室外控制设备物理防护要求包括：

(1) 室外控制设备应放置于采用铁板或其他防火材料制作的箱体或装置中并紧固；箱体或装置具有透风、散热、防盗、防雨和防火能力等；

(2) 室外控制设备放置应远离强电磁干扰、强热源等环境，如无法避免应及时做好应急处置及检修，保证设备正常运行。

2. 安全通信网络

1）网络架构

本项要求包括：

(1) 工业控制系统与企业其他系统之间应划分为两个区域，区域间应采用符合国家或行业规定的专用产品实现单向安全隔离；

(2) 工业控制系统内部应根据业务特点划分为不同的安全域，安全域之间应采用技术隔离手段；

(3) 涉及实时控制和数据传输的工业控制系统，应使用独立的网络设备组网，在物理层面上实现与其他数据网及外部公共信息网的安全隔离。

2) 通信传输

在工业控制系统内使用广域网进行控制指令或相关数据交换的应采用加密认证技术手段实现身份认证、访问控制和数据加密传输。

3. 安全区域边界

1) 访问控制

本项要求包括：

(1) 应在工业控制系统与企业其他系统之间部署访问控制设备，配置访问控制策略，禁止任何穿越区域边界的 E-mail、Web、Telnet、Rlogin、FTP 等通用网络服务；

(2) 应在工业控制系统内安全域和安全域之间的边界防护机制失效时，及时进行报警。

2) 拨号使用控制

本项要求包括：

(1) 工业控制系统确需使用拨号访问服务的，应限制具有拨号访问权限的用户数量，并采取用户身份鉴别和访问控制等措施；

(2) 拨号服务器和客户端均应使用经安全加固的操作系统，并采取数字证书认证、传输加密和访问控制等措施；

(3) 涉及实时控制和数据传输的工业控制系统禁止使用拨号访问服务。

3) 无线使用控制

本项要求包括：

(1) 应对所有参与无线通信的用户(人员、软件进程或者设备)提供唯一性标识和鉴别；

(2) 应对所有参与无线通信的用户(人员、软件进程或者设备)进行授权以及执行使用进行限制；

(3) 应对无线通信采取传输加密的安全措施，实现传输报文的机密性保护；

(4) 对采用无线通信技术进行控制的工业控制系统，应能识别其物理环境中发射的未经授权的无线设备，报告未经授权试图接入或干扰控制系统的行为。

4. 安全计算环境

控制设备安全要求包括：

(1) 控制设备自身应实现相应级别安全通用要求提出的身份鉴别、访问控制和安全审计等安全要求，如受条件限制控制设备无法实现上述要求，应由其上位控制或管理设备实现同等功能或通过管理手段控制；

(2) 应在经过充分测试评估后，在不影响系统安全稳定运行的情况下对控制设备进行补丁更新、固件更新等工作；

(3) 应关闭或拆除控制设备的软盘驱动、光盘驱动、USB 接口、串行口或多余网口等，确需保留的应通过相关的技术措施实施严格的监控管理；

(4) 应使用专用设备和专用软件对控制设备进行更新；

(5) 应保证控制设备在上线前经过安全性检测，避免控制设备固件中存在恶意代码程序。

5. 安全建设管理

1）产品采购和使用

工业控制系统重要设备应通过专业机构的安全性检测后方可采购使用。

2）外包软件开发

应在外包开发合同中规定针对开发单位、供应商的约束条款，包括设备及系统在生命周期内有关保密、禁止关键技术扩散和设备行业专用等方面的内容。

B.10 第五级安全要求

略

图书资源支持

感谢您一直以来对清华版图书的支持和爱护。为了配合本书的使用，本书提供配套的资源，有需求的读者请扫描下方的"书圈"微信公众号二维码，在图书专区下载，也可以拨打电话或发送电子邮件咨询。

如果您在使用本书的过程中遇到了什么问题，或者有相关图书出版计划，也请您发邮件告诉我们，以便我们更好地为您服务。

我们的联系方式：

清华大学出版社计算机与信息分社网站：https://www.shuimushuhui.com/

地　　址：北京市海淀区双清路学研大厦A座714

邮　　编：100084

电　　话：010-83470236　010-83470237

客服邮箱：2301891038@qq.com

QQ：2301891038（请写明您的单位和姓名）

资源下载：关注公众号"书圈"下载配套资源。

资源下载、样书申请

书圈

图书案例

清华计算机学堂

观看课程直播